Les épreuves corrigées des grandes écoles scientifiques

problèmes corrigés de
PHYSIQUE
posés aux concours de
Mines/Ponts

TOME
10

solutions proposées par Gaëtan CALDARA
Ancien élève de l'ENS Paris
Docteur ès Sciences
professeur agrégé de Sciences physiques
en classes préparatoires

ellipses

MARKETING - ÉDITEUR DES CLASSES PRÉPARATOIRES

ISBN 978-2-7298-2929-2

32, rue Bargue 75740 Paris cedex 15

www.editions-ellipses.fr

Avant-propos

Ce recueil propose les énoncés ainsi que les corrigés correspondants des douze problèmes de physique posés lors des concours Mines/Ponts de 2005 et 2006 pour les filières MP, PC et PSI.

Il s'adresse donc particulièrement aux étudiants des classes préparatoires scientifiques, mais également à tous les étudiants du premier cycle universitaire ainsi que ceux du second cycle qui préparent les concours d'enseignants.

Les corrigés proposés sont rédigés dans l'esprit d'une copie type, en limitant les calculs aux principales étapes et en omettant certains résultats intermédiaires devant figurer au brouillon. Par ailleurs, des remarques visant à clarifier certains points, corriger les erreurs ou incohérences d'énoncé, ou encore proposer une solution alternative, ainsi que des rappels de cours complètent les corrections.

Rappelons quelques conseils utiles pour une bonne préparation des épreuves écrites :

- une parfaite connaissance du cours est indispensable ;
- avant de se lancer dans la résolution, une lecture complète du sujet permet de l'appréhender dans son ensemble, et, parfois, de repérer un certain nombre de questions *faciles* souvent placées en fin de problème ;
- la présentation et la rédaction doivent être soignées ;
- il ne faut surtout pas négliger les applications numériques, en faisant preuve de bon sens (se demander si la valeur trouvée est cohérente) ;
- enfin, il faut absolument vérifier systématiquement l'homogénéité des formules démontrées.

Bien entendu, l'utilisation d'un recueil de corrigés n'est véritablement utile qu'à condition de chercher les solutions avant de comparer avec la correction proposée.

Bon courage à tous.

L'auteur

Table des matières

Session 2005

Session 2006

ÉCOLE NATIONALE DES PONTS ET CHAUSSÉES,
ÉCOLES NATIONALES SUPÉRIEURES DE L'AÉRONAUTIQUE ET DE L'ESPACE,
DE TECHNIQUES AVANCÉES, DES TÉLÉCOMMUNICATIONS,
DES MINES DE PARIS, DES MINES DE SAINT-ÉTIENNE, DES MINES DE NANCY,
DES TÉLÉCOMMUNICATIONS DE BRETAGNE,
ÉCOLE POLYTECHNIQUE (FILIÈRE TSI)

CONCOURS D'ADMISSION 2005

PREMIÈRE ÉPREUVE DE PHYSIQUE

Filière MP

(Durée de l'épreuve : 3 heures)

Sujet mis à disposition des concours : Cycle international, ENSTIM, INT, TPE-EIVP

Les candidats sont priés de mentionner de façon apparente sur la première page de la copie :

PHYSIQUE I -MP

L'énoncé de cette épreuve, particulière aux candidats de la filière MP, comporte 5 pages.

- Si, au cours de l'épreuve, un candidat repère ce qui lui semble être une erreur d'énoncé, il le signale sur sa copie et poursuit sa composition en expliquant les raisons des initiatives qu'il est amené à prendre.
- Il ne faudra pas hésiter à formuler les commentaires (incluant des considérations numériques) qui vous sembleront pertinents, même lorsque l'énoncé ne le demande pas explicitement.
- Notations : vecteur $\rightarrow$ **V** (on pourra écrire $\vec{V}$) ; vecteur unitaire de la coordonnée c : $\hat{\mathbf{c}}$.

TENSIONS ET COMPRESSIONS DANS DES CORPS EN ROTATION

I. Fluide en rotation

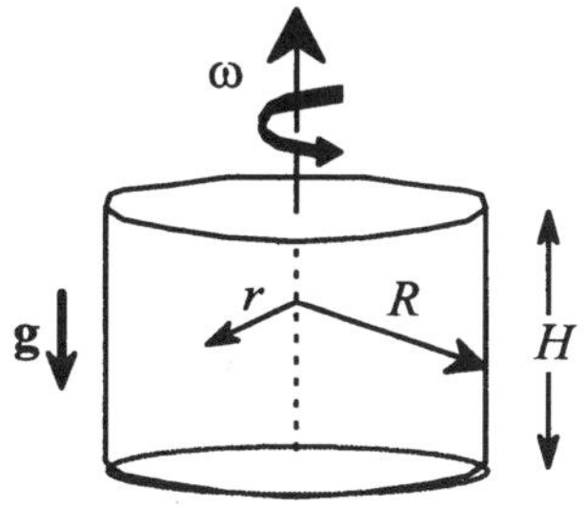

Fig. 1 : cylindre en rotation

Un réservoir cylindrique de rayon R, de hauteur H, est rempli complètement par un fluide de masse volumique μ_0 au repos. Le réservoir tourne à une vitesse angulaire constante ω autour de l'axe vertical (Oz) du cylindre ; il entraîne le fluide dans son mouvement. On se place en régime permanent. On note g l'intensité du champ de pesanteur et r la distance à l'axe de rotation. Les phénomènes ne dépendront explicitement que de la variable radiale r.

❑ **1** – Montrer que la pression $p(r)$ satisfait l'équation différentielle, notée [1], $\dfrac{\mathrm{d}p}{\mathrm{d}r} = \omega^2 r \mu(r)$.

On précisera le phénomène décrit par cette équation et le référentiel dans lequel elle s'applique. Est-il légitime de ne pas tenir compte de la dépendance de p selon la cote z ?

❑ **2** – Le fluide est un gaz parfait d'équation d'état $p(r) = \frac{k_B T}{m}\mu(r)$, où m la masse d'une molécule de fluide et k_B la constante de Boltzmann. Ce gaz est en équilibre thermique. Trouver la loi de la distribution de la pression ; cette loi est déterminée ici à une constante multiplicative près, qui est déterminée dans la question qui vient.

❑ **3** – En exprimant la conservation de la masse, et en notant P_0 la pression au repos, établir et commenter la relation

$$p(r) = \underbrace{P_0\left(\frac{mR^2\omega^2}{2k_BT}\right)}_{=\frac{\mu_0 R^2\omega^2}{2}} \frac{\exp\left(\frac{m\omega^2 r^2}{2k_BT}\right)}{\exp\left(\frac{m\omega^2 R^2}{2k_BT}\right) - 1}. \qquad [2]$$

Fluide incompressible

❑ **4** On suppose dans cette question que la masse volumique μ_0 est constante, ce que l'on exprime en disant que le fluide est incompressible. Quelle est, sous cette hypothèse, la nouvelle loi de la distribution de la pression ? Peut-on déterminer la constante d'intégration ?

Fluide compressible

❑ **5** – On abandonne l'hypothèse d'incompressibilité. On adopte comme équation d'état du fluide, liant la masse volumique à la pression, l'équation $\mu = \mu_0\left[1 + \chi_0(p - P_0)\right]$, où χ_0 est une constante. Vérifier que χ_0 n'est autre que le coefficient de compressibilité isotherme du fluide, χ_T, à la pression P_0 : $\chi_0 = \chi_T(P_0)$.

❑ **6** – On suppose que $\varepsilon = \chi_0(p - P_0)$ vérifie $|\varepsilon| << 1$. Intégrer alors l'équation [1] de la question 1 et montrer qu'au premier ordre en ε la masse volumique dépend de r selon la loi

$$\mu(r) = \mu_0\left[1 + \chi_0\left(\frac{\omega^2\mu_0}{2}r^2 + K\right)\right].$$

❑ **7** – Déterminer la constante K en exprimant la conservation de la masse et donner l'expression complète de la distribution de pression. Tracer l'allure du graphe de $p(r)$ pour $0 \leq r \leq R$. Le résultat obtenu serait-il valable pour un fluide incompressible ?

❑ **8** – Montrer que la condition de validité du calcul, c'est-à-dire $\chi_0|p - P_0| << 1$, est équivalente à l'inégalité $\chi_0\mu_0\omega^2R^2 << 1$.

❑ **9** – Le fluide est de l'eau de masse volumique $\mu_0 = 10^3$ kg.m^{-3}. La vitesse de rotation du réservoir est $\omega = 100$ rad.s^{-1}, son rayon est $R = 1$ m ; la pression au repos est $P_0 = 10^5$ Pa et la vitesse du son dans l'eau, c_{eau}, satisfait la relation $\chi_0\mu_0 c_{eau}^2 = 1$; sa valeur numérique est $c_{eau} = 1450$ m.s^{-1}. L'hypothèse $|\varepsilon| << 1$ est-elle valide ? Comparer la vitesse maximale υ_{max} des molécules dans le réservoir à la vitesse du son.

❑ **10** – Soit c_{GP} la vitesse du son dans un gaz parfait (GP) de masse moléculaire m ; cette vitesse vérifie donc, à la température T, la relation $\chi_T\mu_{GP}^2c_{GP}^2 = 1$. Calculer χ_T pour le gaz parfait ; établir la relation $mc_{GP}^2 = k_B T$ et montrer que l'approximation $\upsilon_{\max} << c_{GP}$ appliquée au gaz parfait conduit à loi de distribution de pression trouvée à la question 4. Expliquer la formulation, paradoxale pour un gaz : le gaz parfait est incompressible.

II. Rotation d'une barre rigide

Une barre solide OA, de longueur au repos L_0 et de section s constante et très petite devant L_0^2 a une masse linéique λ_0. Cette barre tourne autour d'un axe vertical avec la vitesse angulaire constante ω (Fig. 2A et 2B).

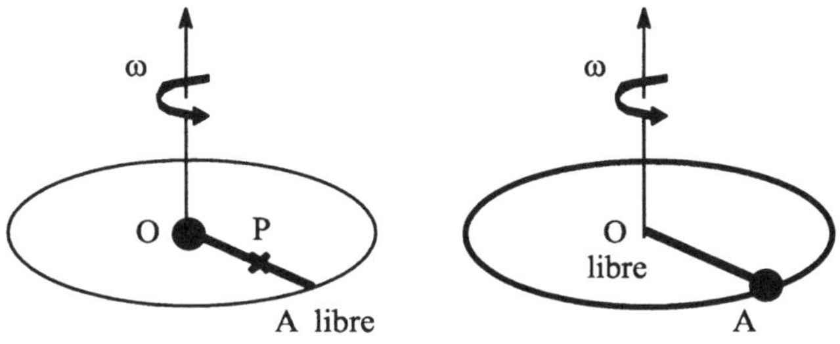

Fig. 2A Fig. 2B

On appelle $\mathbf{T}(r)$ la tension de la barre au point P à une distance r de l'axe de rotation ; cette grandeur représente l'action du reste de la barre sur la longueur OP.

❑ **11** – En considérant un bilan de forces, établir qu'en régime permanent la mesure de $\mathbf{T}(r)$ sur l'axe radial, notée T (qui n'est plus une température !), vérifie

$$\frac{\mathrm{d}T}{\mathrm{d}r} = -\lambda\omega^2 r \qquad [3].$$

Barre rigide

On suppose que la barre est rigide, c'est-à-dire que $\lambda = \lambda_0$ est constant.

❑ **12** – L'extrémité A est libre, l'extrémité O est fixe (fig 2A). Déterminer l'évolution de la tension, notée $T_1(r)$, le long de la barre.

❑ **13** – L'extrémité O est libre, l'extrémité A est fixée à un mur vertical tournant à la vitesse angulaire ω (fig 2B). Exprimer la nouvelle tension, notée $T_2(r)$.

❑ **14** – Les deux extrémités sont attachées au mécanisme assurant la rotation, de sorte que la longueur de la barre est constante, égale à L_0. Peut-on déterminer la constante d'intégration dans l'équation [3] de la question 11 ? On pourra se reporter à la question 4.

Barre déformable

On abandonne maintenant l'hypothèse de rigidité. On adopte pour la barre l'équation d'état $\lambda(r) = \lambda_0\left(1 - \frac{T(r)}{sE}\right)$, où E est une constante appelée *module de rigidité* et s la section constante de la barre (le module de rigidité de la barre rigide des questions 12 à 14 est infini). Dans la pratique, l'inégalité $\varepsilon'(r) = \dfrac{T(r)}{sE} << 1$ est vérifiée pour les corps solides.

❑ **15** – Intégrer l'équation [3] et donner le résultat au premier ordre en $\varepsilon'(r) = \dfrac{T(r)}{sE}$. Le résultat sera mis sous la forme $T(r) = \mathrm{f}(r) + K'$, où K' est la constante d'intégration, indéterminée à ce stade, et $\mathrm{f}(r)$ une fonction à déterminer, sous la condition $\mathrm{f}(0) = 0$.

❑ **16** – Déterminer la constante K' en exprimant la conservation de la masse. En déduire que la loi de répartition de la tension $T(r)$ est indépendante du module de rigidité. En quel point de la barre cette tension est-elle nulle ?

III. Rotation à vitesse angulaire variable

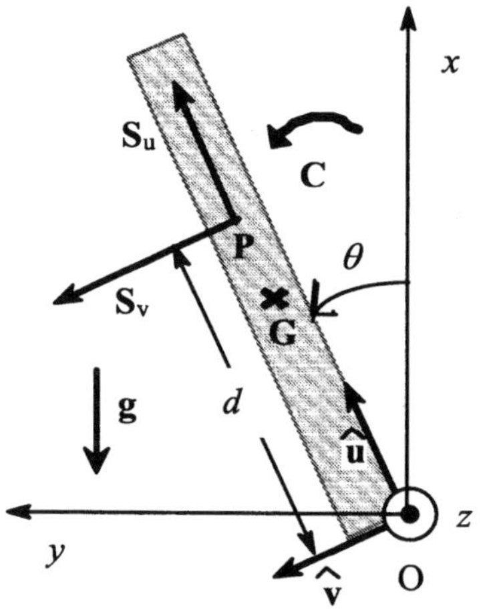

Fig. 3 : la cheminée s'écroule

Une cheminée verticale est modélisée par un cylindre homogène de masse M, de longueur D et de rayon très petit devant D. Pour une raison quelconque, l'équilibre de la cheminée est détruit ; cette dernière amorce une rotation autour de sa base dans le plan vertical (O, x, y). On appelle θ l'angle de la cheminée avec la verticale. On étudie le mouvement de la cheminée dans le repère R_G en projection sur la base mobile de coordonnées polaires $\hat{\mathbf{u}}$, $\hat{\mathbf{v}}$, où $\hat{\mathbf{u}}$ est porté par l'axe de la cheminée, $\hat{\mathbf{v}}$ est perpendiculaire à $\hat{\mathbf{u}}$ dans le sens de rotation de l'angle θ et G est le centre de masse de la cheminée. Les moments d'inertie en G autour de l'axe Gz et en O autour de l'axe Oz sont respectivement $J_G = \dfrac{1}{12} M D^2$ et $J_O = \dfrac{1}{3} M D^2$.

La liaison pivot en O est parfaite.

❑ **17** – Déterminer, par application du théorème du moment cinétique en O, l'équation d'évolution de l'angle θ.

❑ **18** – Retrouver cette équation par un raisonnement énergétique.

❑ **19** – Exprimer, en fonction de l'angle θ, les composantes R_u et R_v de la réaction du sol en O en projection sur $\hat{\mathbf{u}}$ et sur $\hat{\mathbf{v}}$.

❑ **20** – Pour quelle valeur de θ la cheminée décolle-t-elle du sol ?

En réalité, une cheminée peut se briser au cours de sa chute. L'étude suivante va préciser les contraintes subies par la cheminée pendant sa chute. Une longueur OP = d de cheminée subit l'action du sol en O, l'action de son poids ainsi que l'action du reste de la cheminée sur elle-même, en P. Cette action assure la rigidité de la cheminée. Le contact en P n'est pas ponctuel. L'action du reste de la cheminée sur la longueur d est modélisée par une force **S** de composantes S_u et S_v et un couple **C** porté par l'axe horizontal Oz.

❑ **21** – En appliquant le principe fondamental de la dynamique à la longucur d de cheminée, exprimer S_v en fonction de M, g, θ, d et D. La grandeur S_v est appelée *effort de cisaillement*. Tracer qualitativement le graphe donnant S_v en fonction du rapport $\frac{d}{D}$ (θ est donné).

❑ **22** – Si la cheminée perd sa rigidité, elle s'effrite. Elle aura tendance à s'effriter au point où l'effort de cisaillement S_v est le plus important ; quel est ce point ?

❑ **23** – Montrer que le théorème du moment cinétique en O, appliqué à la longueur d de cheminée conduit à l'expression suivante du moment (noté C) du couple **C** :

$$C = -\frac{1}{4} Mgd\left(\frac{d}{D} - 1\right)^2 \sin\theta.$$

❑ **24** – Si ce couple est supérieur au couple maximum que peut subir la cheminée, celle-ci se brise. En quel point la cheminée se brisera-t-elle ? Commenter à ce sujet les deux photographies ci-dessous.

FIN DE CE PROBLÈME

FIN DE L'ÉPREUVE

TENSIONS ET COMPRESSION DANS DES CORPS EN ROTATION

I. Fluide en rotation

1. Rappelons l'équation d'évolution de la pression dans un fluide soumis simplement à la pesanteur : $dp = -\mu g\, dz$, avec $\vec{u}_z$ orienté dans le sens opposé à $\vec{g}$.

Dans le cas présent, on considère le référentiel dans lequel le fluide est au repos. Ce référentiel est **non galiléen** : il est en rotation par rapport au référentiel terrestre supposé galiléen. Outre son poids, une particule de masse m dans le fluide est aussi soumise à la force d'inertie d'entraînement

$$\vec{f}_{i,e} = -m\,\vec{a}_{i,e} = -m\vec{\omega} \wedge (\vec{\omega} \wedge \overrightarrow{OM}) = m\omega^2 r\vec{u}_r,$$

où $\vec{u}_r$ est le vecteur radial des coordonnées cylindriques. La loi de variation de pression associée à la force $\vec{f} = -mg\vec{u}_z$ est $dp = -\mu g\, dz$. Similairement, on obtient la variation radiale de pression

$$dp = \mu\omega^2 r.$$

On déduit la relation de l'énoncé

$$\frac{dp}{dr} = \mu\omega^2 r.$$

La force d'inertie centrifuge "plaque" le fluide contre les bords du récipient et ainsi la pression y est plus élevée qu'au centre.

> Rappel : dans le cas d'une rotation uniforme, la force d'inertie d'entraînement s'écrit
>
> $$\vec{f}_{i,e} = m\omega^2\overrightarrow{HM},$$
>
> où H est le projeté orthogonal de M sur l'axe de rotation.
>
> Remarque : la relation locale de statique des fluides $\overrightarrow{\text{grad}}\,p = \vec{f}_{\text{vol}}$ ne figure pas au programme de la filière MP. Son emploi fournit directement l'équation demandée. Cette première question n'est pas dans l'esprit de la filière MP.

A priori, les paramètres physiques tels que la pression dépendent de la distance r à l'axe de rotation et de la profondeur z. Dans le cas présent, l'énoncé semble négliger la dépendance en z. Effectuons une rapide évaluation dans le cas d'une masse volumique μ uniforme. Sur une hauteur H, la pression varie de

$$\Delta p_v = \mu g H$$

alors qu'entre le centre et la périphérie, elle varie de

$$\Delta p_h = \mu\omega^2\frac{R^2}{2}.$$

L'approximation proposée revient à supposer les variations verticales de pression négligeables devant les variations horizontales $\Delta p_v \ll \Delta p_h$, soit

$$H \ll \frac{R^2\omega^2}{2g}.$$

Application numérique : pour $R = 1$ m, $\omega = 100$ rad.s^{-1} (données fournies ultérieurement par l'énoncé) et $g = 9,8$ m.s^{-2}, l'approximation devient $H \ll 500$ m. Vu les vitesses de rotation considérées (30 tours/s), l'approximation est justifiée.

REMARQUE : l'énoncé est assez vague et laisse toute initiative. La première question a été très mal traitée par les candidats.

2. On utilise l'équation [1] :

$$\frac{dp}{dr} = \frac{mp}{k_BT}\omega^2 r.$$

On sépare les variables :

$$\frac{dp}{p} = \frac{m\omega^2}{k_BT} r\, dr.$$

En intégrant,

$$\ln P = \frac{m\omega^2}{k_BT}\frac{r^2}{2} + \text{cte},$$

soit

$$P(r) = A\exp(\frac{m\omega^2 r^2}{2k_BT}).$$

REMARQUE : on retrouve le facteur de Boltzmann, caractéristique de l'équilibre thermodynamique, similairement au cas de l'atmosphère isotherme

$$p(z) = p_0\exp(-\frac{mgz}{k_BT}) = p_0\exp(-\frac{e_p}{k_BT}).$$

En effet, l'énergie potentielle associée à la force d'inertie d'entraînement est $e_p = -\frac{1}{2}m\omega^2 r^2$, ce qui montre la similarité entre ces deux lois.

3. Au repos, la masse totale de fluide est

$$M = \mu_0 \pi R^2 H.$$

Quand le réservoir est en rotation,

$$M = \iiint \mu\, d\tau = H\int_0^R 2\pi r\, dr \mu(r) = 2\pi H\frac{m}{k_BT}\int_0^R rA\exp(\frac{m\omega^2 r^2}{2k_BT})dr$$

$$M = 2\pi AH\frac{m}{k_BT}\frac{k_BT}{m\omega^2}\left[\exp(\frac{m\omega^2 r^2}{2k_BT})\right]_0^R = \frac{2\pi AH}{\omega^2}(\exp(\frac{m\omega^2 R^2}{2k_BT}) - 1).$$

On déduit finalement

$$A = \frac{\mu_0 R^2\omega^2}{2(\exp(\frac{m\omega^2 R^2}{2k_BT}) - 1)},$$

ce qui établit le résultat demandé.

4. La relation [1]

$$p'(r) = \mu_0 \omega^2 r$$

s'intègre aisément, vu que la masse volumique μ est constante. Ainsi,

$$p(r) = K + \mu_0 \omega^2 \frac{r^2}{2},$$

où K est une constante.

Il n'est alors pas possible de déterminer la constante d'intégration. Celle-ci dépend des conditions expérimentales choisies. La pose d'une masse sur la paroi supérieure du réservoir (supposée mobile) permet d'amener la pression à une valeur quelconque sans modifier le volume de fluide.

5. Exprimons le coefficient de compressibilité isotherme

$$\chi_T = \left.\frac{1}{\mu}\frac{\partial \mu}{\partial p}\right)_T = \frac{\mu_0 \chi_0}{\mu}.$$

Ainsi,

$$\chi_T(p_0) = \chi_0$$

car $\mu(p_0) = \mu_0$.

> Remarque : cette équation d'état n'est rien d'autre que la linéarisation au voisinage de p_0 d'une équation d'état plus réaliste. De plus, l'influence de la température a été négligée.

6. On part de la relation [1] :

$$p'(r) = \mu \omega^2 r = \mu_0(1 + \chi_0(p - p_0))\omega^2 r$$

et on sépare les variables

$$\frac{dp}{1 + \chi_0(p - p_0)} = \mu_0 \omega^2 r\, dr.$$

En intégrant,

$$\frac{1}{\chi_0} \ln(1 + \chi_0(p - p_0)) = \mu_0 \omega^2 \frac{r^2}{2} + K,$$

où K est une constante. Alors,

$$1 + \varepsilon = 1 + \chi_0(p - p_0) = \exp(\chi_0(\mu_0 \omega^2 \frac{r^2}{2} + K)) \simeq 1 + \chi_0(\mu_0 \omega^2 \frac{r^2}{2} + K).$$

Il est légitime de développer l'exponentielle au premier ordre car le résultat est proche de 1. Ainsi,

$$\mu(r) = \mu_0(1 + \varepsilon) = \mu_0(1 + \chi_0(\mu_0 \omega^2 \frac{r^2}{2} + K)).$$

7. On reprend la même intégration qu'à la question 3 :

$$M = H \int_0^R 2\pi r \mu(r) dr = H \int_0^R 2\pi r \mu_0(1 + \chi_0(\mu_0 \omega^2 \frac{r^2}{2} + K))dr$$

$$M = H2\pi\mu_0\left(\frac{R^2}{2} + \chi_0(\frac{\mu_0\omega^2 R^4}{8} + K\frac{R^2}{2})\right).$$

Comme $M = \mu_0\pi R^2 H$, on déduit

$$1 = 1 + \chi_0(\frac{\mu_0\omega^2 R^2}{4} + K) \quad \text{soit} \quad K = -\frac{\mu_0\omega^2 R^2}{4}.$$

Ainsi,

$$\mu(r) = \mu_0(1 + \chi_0\frac{\mu_0\omega^2}{2}(r^2 - \frac{R^2}{2})) \quad \text{et} \quad p(r) - p_0 = \frac{\mu_0\omega^2}{2}(r^2 - \frac{R^2}{2}).$$

Le graphe de $p(r)$ est tracé ci-après.

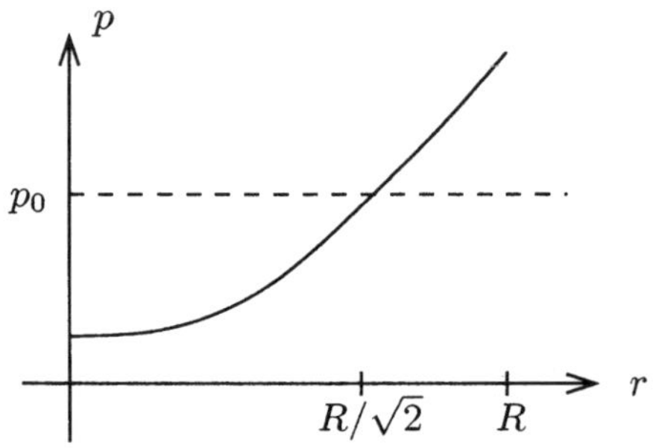

Le résultat est indépendant de la compressibilité χ_0 à cet ordre. La loi de variation obtenue est donc identique à celle obtenue pour un fluide incompressible (p croît comme r^2, voir la question 4).

8. D'après ce qui précède, il est nécessaire que

$$\chi_0(p - p_0) \ll 1 \quad \text{soit} \quad \chi_0\mu_0\omega^2 R^2 \ll 1.$$

9. Application numérique : $\chi_0 = 4,7.10^{-10}$ Pa^{-1}.
Ainsi, $\varepsilon \approx \chi_0\mu_0\omega^2 R^2 = 4,7.10^{-3} \ll 1$. L'hypothèse est valide.

$V_{\text{max}} = R\omega = 100$ m.s$^{-1} \ll c_{\text{eau}}$ (tout juste).

10. $\chi_T = \left.\frac{1}{\mu}\frac{\partial\mu}{\partial p}\right)_T$ et $P = \frac{\mu RT}{p}$. Ainsi,

$$\chi_T = \frac{k_B T}{pm}\frac{m}{k_B T} = \frac{1}{p}.$$

On déduit

$$c_{\text{GP}}^2 = \frac{1}{p^{-1}\frac{pm}{k_B T}} = \frac{k_B T}{m}.$$

En conséquence, $v_{\text{max}} \ll c_{\text{GP}}$ signifie que $R\omega \ll \sqrt{\frac{k_B T}{m}}$, soit

$$R^2\omega^2 \ll \frac{k_B T}{m} = \frac{1}{\mu_0\chi_0}.$$

On retrouve la condition $\varepsilon \ll 1$ et la loi de variation de la pression en r^2, comme pour un fluide incompressible.

Le gaz parfait est évidemment compressible. En revanche, dans les conditions de l'expérience où la vitesse de l'écoulement est faible devant la vitesse du son dans l'air, le gaz parfait n'est quasiment pas comprimé. Ce résultat doit être familier aux élèves des filières PC et PSI.

> REMARQUE : la formule de l'énoncé $\chi_T \mu_{\text{GP}}^2 c_{\text{GP}}^2 = 1$ est inhomogène, comme le montre la formule similaire de la question 9. μ_{GP} ne doit pas être élevé au carré. $1/\chi_T$ est une pression, donc homogène à une énergie volumique (penser à $\delta W = -p\,dV$). μc^2 est bien une énergie (cinétique) par unité de volume.

2 – Rotation d'une barre rigide

11. On se place dans le référentiel lié à la barre. Ce référentiel (**non galiléen**) est en rotation uniforme par rapport au référentiel terrestre.

On prend comme système le morceau de barre compris entre r et $r + dr$ (voir la figure ci-après).

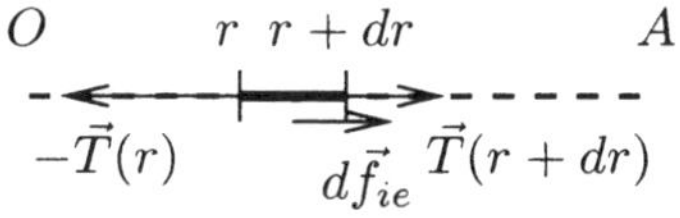

> RAPPEL : on appelle tension $\vec{T}(r)$ la force exercée par la portion de barre située au-delà de r sur la portion située avant r.

Il est soumis à
- la force (tension) exercée par le morceau de barre au-delà de $r + dr$, notée $\vec{T}(r + dr)$;
- la force (tension) exercée par le morceau de barre situé avant r. On connaît la force exercée par le système sur le morceau de barre avant r : c'est $\vec{T}(r)$. Par le principe de l'**action-réaction**, la force subie par le système lui est opposée ;
- la force d'inertie d'entraînement $d\vec{f}_{ie} = dm\omega^2 r\vec{u}_r$.

Le système est immobile dans le référentiel (la force de Coriolis est donc nulle) et la somme des trois forces est nulle. En projetant sur $\vec{u}_r$, on obtient

$$T(r + dr) - T(r) + dm\omega^2 r = 0.$$

On divise par dr, sachant que $dm/dr = \lambda$, dans la limite $dr \to 0$:

$$T'(r) = -\lambda\omega^2 r.$$

> REMARQUE : il est aussi possible de raisonner dans le référentiel terrestre (fixe). Il n'y a alors aucune force d'inertie, mais l'accélération vaut $\vec{a} = -r\omega^2\vec{u}_r$.

12. On intègre la relation précédente :

$$T_1(r) = -\lambda_0\omega^2\frac{r^2}{2} + \text{cte}.$$

En une extrémité libre, la tension $\vec{T}$ s'annule. En effet, la partie de barre au-delà de A n'exerce aucune force sur la portion avant A (en effet, la barre s'arrête en A !).

Ainsi, $T_1(L_0) = 0$ et

$$T_1(r) = \lambda_0\omega^2\frac{L^2 - r^2}{2}.$$

13. Similairement, $T_2(0) = 0$, soit

$$T_2(r) = -\lambda_0\omega^2\frac{r^2}{2}.$$

14. On ne peut pas déterminer la constante en toute généralité. Similairement à la question 4, il faut donner une indication supplémentaire sur la nature des liaisons en O et A.

15. On écrit l'équation [3] en séparant les variables :

$$\frac{dT}{1 - \dfrac{T}{sE}} = -\lambda_0\omega^2 r\,dr.$$

On intègre cette équation

$$-sE\ln(1 - \frac{T}{sE}) = -\lambda_0\omega^2\frac{r^2}{2} + K',$$

où K' est une constante. Comme $T/sE \ll 1$, il résulte

$$-sE\ln(1 - \frac{T}{sE}) \simeq -sE(-\frac{T}{sE}) = T = -\lambda_0\omega^2\frac{r^2}{2} + K'.$$

la tension est bien de la forme voulue, avec $f(r) = -\lambda_0\omega^2\dfrac{r^2}{2}$.

16. Le mécanisme de liaison en O et A assure que la longueur de la barre est L_0.

Avant la mise en rotation, la masse de la barre vaut $m = \lambda_0 L_0$.

Après la mise en rotation, la masse la barre entre r et $r+dr$ vaut $dm = \lambda(r)dr$. Ainsi,

$$m = \int_0^{L_0}\lambda(r)dr = \lambda_0\int_0^{L_0}(1 - \frac{T}{sE})dr = \lambda_0 L_0 - \frac{\lambda_0}{sE}\int_0^{L_0}T(r)dr.$$

Par conservation de la masse, on déduit

$$\int_0^{L_0}T(r)dr = \int_0^{L_0}(-\lambda_0\omega^2\frac{r^2}{2} + K')dr = -\lambda_0\omega^2\frac{L_0^3}{6} + K'L_0 = 0.$$

En conclusion, $K' = \lambda_0\omega^2 L_0^2/6$, et

$$T(r) = \frac{\lambda_0\omega^2}{2}(\frac{L_0^2}{3} - r^2).$$

À cet ordre, la tension est indépendante du module de rigidité. On a effectué aux questions 15 et 16 une approche très similaire à celle des questions 5, 6 et 7.

$T(r)$ s'annule pour $r = L_0/\sqrt{3}$.

III. Rotation à vitesse angulaire variable

17. On se place dans le référentiel terrestre. Le système considéré est la cheminée.

Comme la cheminée est en rotation par rapport à l'axe fixe Oz, on utilise le théorème du moment cinétique **scalaire** :

$$\frac{d\sigma_{Oz}}{dt} = \mathcal{M}_{Oz}(\text{pivot}) + \mathcal{M}_{Oz}(\text{poids}).$$

Le pivot est parfait : $\mathcal{M}_{Oz}(\text{pivot}) = 0$. Le moment du poids est (le poids s'applique au centre de masse du système)

$$\mathcal{M}_{Oz}(\text{poids}) = (\overrightarrow{OG} \wedge M\vec{g}).\vec{u}_z = \frac{D}{2} Mg \sin\theta.$$

On vérifie que le poids fait bien tourner la cheminée dans le sens positif, ce qui correspond à un moment projeté positif. Enfin, $\sigma_{Oz} = J_O\dot{\theta}$.

> Rappel : il est nécessaire d'utiliser le théorème du moment cinétique scalaire. L'utilisation du théorème du moment cinétique en O ne permet pas de conclure. En effet, $\vec{\mathcal{M}}_O(\text{pivot})$ est inconnu, ainsi que $\vec{\sigma}_O$. Seules les projections sont déterminables avec les données du problème.

Au total,

$$J_O\ddot{\theta} = Mg\frac{D}{2}\sin\theta \quad \text{soit} \quad \ddot{\theta} = \frac{3g}{2D}\sin\theta.$$

18. On conserve le système étudié et le référentiel, et on applique le théorème de la puissance cinétique :

$$\frac{d(Ec + Ep)}{dt} = P_{\text{ext}} = P_{\text{pivot}}.$$

On n'inclut pas la puissance du poids dans celle des actions extérieures car on prend en compte la dérivée de l'énergie potentielle associée. Comme le pivot est parfait, $P_{\text{pivot}} = 0$.

Pour une rotation autour d'un axe fixe,

$$Ec = \frac{1}{2}J_O\dot{\theta}^2.$$

L'énergie potentielle de pesanteur vaut

$$Ep = Mgz_G = Mg\frac{D}{2}\cos\theta.$$

Au final,

$$\frac{d}{dt}\left(\frac{1}{2}J_O\dot{\theta}^2 + Mg\frac{D}{2}\cos\theta\right) = 0.$$

On obtient la même équation de précédemment en simplifiant par $\dot{\theta}$:

$$\ddot{\theta} = \frac{3g}{2D} \sin\theta.$$

19. Pour calculer la résultante de l'action de contact, il faut appliquer le théorème de la résultante cinétique à la cheminée dans le référentiel terrestre :

$$M\vec{a}(G) = \vec{R} + m\vec{g}.$$

Exprimons l'accélération du centre de masse :

$$\vec{v}(G) = \frac{D}{2}\dot{\theta}\vec{v}, \quad \text{d'où} \quad \vec{a}(G) = \frac{D}{2}(\ddot{\theta}\vec{v} - \dot{\theta}^2\vec{u}).$$

De plus,

$$\vec{g} = g(-\cos\theta\vec{u} + \sin\theta\vec{v}).$$

Ainsi, le théorème de la résultant cinétique en projection sur $\vec{u}$ et $\vec{v}$ donne

$$\left| \begin{array}{l} -M\frac{D}{2}\dot{\theta}^2 = R_u - Mg\cos\theta \\ M\frac{D}{2}\ddot{\theta} = R_v + Mg\sin\theta. \end{array} \right.$$

Vu l'expression de $\ddot{\theta}$ de la question 17, on obtient

$$R_v = M(-g\sin\theta + \frac{3}{4}g\sin\theta) = -\frac{1}{4}Mg\sin\theta.$$

On remplace $\dot{\theta}^2$ par l'expression obtenue grâce à la conservation de l'énergie $E = Ec + Ep$:

$$E = Ec + Ep = \frac{1}{6}MD^2\dot{\theta}^2 + Mg\frac{D}{2}\cos\theta = \text{cte} = Mg\frac{D}{2}.$$

Ainsi,

$$\frac{MD}{2}\dot{\theta}^2 = \frac{3}{2}Mg(1 - \cos\theta).$$

Finalement,

$$R_u = \frac{Mg}{2}(5\cos\theta - 3).$$

20. Le contact est rompu quand la réaction normale R_u devient négative. La fin du contact a lieu pour l'angle θ vérifiant

$$\frac{5}{2}\cos\theta = \frac{3}{2}, \quad \text{soit} \quad \cos\theta = \frac{3}{5}.$$

Application numérique : $\theta = 53°$

> Remarque : attention à ne pas chercher l'annulation de R_x. Le pivot autour de l'axe Oz suppose un contact cheminée-sol le long d'un arc de cercle (un cylindre en fait). La réaction normale est donc radiale.

21. Le système est constitué de la partie de cheminée entre O et P (longueur d). Sa masse est $M\frac{d}{D}$. Le référentiel est toujours le référentiel terrestre.

Le théorème de la résultante cinétique indique

$$M\frac{d}{D}\vec{a}(G') = \vec{R} + M\frac{d}{D}\vec{g} + \vec{S},$$

où G' est le centre de masse du système, c'est-à-dire $OG' = d/2$.

En projection sur $\vec{v}$:

$$M\frac{d}{D}\frac{d}{2}\ddot{\theta} = R_v + Mg\frac{d}{D}\sin\theta + S_v.$$

Ainsi,

$$S_v = \frac{1}{4}Mg\sin\theta + \frac{3}{4}Mg\frac{d^2}{D^2}\sin\theta - Mg\frac{d}{D}\sin\theta.$$

On aboutit à

$$S_v = Mg\sin\theta(\frac{3}{4}\frac{d^2}{D^2} - \frac{d}{D} + \frac{1}{4}).$$

22. On pose $X = d/D$ et on doit étudier

$$f(X) = \frac{3}{4}X^2 - X + \frac{1}{4}.$$

Évaluons sa dérivée $f'(X) = \frac{3}{2}X - 1$. $f(X)$ est une parabole qui atteint $+\infty$ en $\pm\infty$ et est minimale en $X = 2/3$ (point d'annulation de sa dérivée). Elle s'annule en $X = 1$. Son allure est tracée ci-après.

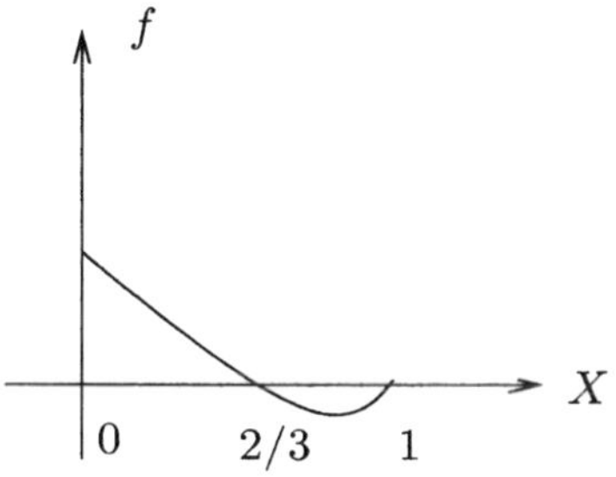

Nécessairement, elle atteint son maximum (en valeur absolue) en $X = 0$ ou $X = 2/3$. On calcule $f(0) = 1/4$ et $f(2/3) = -1/12$.

Ainsi, la cheminée s'effrite en O, c'est-à-dire à sa base.

23. On applique au même système dans le même référentiel le théorème du moment cinétique scalaire par rapport à l'axe Oz :

$$\frac{d\sigma_{Oz}}{dt} = \mathcal{M}_{Oz}(\text{pivot}) + \mathcal{M}_{Oz}(\text{poids}) + C + \mathcal{M}_{Oz}(\vec{S}).$$

Le moment scalaire du pivot est nul car le pivot est parfait. Le moment du poids est

$$\mathcal{M}_{Oz}(\text{poids}) = (\overrightarrow{OG'} \wedge \frac{d}{D}M\vec{g}).\vec{u}_z = \frac{d^2}{2D}Mg\sin\theta,$$

où G' a été défini en question 21. Enfin,

$$\mathcal{M}_{Oz}(\vec{S}) = (\overrightarrow{OP} \wedge \vec{S}).\vec{u}_z = dS_v.$$

Le moment cinétique vaut

$$\sigma_{Oz} = \frac{1}{3}(M\frac{d}{D})d^2\dot{\theta}$$

car la masse du système est Md/D et sa longueur d.

Alors,

$$C = \frac{1}{3}M\frac{d^3}{D}\ddot{\theta} - M\frac{d^2}{2D}g\sin\theta - Mg\sin\theta(\frac{3}{4}\frac{d^3}{D^2} - \frac{d^2}{D} + \frac{d}{4}).$$

On utilise alors l'expression de $\ddot{\theta}$ (question 16), et

$$\begin{aligned} C &= Mgd\sin\theta(\frac{1}{2}\frac{d^2}{D^2} - \frac{d}{2D} - \frac{3}{4}\frac{d^2}{D^2} + \frac{d}{D} - \frac{1}{4}) \\ C &= \frac{Mgd\sin\theta}{4}(-\frac{d^2}{D^2} + 2\frac{d}{D} - 1) \\ C &= -\frac{Mgd\sin\theta}{4}(\frac{d}{D} - 1)^2. \end{aligned}$$

24. On étudie en quel endroit de la cheminée le couple $C(d)$ est maximal. Cela revient à étudier la fonction $g(X) = X(X-1)^2$, où $X = d/D$. En effet, le couple vaut $C = -\frac{MgD\sin\theta}{4}X(X-1)^2$. Pour $X = 0$ et $X = 1$, $C = 0$. On cherche le maximum de g sur $[0,1]$. La dérivée est

$$g'(X) = (X-1)^2 + 2X(X-1) = (X-1)(X-1+2X) = (X-1)(3X-1).$$

Le maximum du couple est par conséquent localisé en $X = 1/3$, soit $d = D/3$. La cheminée doit se briser au **tiers** de sa longueur.

Sur la première photographie, la cheminée se brise à la moitié de la longueur. Cela n'est pas cohérent avec l'étude précédente. Il ne faut cependant pas oublier que celle-ci est assez sommaire : la cheminée est notamment supposée homogène, ce qui n'est certainement pas le cas. De plus, l'effondrement est certainement dû à une explosion et non pas à un équilibre instable comme dans la modélisation. Il ne faut donc pas s'attendre à des résultats précisément observables.

La seconde photographie semble cohérente avec un effritement à la base (question 22).

ÉCOLE NATIONALE DES PONTS ET CHAUSSÉES,
ÉCOLES NATIONALES SUPÉRIEURES DE L'AÉRONAUTIQUE ET DE L'ESPACE,
DE TECHNIQUES AVANCÉES, DES TÉLÉCOMMUNICATIONS,
DES MINES DE PARIS, DES MINES DE SAINT-ÉTIENNE, DES MINES DE NANCY,
DES TÉLÉCOMMUNICATIONS DE BRETAGNE,
ÉCOLE POLYTECHNIQUE (FILIÈRE TSI)

CONCOURS D'ADMISSION 2005

SECONDE ÉPREUVE DE PHYSIQUE

Filière MP

(Durée de l'épreuve : 3 heures)

Sujet mis à disposition des concours : Cycle international, ENSTIM, INT, TPE-EIVP
Les candidats sont priés de mentionner de façon apparente sur la première page de la copie :

PHYSIQUE II -MP

L'énoncé de cette épreuve, particulière aux candidats de la filière MP, comporte 7 pages.

• Si un candidat repère ce qui lui semble être une erreur d'énoncé, il le signale sur sa copie et poursuit sa composition en expliquant les raisons des initiatives qu'il est amené à prendre.

• Il ne faudra pas hésiter à formuler les commentaires (incluant des considérations numériques) qui vous sembleront pertinents. Le barème tiendra compte de ces initiatives ainsi que des qualités de rédaction de la copie.

• Notations : vecteur → **V** (on pourra écrire $\vec{V}$) ; vecteur unitaire de la coordonnée c : $\hat{\mathbf{c}}$.

DÉVIATIONS

Ce problème concerne la déviation d'objets non massifs (rayons lumineux) ou massifs (planètes) dans divers champs (gravitationnel, coulombien). Il fait référence à des notions relativistes qu'il suffira d'admettre sans autre forme de procès, et conduisant à des conséquences observables. La première partie étudie la déviation de la lumière dans un champ gravitationnel. La seconde partie concerne un mouvement képlerien en relativité générale. La troisième partie étudie la déviation de la lumière par un plasma non homogène. La quatrième partie fait appel à des notions relativistes, qu'elle traite de façon newtonienne.

Toutes ces parties sont indépendantes entre elles, mais elles peuvent étendre ou utiliser des résultats d'autres parties, en adoptant éventuellement un point de vue différent.

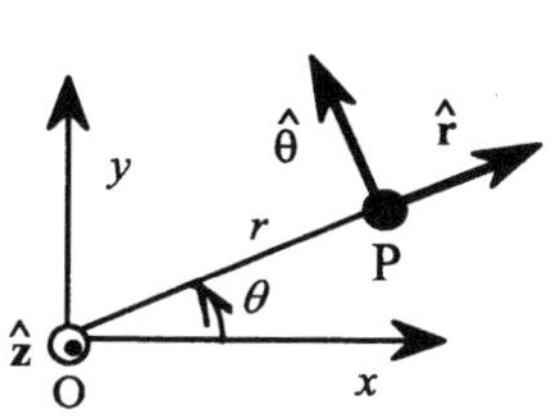

Le référentiel d'étude est, dans tout le problème, supposé galiléen. Toutes les trajectoires seront planes, situées dans le plan xy ; dans le repère polaire $(\hat{\mathbf{r}},\hat{\theta})$, les coordonnées d'un corps ponctuel P de masse m (éventuellement nulle) sont notées, conformément au schéma ci-contre, (r,θ). Selon la relativité générale, l'équation différentielle régissant la fonction $u(\theta)=\dfrac{1}{r(\theta)}$ lorsque P est soumis au champ gravitationnel d'un objet massif de masse M_S placé au centre de force O est

$$\frac{\mathrm{d}^2 u}{\mathrm{d}\theta^2} + u = GM_S\left(\frac{m}{L}\right)^2 + 3\frac{GM_S}{c^2}u^2, \qquad \text{[ED1]}$$

où G est la constante de la gravitation $\left(G = 6{,}67\times10^{-11}\ \mathrm{N.m^2.kg^{-2}}\right)$ et c la vitesse de la lumière (célérité) dans le vide : $c = 3\times10^8\ \mathrm{m.s^{-1}}$. Le moment cinétique $\mathbf{L} = mr^2\frac{\mathrm{d}\theta}{\mathrm{d}t}\,\hat{\mathbf{z}}$ est constant. Le corps massif sera, dans la suite, le Soleil ; voici quelques données numériques :

Masse du Soleil $M_S = 2\times10^{30}$ kg — Température de surface du Soleil $T_S = 5800$ K

Rayon du Soleil $R_S = 7\times10^8$ m — Masse de l'électron $m_e = 9{,}1\times10^{-30}$ kg.

I – Mirage gravitationnel

I – 1 Équations du mouvement

❑ **1** – Établir que, en mécanique newtonienne, $L = mr^2\frac{\mathrm{d}\theta}{\mathrm{d}t} = mC$ est constant pour une particule soumise à une force centrale. Toujours dans ce cadre, établir l'expression de l'accélération **a** de la particule (formule de Binet pour l'accélération) :

$$\mathbf{a} = -\left(\frac{L}{m}\right)^2 u^2\left(\frac{\mathrm{d}^2 u}{\mathrm{d}\theta^2} + u\right)\hat{\mathbf{r}}.$$

❑ **2** – Dans le cadre relativiste, la force centrale est la résultante

- de la force de gravitation newtonienne $\mathbf{F}_N = -\frac{GM_S m}{r^2}\hat{\mathbf{r}} = GM_S m\,u^2\hat{\mathbf{r}}$, terme principal,
- et d'une force dite perturbatrice $\mathbf{F}_R = -3\frac{GM_S}{c^2}\frac{L^2}{m}u^4\,\hat{\mathbf{r}}$.

À quelle condition le terme perturbateur est-il, pour une particule de masse non nulle, très petit devant le terme newtonien ?

❑ **3** – La particule P est un photon, particule de charge nulle et de masse nulle associée au champ électromagnétique et dont on admettra ici qu'elle se comporte comme une particule ponctuelle de moment cinétique non nul. Montrer que « l'équation du mouvement du photon » est

$$\frac{\mathrm{d}^2 u}{\mathrm{d}\theta^2} + u = 3\frac{GM_S}{c^2}u^2 \qquad \text{[EMP].}$$

I-2 Déviation de la ligne de visée d'une étoile

❑ **4** – On note $u_0(\theta)$ la solution de l'équation [EMP] de la question 3 correspondant à $G = 0$, c'est-à-dire à l'absence de gravitation ; quelle est a priori la trajectoire du photon dans ce cas ? sachant que $u_0(0) = \frac{1}{R_S}$ et $u_0\left(\frac{\pi}{2}\right) = 0$, donner l'équation de la trajectoire, d'abord en coordonnées polaires, ensuite en coordonnées cartésiennes ordinaires (x,y), ou réduites $\left(X=\frac{x}{R_s}, Y=\frac{y}{R_s}\right)$.

❑ **5** – Introduisant dans [EMP] la variable sans dimension $Z=R_S u$ $\left(Z=\frac{R_S}{r}\right)$, on obtient l'équation différentielle $\frac{\mathrm{d}^2 Z}{\mathrm{d}\theta^2}+Z=\kappa Z^2$, où $0<<\kappa<<1$. Calculer la valeur numérique de κ. On cherche la solution approchée de l'équation différentielle en Z au premier ordre en κ, sous la forme

$$Z(\theta)=\underbrace{\cos(\theta)}_{=Z_0(\theta)}+\kappa Z_1(\theta).$$

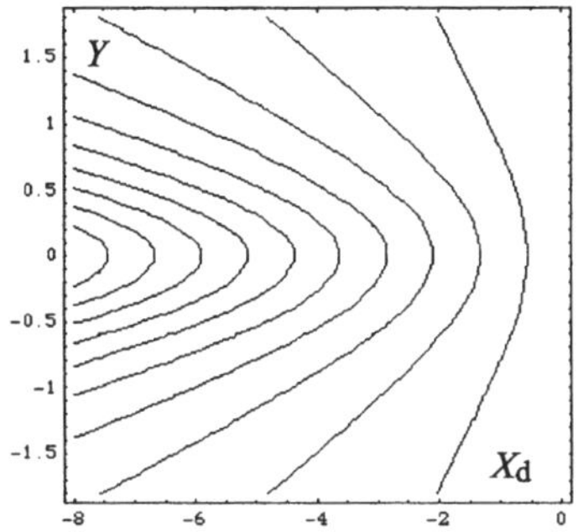

Exprimer la composante au premier ordre sous la forme

$$Z_1(\theta)=A_Z+B_Z\cos(2\theta),$$

en précisant les valeurs des constantes A_Z et B_Z. À titre d'exemple, la figure ci-contre montre un ensemble de solutions pour quelques valeurs de κ. En abscisse, l'écart relatif $X_d=10^6(X-1)$ et en ordonnée Y.

❑ **6** – Préciser les directions asymptotiques de la trajectoire ; établir l'équation cartésienne de cette dernière sous la forme $X=\varphi(X,Y)$ (on peut aussi bien trouver les directions asymptotiques à partir de l'équation cartésienne).

❑ **7** – On considère un rayon lumineux provenant d'une étoile lointaine ; ce rayon rase le Soleil et il est observé de la Terre, c'est-à-dire à une distance grande devant R_S. Montrer que loin du Soleil la trajectoire se réduit à ses deux asymptotes. Calculer numériquement la valeur du petit angle entre les deux asymptotes.

FIN DE CETTE PARTIE

II – Mouvement képlérien en relativité générale

On considère maintenant le mouvement d'une planète, considérée comme un objet ponctuel de masse *m*, dont le mouvement est régi par l'équation différentielle [ED1] du préambule de ce problème. Avec les notations $B=\left(\frac{m}{L}\right)^2 GM_S$ et $\varepsilon=3\left(\frac{GM_S m}{Lc}\right)^2$, cette équation s'écrit :

$$\frac{\mathrm{d}^2 u}{\mathrm{d}\theta^2}+u=B+\varepsilon\frac{u^2}{B} \qquad \text{[ED2]}$$

II-1. Solution perturbative

❑ **8** – Vérifier l'homogénéité dimensionnelle de l'équation [ED2].

❑ **9** – On suppose que l'inégalité $\varepsilon<<1$ est satisfaite. On cherche la solution approchée de l'équation du mouvement [ED2] sous la forme $u(\theta)=u^{(0)}(\theta)+\varepsilon u^{(1)}(\theta)$. Identifier les termes d'ordre 0 en ε et montrer que l'on peut accepter la solution $u^{(0)}(\theta)=B+A\cos(\theta)$, où A est une constante, que l'on ne cherchera pas à expliciter.

❑ **10** – L'identification des termes d'ordre 1 en ε permet de déterminer la fonction $u^{(1)}(\theta)$. Établir l'équation différentielle $\dfrac{\mathrm{d}^2 u^{(1)}}{\mathrm{d}\theta^2}+u^{(1)}=B+\dfrac{1}{2}A^2+\dfrac{1}{2}\dfrac{A^2}{B}\cos(2\theta)+2A\cos(\theta)$. La solution de l'équation homogène $\dfrac{\mathrm{d}^2 u^{(1)}}{\mathrm{d}\theta^2}+u^{(1)}=0$ est $u^{(1)}(\theta)=\alpha\cos(\theta)+\beta\sin(\theta)$, où α et β sont des constantes. Cette solution ne nous intéressera pas.

❑ **11** – La solution de l'équation différentielle non homogène de la question 10 est la somme de deux termes : un terme périodique, associé à $B+\dfrac{1}{2}A^2+\dfrac{1}{2}\dfrac{A^2}{B}\cos(2\theta)$ dans le membre de droite et un terme « résonant », dit séculaire, $u_s^{(1)}$, associé à $2A\cos(\theta)$. C'est ce terme qui va nous intéresser désormais. La solution de l'équation différentielle $\dfrac{\mathrm{d}^2 u_s^{(1)}}{\mathrm{d}\theta^2}+u_s^{(1)}=2A\cos(\theta)$ est $u_s^{(1)}=A\,\theta\sin(\theta)$. Cette solution est-elle admissible quel que soit θ ?

II-1. Avance du périhélie

❑ **12** – On suppose dans ce qui suit que l'inégalité $\varepsilon\theta \ll 1$ est satisfaite, ce qui permet d'admettre l'approximation $\cos(\theta-\varepsilon\theta)\approx\cos(\theta)+\varepsilon\theta\sin(\theta)$. Déduire, dans ce cadre, que le périhélie (r minimum, u maximum) est obtenu pour les angles $\theta=\theta_n\approx 2\pi n(1+\varepsilon)$.

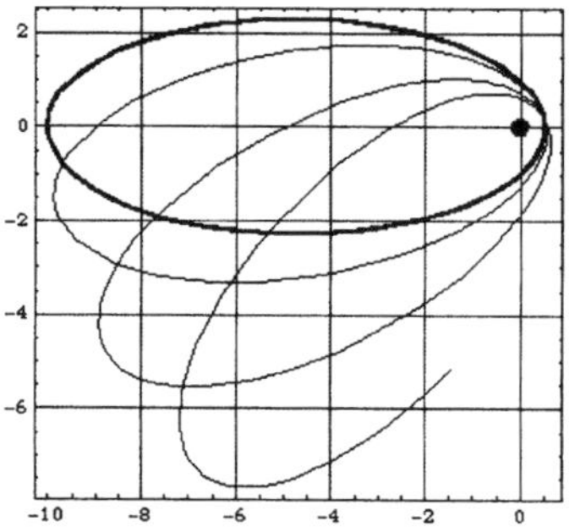

❑ **13** – De combien a varié l'angle θ entre deux périhélies successifs ? Le déplacement du périhélie pour une révolution de la planète autour du Soleil, ω, est donc $\omega=2\pi\varepsilon$ (*formule de Robertson, 1938*). La figure ci-contre donne une idée du phénomène. Le point noir est le centre de forces. La courbe en trait gras représente la trajectoire képlerienne classique d'une planète imaginaire. La courbe en trait fin montre l'effet d'une perturbation relativiste de la trajectoire ; en réalité, la perturbation est infime, de l'ordre de 10^{-4} radian par siècle.

❑ **14** – Calculer en effet, en seconde d'arc par siècle, la valeur de ω pour la planète Mercure, sachant que $C=\dfrac{L}{m}=2{,}718\times10^{15}\ \mathrm{m^2.s^{-1}}$ et que sa période de révolution autour du Soleil est de 87,969 jours.

FIN DE CETTE PARTIE

III – Plasma dilué

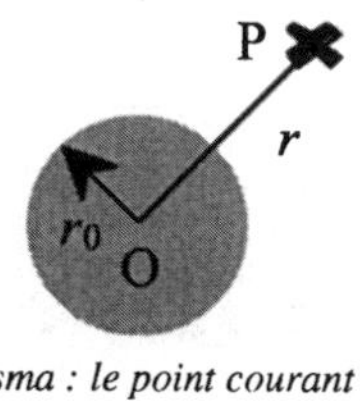

Étoile et plasma : le point courant P du plasma est noté P, avec OP=r.

Une étoile sphérique de centre O, de rayon r_0 de masse M et de température T_E uniforme et fixe est enveloppée par un plasma neutre, dilué, composé d'électrons et d'ions. La densité électronique locale (nombre d'électrons par unité de volume) possède la symétrie sphérique et elle est notée $N(r)$. On néglige la contribution du plasma au champ gravitationnel ; ce dernier, noté $g(r)$, est entièrement dû à l'étoile. On néglige aussi les interactions électrostatiques électron-électron, électronion et ion-ion dans le plasma. Les électrons sont en équilibre thermique avec l'étoile ; ils se comportent comme les molécules d'un gaz parfait et suivent la même équation d'état, dont une expression est $p(r) = N(r) k_B T_E$, où $k_B = 1{,}38 \times 10^{-23}$ J.K^{-1} est la constante de Bolztmann. On admet enfin que le gaz électronique est en équilibre mécanique et l'on note $\mu(r) = m_e N(r)$ sa masse volumique locale.

III-1. Indice du plasma

❑ **15** – Établir la relation [E], qui traduit l'équilibre mécanique du gaz électronique :

$$k_B T_E \frac{\mathrm{d}N}{\mathrm{d}r} = -G \frac{M m_e}{r^2} N(r). \qquad \text{[E]}$$

❑ **16** – Intégrer [E] ; on notera $N(r_0) = N_0$. On pose pour la suite $a = G \dfrac{M m_e}{k_B T_E}$.

❑ **17**– L'étoile est très chaude : $a \ll r_0$. Donner, lorsque cette inégalité est satisfaite, l'expression de $N(r)$ à l'ordre le plus bas en $\dfrac{a}{r}$, mais en négligeant $\dfrac{a}{r_0}$ devant 1. Quelle inégalité T_E doit-il satisfaire ? Préciser numériquement cette inégalité lorsque $r_0 = R_S$.

❑ **18** – Le modèle de Thomson concerne un plasma homogène de densité électronique N. Le milieu est supposé suffisamment dilué ; les charges sont sans interaction entre elles. Le mouvement d'un électron non lié, de charge électrique e et de masse m, se fait sans frottement. L'équation du mouvement de cet électron dans un champ électrique se propageant en onde plane selon la direction $\hat{\mathbf{z}}$, d'amplitude E_0, monochromatique et polarisé rectilignement selon la direction $\hat{\mathbf{x}}$ est $m\,\hat{\mathbf{x}} \dfrac{\mathrm{d}^2 x}{\mathrm{d}t^2} = e(E_0 \hat{\mathbf{x}}) \exp i(\omega t - kz)$. Exprimer l'amplitude complexe de la solution de cette équation, notée $\underline{x}_0$, puis la vitesse $\underline{\upsilon}_0$ et enfin la densité de courant $\underline{J}_0$ $(J = \underline{J}_0 \exp i(\omega t - kz))$. Insérant cette expression dans l'équation de propagation du champ électrique, exprimer la vitesse de phase υ_φ et en déduire l'expression du carré de l'indice $n^2(\omega)$, en faisant intervenir la pulsation de plasma $\omega_p^2 = \dfrac{Ne^2}{m_e \varepsilon_0}$. Justifier que l'on néglige la contribution des ions à l'indice.

III-2. Mécanique du photon

La propagation de la lumière peut être décrite par le mouvement des photons (particules introduites à la question 3). Le rayon lumineux correspond à la trajectoire des photons. On note $n(x,y,z)$ l'indice du milieu au point $\mathrm{M}(x,y,z)$ et s l'abscisse curviligne le long de la trajectoire : la longueur d'un élément de trajectoire est donnée par $\mathrm{d}s^2 = \mathrm{d}x^2 + \mathrm{d}y^2 + \mathrm{d}z^2$. Le vecteur vitesse est porté par la tangente à la trajectoire, dont le vecteur unitaire local est noté $\hat{\mathbf{u}}$: le point O étant fixe, $\hat{\mathbf{u}} = \dfrac{\mathrm{d}\mathbf{OM}}{\mathrm{d}s}$; le principe fondamental de la dynamique du photon s'écrit alors : $\dfrac{\mathrm{d}(n\hat{\mathbf{u}})}{\mathrm{d}s} = \mathbf{grad}(n)$. On admettra que l'indice du plasma considéré dans ce problème est $n^2(\omega, r) = 1 - \dfrac{\omega_p^2}{\omega^2}\left(1 + \dfrac{a}{r}\right)$, où $a = G \dfrac{M m_e}{k_B T_E}$.

❑ **19** – Montrer que le principe fondamental de la dynamique du photon impose la propagation rectiligne dans un milieu homogène.

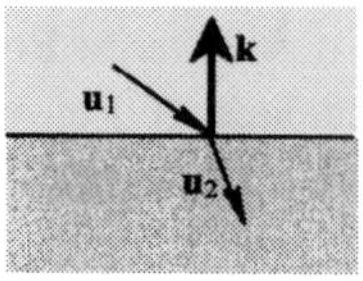

❑ **20** – On considère un dioptre plan séparant l'espace en deux milieux d'indices différents $n = n_1$ pour $z > 0$ et $n = n_2$ pour $z < 0$. On note $\hat{\mathbf{u}}_1$ et $\hat{\mathbf{u}}_2$ les vecteurs unitaires du rayon lumineux dans chaque milieu et $\hat{\mathbf{k}}$ le vecteur unitaire de l'axe Oz. Établir, par exemple en intégrant la relation $\frac{\mathrm{d}(n\hat{\mathbf{u}})}{\mathrm{d}s} = \mathbf{grad}(n)$ sur un domaine très petit de part et d'autre de l'interface, l'égalité $n_1(\mathbf{u}_1 \wedge \mathbf{k}) = n_2(\mathbf{u}_2 \wedge \mathbf{k})$ et en déduire les deux lois de Descartes pour la réfraction.

❑ **21** – On pose $\mathrm{d}\ell = \frac{\mathrm{d}s}{n}$. Quelle est la dimension de ℓ ? Montrer que le principe fondamental de la dynamique du photon s'écrit (équation [DP]) $\frac{\mathrm{d}^2\mathbf{OM}}{\mathrm{d}\ell^2} = \frac{1}{2}\mathbf{grad}(n^2)$.

❑ **22** – Pour donner une saveur newtonienne à [DP], on pose $\ell = ct$, ce qui définit t. Le terme de droite de [DP] peut être compris comme une sorte de force centrale agissant sur le photon ; quelle est la dimension de ce terme ? cette force est-elle attractive ou répulsive ?

❑ **23** – Accordons-nous ici le droit de traiter le terme de droite de [DP] comme une force ordinaire. Quelle est, sous cette hypothèse, la trajectoire de la lumière dans le plasma ?

❑ **24** – À partir des relations énergétiques $E = mc^2$ pour une particule matérielle et $E = h\nu$ pour le photon (ν est la fréquence du rayonnement associé au photon et h la constante de Planck), tenter une manipulation de [DP] aboutissant à une forme newtonienne d'équation du mouvement. La justification de cette manipulation serait une autre histoire.

FIN DE CETTE PARTIE

III – Retour sur la déviation de la lumière

Cette partie se propose de traiter le photon de fréquence ν comme une particule matérielle qui aurait une masse $\tilde{m} = \frac{h\nu}{c^2}$, une énergie cinétique $E_c = h\nu$ (où h est la constante de Planck) et qui suivrait pour autant la mécanique newtonienne. Cette approche ne manque pas d'audace et les résultats devront donc en être accueillis avec circonspection.

❑ **25** – L'énergie totale d'un photon émis de la surface du Soleil avec la fréquence ν_S est donc, dans ce cadre, $E_T = h\nu_S - \frac{GM_s\tilde{m}}{R_s} = h\nu_S - \frac{hGM_s\nu_S}{R_s c^2}$. Ce photon est détecté sur Terre, dont on néglige l'effet gravitationnel. On attribue donc à ce photon la fréquence $\nu_T = \frac{E_T}{h}$. Exprimer le facteur de réduction $\alpha = \frac{\nu_T}{\nu_S}$ en fonction du rayon du Soleil et du *rayon de Schwarzschild* pour le Soleil $\rho_S = 2\frac{GM_S}{c^2}$. Calculer la valeur numérique du rayon de Schwarzschild pour le Soleil et pour la Terre (la masse de la Terre est environ 6×10^{24} kg).

❑ **26** – Une réduction de la fréquence du photon est équivalente à une augmentation de sa période ; si le photon était utilisé comme une horloge, on aurait donc une dilatation du temps. On admettra que cette dilatation du temps $(t \mapsto t')$ s'accompagne d'une contraction de l'unité de longueur $(\ell \mapsto \ell')$, avec le même facteur : $\frac{t'}{t} = \frac{\ell}{\ell'}$. On note $n(r)$ l'indice du milieu à la distance r du Soleil. Cet indice, doté ici de la symétrie sphérique, est défini comme le rapport de la vitesse du photon dans le vide $c = \frac{ds}{dt}$ à sa vitesse au voisinage de l'objet massif $c' = \frac{ds'}{dt'}$ (s et s' désignent l'abscisse curviligne le long de la trajectoire). Établir l'expression $n^2(r) \approx 1 + \frac{\rho_S}{r}$.

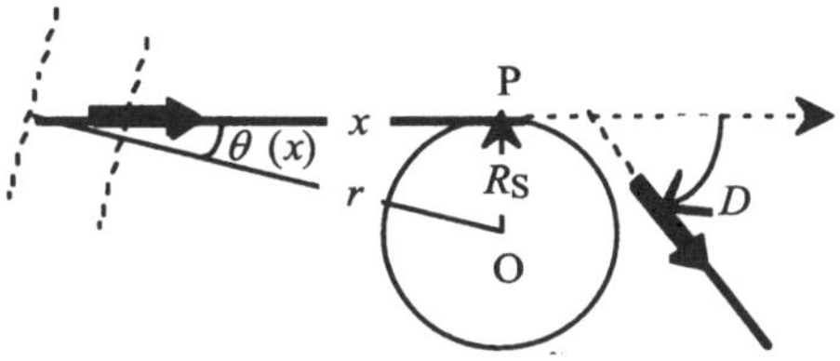

Asymptotes de la trajectoire d'un photon.
La déviation est notée D.

❑ **27** – Calculer la déflexion d'un rayon lumineux provenant de l'infini et passant au voisinage immédiat du Soleil, comme schématisé sur la figure ci-contre. On admettra la relation locale $n(r)\sin[\theta(r)] = C^{te}$. On utilisera le fait que $\rho_S << R_S$. On pourra rencontrer l'intégrale $J = \int_{-\infty}^{+\infty} \frac{dx}{(x^2 + a^2)^{\frac{3}{2}}}$, dont la valeur est $J = \frac{2}{a^2}$.

FIN DE CETTE PARTIE
FIN DE L'ÉPREUVE

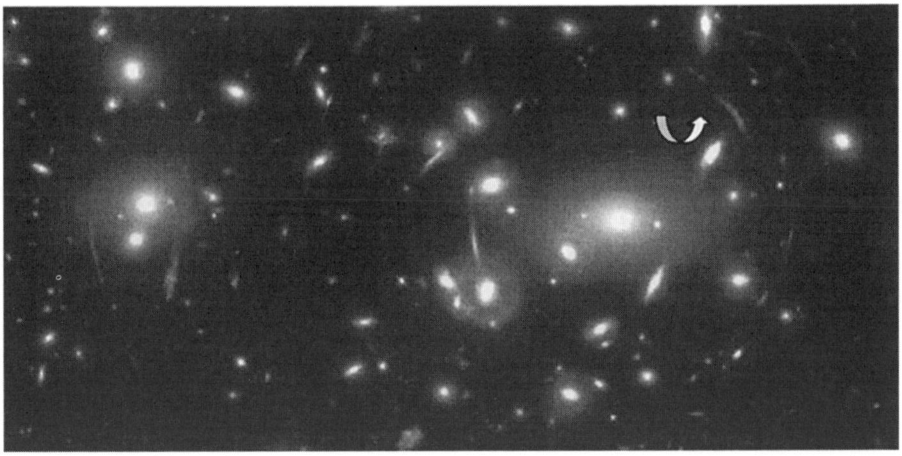

La première observation d'un mirage gravitationnel date de 1980. La photo ci-dessus montre l'arc cosmique dans l'amas Abell 2218 ; la source lumineuse est isotrope ; le déflecteur est la galaxie super massive au centre de l'arc. La flèche montre un anneau d'Einstein qui a été le premier à prédire l'observation de tels phénomènes.

DÉVIATIONS

I. Mirage gravitationnel

1. On prend comme système la particule, et on se place dans le référentiel galiléen tel que le centre attracteur O soit immobile. Le théorème du moment cinétique donne

$$\frac{d\vec{L}_O}{dt} = \vec{\mathcal{M}}_O(\vec{F}) = \overrightarrow{OM} \wedge \vec{F} = \overrightarrow{OM} \wedge F(r)\vec{u}_r = \vec{0}.$$

Le moment cinétique en O est ainsi une constante du mouvement. On déduit classiquement la planéité du mouvement.

> RAPPEL : Comme $\vec{L}_O = \overrightarrow{OM} \wedge m\vec{v}$, $\vec{L}_O$ est normal à chaque instant au vecteur position $\overrightarrow{OM}$. Si $\overrightarrow{OM}$ ne reste pas dans un même plan, $\vec{L}_O$ ne peut pas rester constant.

Évaluons le moment cinétique en coordonnées cylindriques :

$$\vec{L}_O = \overrightarrow{OM} \wedge m\vec{v} = \begin{vmatrix} r \\ 0 \\ 0 \end{vmatrix} \wedge \begin{vmatrix} \dot{r} \\ r\dot{\theta} \\ 0 \end{vmatrix} = mr^2\dot{\theta}\vec{u}_z.$$

En effet, $\overrightarrow{OM} = r\vec{u}_r$ et $\vec{v} = \dot{r}\vec{u}_r + r\dot{\theta}\vec{u}_\theta$. On déduit la constance de $r^2\dot{\theta}$ qu'on note C.

On effectue le changement de fonction : $u(\theta) = 1/r$. Alors,

$$\dot{r} = \frac{dr}{dt} = \frac{d(1/u)}{d\theta}\frac{d\theta}{dt} = -\frac{1}{u^2}u'\dot{\theta} = -\frac{1}{u^2}u'Cu^2 = -Cu',$$

où u' est la dérivée de u par rapport à θ. On déduit immédiatement

$$\vec{v} = \dot{r}\vec{u}_r + r\dot{\theta}\vec{u}_\theta = -Cu'\vec{u}_r + \frac{1}{u}Cu^2\vec{u}_\theta = C(-u'\vec{u}_r + u\vec{u}_\theta).$$

On dérive cette relation par rapport au temps :

$$\vec{a} = \frac{d\vec{v}}{dt} = \frac{d\vec{v}}{d\theta}\dot{\theta} = C(-u''\vec{u}_r - u'\vec{u}_\theta + u'\vec{u}_\theta - u\vec{u}_r)Cu^2.$$

On rappelle en effet les relations

$$\frac{d\vec{u}_r}{d\theta} = \vec{u}_\theta \quad \text{et} \quad \frac{d\vec{u}_\theta}{d\theta} = -\vec{u}_r.$$

On arrive à

$$\vec{a} = -(\frac{L}{m})^2u^2(u'' + u)\vec{u}_r.$$

2. On écrit la relation $F_R \ll F_N$ (on rappelle qu'un terme ne peut être négligeable que **devant un autre**), soit

$$\frac{L^2}{mc^2}u^4 \ll mu^2 \quad \text{d'où} \quad r \gg \frac{L}{mc}.$$

Remarquons déjà l'homogénéité de la relation. En effet, un moment cinétique est homogène au produit d'une masse, d'une vitesse et d'une distance.

Le terme perturbateur ne prend des valeurs notables (par rapport au terme newtonien) que suffisamment proche de l'astre attracteur.

> REMARQUE : c'est dans cette région que l'espace-temps est le plus déformé par la présence de l'astre.

3. On suppose en suivant l'énoncé que le photon obéit à la relation fondamentale de la dynamique :

$$m\vec{a} = \vec{F}_N + \vec{F}_R.$$

Vu les expressions,

$$-m(\frac{L}{m})^2 u^2(u'' + u) = -GM_S m u^2 - 3\frac{GM_S}{c^2}\frac{L^2}{m}u^4,$$

soit

$$u'' + u = \frac{m^2}{L^2}GM_S u^2 + 3\frac{GM_S}{c^2}u^2.$$

Dans la limite d'une masse nulle $m \to 0$, on obtient l'expression de l'énoncé.

4. Le photon n'est alors soumis à aucune force. Sa trajectoire devrait être **rectiligne** (uniforme) !

Vérifions-le : $u_0'' + u_0 = 0$. La solution est

$$u_0(\theta) = A\cos\theta + B\sin\theta.$$

Comme $u_0(0) = 1/R_S$, $A = 1/R_S$; $u(\pi/2) = 0$ et $B = 0$. Alors,

$$u_0(\theta) = \frac{\cos\theta}{R_S}.$$

Afin d'obtenir une forme plus usuelle, on utilise les coordonnées cartésiennes : $x = r\cos\theta$ et $y = r\sin\theta$. On obtient

$$x = \text{cte} = R_S \quad \text{ou} \quad X = 1.$$

y prend en revanche toutes les valeurs possibles ($y = R_S \tan\theta$). La trajectoire est bien une **droite**.

5. L'équation [EMP] devient

$$Z'' + Z = 3\frac{GM_S}{c^2 R_S}Z^2.$$

On identifie $\kappa = 3\dfrac{GM_S}{c^2 R_S}$.

Application numérique : $\kappa = 6,4.10^{-6}$.

> REMARQUE : l'absence d'unité de κ s'obtient sans difficulté en remarquant que Z est homogène à κZ^2. Donc κ est homogène à Z^{-1}. De plus, $Z = R_S/r$ est adimensionnée.

On remplace l'expression proposée dans l'équation du mouvement

$$Z'' + Z = Z_0'' + \kappa Z_1'' + Z_0 + \kappa Z_1 = \kappa(-4B_Z\cos(2\theta) + A_Z + B_Z\cos(2\theta)).$$

$$\kappa Z^2 = \kappa(Z_0 + \kappa Z_1)^2 \simeq \kappa Z_0^2 = \kappa\cos^2\theta = \frac{\kappa}{2}(1+\cos(2\theta)).$$

Dans le dernier terme, on n'a conservé que le premier ordre en κ. On identifie les termes constants et oscillants à 2θ, soit

$$A_Z = \frac{1}{2} \quad \text{et} \quad B_Z = -\frac{1}{6}.$$

6. On cherche les directions pour lesquelles la distance au Soleil tend vers l'infini : $r \to \infty$, soit $Z \to 0$. Déjà, sans terme perturbatif, les asymptotes vérifient $Z_0 = \cos\theta = 0$, soit $\theta = \pm\pi/2$. Avec le terme perturbatif,

$$Z(\theta) = \cos(\theta)+\kappa(\frac{1}{2}-\frac{\cos(2\theta)}{6}) = \cos(\theta)+\kappa(\frac{1}{2}-\frac{\cos^2\theta}{3}+\frac{1}{6}) = \cos(\theta)+\kappa(\frac{2}{3}-\frac{\cos^2\theta}{3}).$$

On doit résoudre

$$-\kappa\cos^2\theta + 3\cos\theta + 2\kappa = 0.$$

On a une équation du second degré en $\cos\theta$. Le discriminant est $\Delta = 9 + 8\kappa^2$. Les solutions sont

$$\cos\theta = \frac{-3 \pm \sqrt{\Delta}}{-2\kappa}.$$

Comme $\kappa \ll 1$, $\Delta \simeq 9$, et la solution avec un signe moins n'a pas de sens physique car alors $|\cos\theta| \gg 1$. On conserve la solution avec un signe plus. Sachant que

$$\sqrt{\Delta} = \sqrt{9+8\kappa^2} = 3\sqrt{1+\frac{8}{9}\kappa^2} \simeq 3(1+\frac{4}{9}\kappa^2)$$

car $\sqrt{1+\varepsilon} \simeq 1 + \frac{\varepsilon}{2}$. Ainsi,

$$\cos\theta = \frac{-3+\sqrt{\Delta}}{-2\kappa} \simeq -\frac{2}{3}\kappa \ll 1.$$

θ prend alors , comme on s'y attendait, des valeurs proches de $\pm\pi/2$. On pose $\theta = \frac{\pi}{2} + \alpha$, avec $\alpha \ll 1$, et

$$\cos\theta = \cos(\frac{\pi}{2}+\alpha) = -\sin\alpha \simeq -\alpha.$$

On établit donc $\alpha = (2\kappa)/3$, ce qui correspond à un angle

$$\theta_1 = \frac{\pi}{2} + \frac{2\kappa}{3}.$$

On vérifie que l'autre solution est

$$\theta_2 = -\theta_1 = -\frac{\pi}{2} - \frac{2\kappa}{3}.$$

L'allure est bien celle proposée par l'énoncé (voir la figure ci-après pour laquelle les angles sont exagérés).

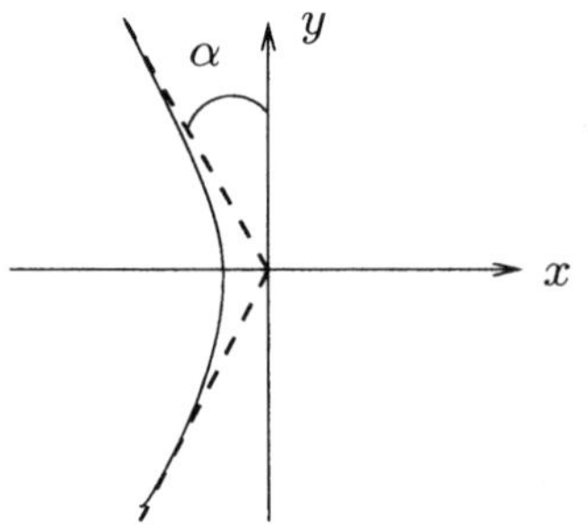

Pour l'équation cartésienne,

$$\frac{R_S}{r} = \cos(\theta) + \kappa(\frac{2}{3} - \frac{\cos^2\theta}{3}).$$

Alors,

$$R_S = x + \kappa(\frac{2}{3}\sqrt{x^2+y^2} - \frac{x^2}{\sqrt{x^2+y^2}}),$$

soit

$$X = 1 - \kappa(\frac{2}{3}\sqrt{X^2+Y^2} - \frac{X^2}{\sqrt{X^2+Y^2}}).$$

7. Loin du Soleil, la trajectoire est libre, donc rectiligne. On peut l'assimiler à ses asymptotes (voir l'allure des trajectoires proposées par l'énoncé).

Application numérique : la valeur de l'angle entre les deux asymptotes est $2\alpha = 4\kappa/3 = 8,5.10^{-6}$ rad $= 1,8''$

La mesure d'un éventuel écart doit être très fine !

II – Mouvement képlérien en relativité générale

8. Déjà, les deux premiers termes sont homogènes entre eux et à l'inverse d'une longueur.

Intéressons-nous à B :
- L/m est le produit d'une longueur par une vitesse (par définition du moment cinétique) ;
- GM_S est le produit d'une accélération par le carré d'une longueur (penser à la relation fondamentale de la dynamique d'une particule soumise à un astre attracteur).

Ainsi, B est homogène à une accélération divisée par le carré d'une vitesse, soit l'inverse d'une longueur.

Enfin, $\frac{\varepsilon}{B} = \frac{GM_S}{c^2}$. D'après la remarque précédente sur GM_S, ε/B est donc homogène à une accélération multipliée par le carré d'une longueur divisée par le carré d'une vitesse, soit une accélération multipliée par le carré d'un temps. En d'autre mots, ε/B est une longueur (ce qui signifie que ε est sans dimension). Le dernier terme de l'équation [ED2] est bien homogène à l'inverse d'une longueur.

Remarque : ne pas confondre dimension et unité. Ainsi, la dimension de M_S est une masse, et son unité (dans le système international) est le kg.

9. Pour obtenir le terme d'ordre 0, il suffit d'effectuer $\varepsilon = 0$. On reporte donc la solution $u^{(0)}$ dans l'équation [ED2] :

$$u^{(0)\prime\prime} + u^{(0)} = B.$$

La solution est $u^{(0)}(\theta) = B + A\cos(\theta + \varphi)$, où A, B et φ sont des constantes.

En suite, par une **rotation** du système d'axe Oxy autour de Oz, on peut changer tous les angles d'une constante et faire disparaître φ.

10. On s'intéresse désormais au terme du premier ordre. On pose $u = u^{(0)} + \varepsilon u^{(1)}$. Le terme d'ordre 0 (dans lequel ε ne figure pas) disparaît (voir la question précédente). On s'intéresse alors au terme en ε :

$$\varepsilon u^{(1)\prime\prime} + \varepsilon u^{(1)} = \varepsilon\frac{(u^{(0)} + \varepsilon u^{(1)})^2}{B} = \varepsilon\frac{(u^{(0)})^2}{B} + \text{termes en } \varepsilon^2.$$

On reporte l'expression de $(u^{(0)}$:

$$u^{(1)\prime\prime} + u^{(1)} = \frac{(B + A\cos\theta)^2}{B} = \frac{B^2 + 2AB\cos\theta + A^2\cos^2\theta}{B}.$$

$$u^{(1)\prime\prime} + u^{(1)} = B + 2A\cos\theta + \frac{A^2}{2B} + \frac{A^2}{2B}\cos(2\theta).$$

Remarque : l'énoncé comporte visiblement une faute de frappe.

11. Quand θ augmente, c'est-à-dire quand la planète parcourt son orbite, $u^{(1)}$ prend des valeurs de plus en plus importantes (voir la figure ci-dessous). Ce terme étant censé être une perturbation de la solution $u^{(0)}$ qui reste finie, le traitement pose des problèmes à θ élevé.

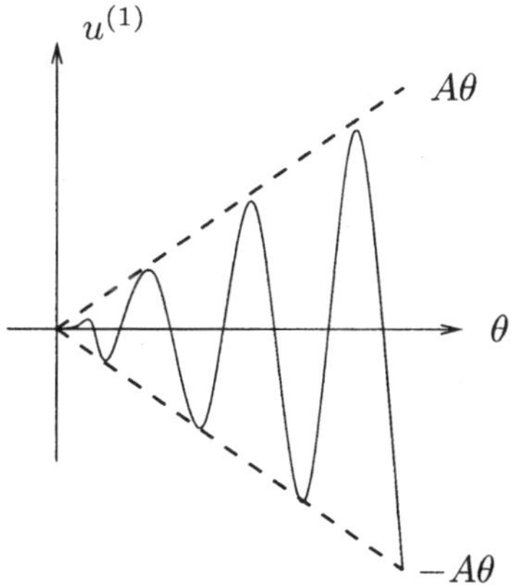

12. Dans la mesure où le seul terme d'ordre 1 est le terme séculaire,

$$u(\theta) = B + A\cos\theta + \varepsilon A\theta\sin\theta = B + A(\cos\theta + \varepsilon\theta\sin\theta) \simeq B + A\cos(\theta - \varepsilon\theta)$$

si $\varepsilon\theta \ll 1$. Alors, le périhélie se produit pour les angles θ_n tels que

$$\theta_n - \varepsilon\theta_n = \theta_n(1 - \varepsilon) = 2\pi n,$$

d'où

$$\theta_n = \frac{2\pi n}{1-\varepsilon} \simeq 2\pi n(1+\varepsilon).$$

13. Entre deux périhélies successifs, l'angle varie de

$$\theta_{n+1} - \theta_n = 2\pi(1+\varepsilon) = \omega.$$

14. Application numérique : $\varepsilon = 8,0.10^{-8}$, $\omega = 5,0.10^{-7}$. ω est l'avance angulaire par tour. En un siècle, Mercure effectue

$$\frac{1 \text{ siècle}}{87,969 \text{ jours}} = \frac{100.365,24}{87,969} = 4,2.10^2 \text{ tours}.$$

Pendant un siècle, l'avance angulaire est donc $4,2.10^2 \times 5,0.10^{-7} = 2,1.10^{-4}$ rad, ce qui est bien l'ordre de grandeur proposé par l'énoncé. En secondes d'arc, on obtient

$$2,1.10^{-4}\frac{360.60.60}{2\pi} = 43''.$$

Remarque : peu de candidats sont arrivés au bout de cette application numérique... on peut en revanche se demander pourquoi la période de Mercure est donnée avec autant de chiffres significatifs. À noter : ce résultat est historiquement l'un des premiers succès de la Relativité Générale.

III. Plasma dilué

15. On écrit la relation locale de statique des fluides :

$$\overrightarrow{\text{grad}}\, p = \vec{f}_{\text{vol}}.$$

La seule force volumique exercée ici est la force gravitationnelle $\vec{f}_{\text{vol}} = \mu\vec{g}$. Vu de l'extérieur de l'étoile, le champ gravitationnel est le même que si toute la masse de l'étoile était concentrée à l'origine (conséquence du théorème de Gauss pour la gravitation). Ainsi,

$$\vec{g} = -\frac{GM}{r^2}\vec{u}_r.$$

Comme

$$\overrightarrow{\text{grad}}\, p = p'(r)\vec{u}_r = k_B T_E N'(r)\vec{u}_r,$$

on arrive au résultat

$$k_B T_E N'(r) = -\frac{GM}{r^2} N(r) m_e.$$

Remarque : La relation locale de statique des fluides ne figure pas au programme de la filière MP. Vu que sa connaissance était requise pour les deux épreuves de 2005, nous conseillons aux élèves de MP de l'apprendre sans tarder.

16. On sépare les variables entre r_0 et r :

$$k_B T_E \frac{dN}{N} = -GMm_e\frac{dr}{r^2}.$$

On intègre alors aisément

$$k_B T_E \ln \frac{N}{N_0} = GMm_e(\frac{1}{r} - \frac{1}{r_0}), \quad \text{d'où} \quad \ln \frac{N}{N_0} = a(\frac{1}{r} - \frac{1}{r_0}).$$

17. On se place dans la limite $a \ll r_0 \leq r$. Ainsi,

$$N = N_0 \exp(a(\frac{1}{r} - \frac{1}{r_0})) \simeq N_0(1 + a(\frac{1}{r} - \frac{1}{r_0})).$$

On néglige le terme en a/r_0 devant 1. Néanmoins, on conserve celui en a/r (même s'il n'est pas plus important) afin de garder trace de la dépendance radiale. Ainsi,

$$N \simeq N_0(1 + \frac{a}{r}).$$

L'inégalité demandée est

$$a = \frac{GMm_e}{k_B T_E} \ll R_S, \quad \text{soit} \quad T_E \gg \frac{GMm_e}{k_B R_S}.$$

Application numérique : $T_E \gg 1,3.10^4$ K. L'approximation n'est donc pas réalisée pour le Soleil.

REMARQUE : la masse d'un électron est $9,1.10^{-31}$ kg (l'énoncé comporte une erreur).

18. L'équation du mouvement fournit

$$m_e \ddot{x} = -m_e \omega^2 \underline{x}_0 \exp i(\omega t - kz) = eE_0 \exp i(\omega t - kz).$$

Ainsi,

$$\underline{x}_0 = -\frac{eE_0}{m_e \omega^2}.$$

Comme $v = \dot{x}$, en notation complexe,

$$\underline{v}_0 = i\omega \underline{x}_0 = -i\frac{eE_0}{m_e \omega}.$$

Par définition, si seuls les électrons sont en mouvement, $\vec{J} = Ne\vec{v}$, d'où

$$\underline{J}_0 = Ne\underline{v}_0 = -i\frac{Ne^2 E_0}{m_e \omega}.$$

Établissons l'équation de propagation du champ électrique à partir des équations de Maxwell. La méthode générale est de considérer $\overrightarrow{\text{rot}}\,\overrightarrow{\text{rot}}\,\vec{E}$:

$$\overrightarrow{\text{rot}}\,\overrightarrow{\text{rot}}\,\vec{E} = \overrightarrow{\text{grad}}\,\text{div}\,\vec{E} - \Delta\vec{E} = -\Delta\vec{E}.$$

En effet, $\text{div}\,\vec{E} = \frac{\partial}{\partial x}(E_0 \exp i(\omega t - kz)) = 0$. On étudie en fait les ondes transversales.

RAPPEL : la relation $\overrightarrow{\text{rot}}\,\overrightarrow{\text{rot}} = \overrightarrow{\text{grad}}\,\text{div} - \Delta$ est à connaître.

D'autre part,

$$\overrightarrow{\text{rot}}\,\overrightarrow{\text{rot}}\,\vec{E} = \overrightarrow{\text{rot}}\,(-\frac{\partial \vec{B}}{\partial t}) = -\frac{\partial}{\partial t}\overrightarrow{\text{rot}}\,\vec{B} = -\frac{\partial}{\partial t}(\mu_0 \vec{J} + \mu_0\varepsilon_0\frac{\partial \vec{E}}{\partial t}).$$

En égalant les deux expressions obtenues,

$$\Delta\vec{E} - \frac{1}{c^2}\frac{\partial^2\vec{E}}{\partial t^2} = \mu_0\frac{\partial \vec{J}}{\partial t}.$$

On remplace les expressions du champ électrique et de la densité volumique de courant :

$$-k^2E_0 + \frac{\omega^2}{c^2}E_0 = -i\mu_0\frac{Ne^2E_0}{m_e\omega}i\omega.$$

Au final,

$$k^2 = \frac{\omega^2 - \omega_p^2}{c^2}.$$

Remarque : cette relation de dispersion pour le plasma fait partie du cours de MP, elle est à connaître.

On se place implicitement à $\omega > \omega_p$ afin que la propagation soit possible. Alors,

$$v_\varphi = \frac{\omega}{k} = c\frac{\omega}{\sqrt{\omega^2 - \omega_p^2}}.$$

On fait une analogie avec la lumière se propageant dans un milieu transparent d'indice n. Alors $v_\varphi = c/n$ (v_φ est la "vitesse" de la composante d'une onde pour une pulsation donnée). On déduit

$$n^2 = 1 - \frac{\omega_p^2}{\omega^2}.$$

On a totalement négligé le mouvement des ions. En effet, la seule contribution à la densité volumique de courant est celle des électrons. Cela se justifie car les ions ont une masse nettement supérieure à celle des électrons. En conséquence, leur vitesse (et donc leur contribution au courant) est nettement inférieure à celle des ions.

19. Dans un milieu homogène, $n =$ cte, soit $\overrightarrow{\text{grad}}\,n = \vec{0}$. On déduit que $n\hat{u}$ et par conséquent $\hat{u}$ est une constante le long du rayon. Le vecteur tangent au rayon est constant : la trajectoire est **rectiligne**.

20. Comme le propose l'énoncé, intégrons sur un petit domaine de part et d'autre de l'interface (entre M_1 et M_2, voir la figure qui suit) :

$$\int_{M_1}^{M_2}\frac{d(n\hat{u})}{ds}ds = \int_{M_1}^{M_2}\overrightarrow{\text{grad}}\,n.ds.$$

Le premier terme donne

$$\int_{M_1}^{M_2} d(n\hat{u}) = n_2\hat{u}_2 - n_1\hat{u}_1.$$

Comme $\overrightarrow{\text{grad}}\, n \parallel \vec{u}_z$, le second terme est selon $\vec{u}_z$:

$$n_2\hat{u}_2 - n_1\hat{u}_1 = \text{cte}\,\vec{u}_z.$$

On prend le produit vectoriel avec $\vec{k} = \vec{u}_z$:

$$n_2(\hat{u}_2 \wedge \vec{k}) - n_1(\hat{u}_1 \wedge \vec{k}) = \vec{0}.$$

On déduit

- $\hat{u}_1$, $\hat{u}_2$ et $\vec{k}$ sont coplanaires : le rayon réfracté $\hat{u}_2$ appartient au plan d'incidence $(\hat{u}_1, \vec{k})$;
- écrivons l'égalité des normes. Comme $||\vec{a} \wedge \vec{b}|| = ||\vec{a}||.||\vec{b}||.\sin(\vec{a}, \vec{b})$, on écrit

$$n_1 \sin(-\vec{k}, \hat{u}_1) = n_1 \sin\theta_1 = n_2 \sin(-\vec{k}, \hat{u}_2) = n_2 \sin\theta_2.$$

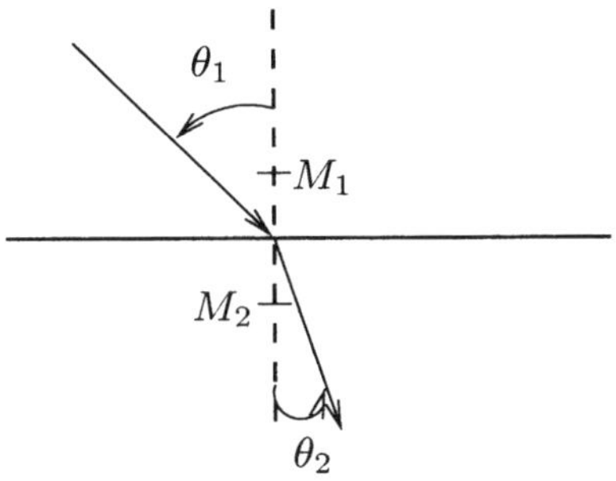

21. L'abscisse curviligne s est homogène à une longueur, l'indice n est sans dimension. l est une **longueur**.

On récrit le principe fondamental de la dynamique du photon :

$$\frac{d(n\hat{u})}{ds} = \frac{d(n\hat{u})}{dl}\frac{dl}{ds} = \frac{1}{n}\frac{d(n\hat{u})}{dl} = \frac{1}{n}\frac{d(n\frac{d\overrightarrow{OM}}{ds})}{dl} = \frac{1}{n}\frac{d(\frac{d\overrightarrow{OM}}{dl})}{dl} = \frac{1}{n}\frac{d^2\overrightarrow{OM}}{dl^2}.$$

Comme de plus,

$$n\overrightarrow{\text{grad}}\, n = \frac{1}{2}\overrightarrow{\text{grad}}\,(n^2),$$

on aboutit à la relation demandée.

22. Du point de vue des grandeurs, $\overrightarrow{\text{grad}}\, X$ a la dimension de X divisée par une longueur. Ainsi, $\frac{1}{2}\overrightarrow{\text{grad}}\, n^2$ est homogène à l'**inverse d'un longueur**.

On évalue

$$\overrightarrow{\text{grad}}\, n^2 = \frac{\omega_p^2}{\omega^2}\frac{a}{r^2}\vec{u}_r.$$

La force est donc **répulsive**.

REMARQUE : comme l'indice n diminue en se rapprochant de l'étoile, les rayons qui s'approchent de l'étoile s'éloignent de plus en plus de la normale. Cela est équivalent à une force répulsive.

23. Le champ de force est newtonien, donc la trajectoire est soit une droite, soit une conique (ellipse, parabole ou hyperbole). Dans le cas d'une conique, comme l'interaction est répulsive, la trajectoire est obligatoirement une **hyperbole**.

24. En premier lieu, on fait apparaître le temps :

$$\frac{d^2\overrightarrow{OM}}{dl^2} = \frac{1}{c^2}\frac{d^2\overrightarrow{OM}}{dt^2}.$$

Comme $E = h\nu = mc^2$, on écrit

$$\frac{h\nu}{c^2}\frac{d^2\overrightarrow{OM}}{dt^2} = m\frac{d^2\overrightarrow{OM}}{dt^2} = h\nu\frac{\nu_p^2}{\nu^2}\frac{a}{r^2}\vec{u}_r = \frac{h\nu_p^2}{\nu}\frac{a}{r^2}\vec{u}_r.$$

$m = h\nu/c^2$ serait la masse d'une particule matérielle "équivalente". On obtient alors l'équation du mouvement d'une particule de masse m soumise à une force répulsive newtonienne.

IV. Retour sur la déviation de la lumière

25. On écrit la conservation de l'énergie du photon entre la surface du Soleil et la Terre :

$$E_T = h\nu_S - \frac{hGM_S\nu_S}{R_Sc^2} = h\nu_T.$$

Ainsi,

$$\alpha = \frac{\nu_T}{\nu_S} = 1 - \frac{GM_S}{R_Sc^2} = 1 - \frac{\rho_S}{2R_S}.$$

En quelque sorte, le photon cède de l'énergie pour s'arracher à l'attraction gravitationnelle. On parle de *redshift gravitationnel.*

Application numérique : $\rho_S = 2900$ km et $\rho_T = 4,4$ m. Le rayon de Schwarzschild correspond typiquement au rayon sur laquelle la masse d'un corps devrait être concentrée afin de faire apparaître des singularités de l'espace-temps comme les trous noirs.

26. Les grandeurs "prime" correspondent à la proximité de l'astre et les autres à l'infini (ce que l'énoncé appelle "dans le vide"), sauf n, indice au voisinage de l'astre (l'indice à l'infini valant 1). Évaluons l'indice (au voisinage de l'astre donc !) :

$$n = \frac{c}{c'} = \frac{ds}{ds'}\frac{dt'}{dt} = \frac{1}{n}\frac{dl}{dl'}\frac{dt'}{dt} = \frac{1}{n}(\frac{dt'}{dt})^2$$

car $dl = ds/n$ (attention aux indices !). Ainsi,

$$n^2 = (\frac{dt'}{dt})^2 = (\frac{\nu}{\nu'})^2 = (1 - \frac{\rho_S}{2r})^2 \simeq 1 - \frac{\rho_S}{r}.$$

En effet, d'après la question précédente,

$$\frac{\nu(\infty)}{\nu(r)} = \frac{\nu}{\nu'} = 1 - \frac{\rho_S}{2r}.$$

Un problème de signe semble intervenir. L'énoncé indique une dilatation $t \mapsto t'$ alors que t est le temps à l'infini et t' à proximité du Soleil, ce qui n'est pas cohérent. Le problème réside peut-être là.

27. On effectue un calcul perturbatif de la modification de la trajectoire. En première approximation, la trajectoire du rayon est une droite tangente au Soleil $y = R_S$.

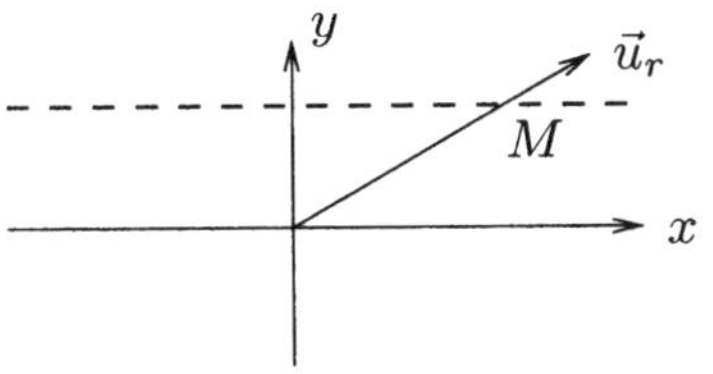

On applique plutôt le principe fondamental de la dynamique du photon (qui est en fait équivalent aux lois de Descartes) :

$$\frac{d(n\vec{u})}{ds} = \overrightarrow{\text{grad}}\, n.$$

On intègre entre l'instant initial et l'instant final :

$$n_f\vec{u}_f - n_i\vec{u}_i = \vec{u}_f - \vec{u}_x = \int_{-\infty}^{+\infty} \overrightarrow{\text{grad}}\, n\, ds = \int_{-\infty}^{+\infty} \overrightarrow{\text{grad}}\, n\, dx.$$

Comme $n(r) \simeq 1 + \dfrac{\rho_S}{2r}$,

$$\overrightarrow{\text{grad}}\, n = -\frac{\rho_S}{2r^2}\vec{u}_r$$

avec

$$\vec{u}_r = \frac{1}{\sqrt{x^2 + R_S^2}}(x\vec{u}_x + R_S\vec{u}_y),$$

on obtient

$$\vec{u}_f - \vec{u}_x = -\frac{\rho_S}{2}\int_{-\infty}^{+\infty} \frac{x\vec{u}_x + R_S\vec{u}_y}{(x^2 + R_S^2)^{3/2}} = -\frac{\rho_S}{R_S}\vec{u}_y$$

d'après la formule de l'énoncé.

On projette sur $\vec{u}_y$ et

$$\vec{u}_f.\vec{u}_y \simeq D = -\frac{\rho_S}{R_S}.$$

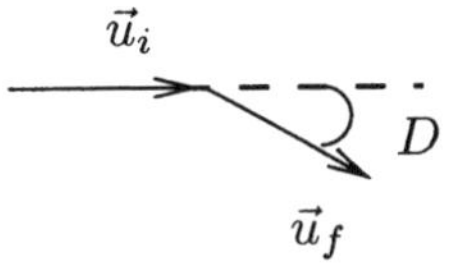

Remarque : l'analogie faite avec la propagation de la lumière dans un milieu transparent reste très délicate.

ÉCOLE NATIONALE DES PONTS ET CHAUSSÉES,
ÉCOLES NATIONALES SUPÉRIEURES DE L'AÉRONAUTIQUE ET DE L'ESPACE,
DE TECHNIQUES AVANCÉES, DES TÉLÉCOMMUNICATIONS,
DES MINES DE PARIS, DES MINES DE SAINT-ÉTIENNE, DES MINES DE NANCY,
DES TÉLÉCOMMUNICATIONS DE BRETAGNE,
ÉCOLE POLYTECHNIQUE (FILIÈRE TSI)

CONCOURS D'ADMISSION 2005

PREMIÈRE ÉPREUVE DE PHYSIQUE

Filière PC

(Durée de l'épreuve : 3 heures)

Sujet mis à disposition des concours : Cycle international, ENSTIM, INT, TPE-EIVP

Les candidats sont priés de mentionner de façon apparente sur la première page de la copie :

PHYSIQUE I -PC

L'énoncé de cette épreuve, particulière aux candidats de la filière PC, comporte 5 pages.

• Si un candidat repère ce qui lui semble être une erreur d'énoncé, il le signale sur sa copie et poursuit sa composition en expliquant les raisons des initiatives qu'il est amené à prendre.
• Il ne faudra pas hésiter à formuler les commentaires (incluant des considérations numériques) qui vous sembleront pertinents, même lorsque l'énoncé ne le demande pas explicitement.
• Notations : vecteur → $\mathbf{V}$ (on pourra écrire $\vec{V}$) ; vecteur unitaire de la coordonnée c : $\hat{\mathbf{c}}$.

CHAUFFAGE PAR MICRO-ONDES

Ce problème s'intéresse aux transferts énergétiques entre un très grand nombre, noté N, de molécules d'eau et le champ électrique d'une onde centimétrique.

Formulaire

— Énergie potentielle W_P du dipôle électrique $\mathbf{p}$ dans le champ extérieur $\mathbf{E}$: $W_p = -\mathbf{p}.\mathbf{E}$.
— Moment $\mathbf{M}$ du champ extérieur $\mathbf{E}(t)$ sur le dipôle $\mathbf{p}$: $\mathbf{M} = \mathbf{p} \wedge \mathbf{E}$.

— Valeur moyenne temporelle de la grandeur G : on convient que $\overline{G} = \lim\limits_{T\to\infty} \frac{1}{T}\int_0^T G(t)\,\mathrm{d}t$.

— Valeur moyenne d'ensemble (spatiale) (sommation sur les N molécules) : $\langle G \rangle = \frac{1}{N}\sum\limits_{i=1}^{N} G_i$.

— Soit $\mathbf{X}$ un vecteur attaché à un solide en mouvement et $\mathbf{\Omega}$ le vecteur rotation instantanée de ce solide : $\frac{\mathrm{d}\mathbf{X}}{\mathrm{d}t} = \mathbf{\Omega} \wedge \mathbf{X}$.
— Produit mixte : $(\mathbf{a},\mathbf{b},\mathbf{c}) = (\mathbf{a} \wedge \mathbf{b}).\mathbf{c} = (\mathbf{b} \wedge \mathbf{c}).\mathbf{a} = (\mathbf{c} \wedge \mathbf{a}).\mathbf{b}$.

Grandeurs fondamentales

Célérité de la lumière $c_0 = 3 \times 10^8$ m.s^{-1}
Nombre d'Avogadro $N_A = 6{,}02 \times 10^{23}$ mol^{-1}

Perméabilité magnétique du vide $\mu_0 = 4\pi \times 10^{-7}\ \mathrm{H.m^{-1}}$

Masses molaires $M_{O_2} = 32\ \mathrm{g.mol^{-1}}$, $M_{H_2} = 2\ \mathrm{g.mol^{-1}}$

I. Relaxation diélectrique

Dipôle induit

❑ **1** – À partir de vos connaissances des ordres de grandeur à l'échelle moléculaire, déterminer l'ordre de grandeur (puissance de dix et unité) du moment dipolaire μ de la molécule d'eau. Donner la définition du moment d'inertie J de la molécule par rapport à un axe passant par son barycentre. Évaluer de la même manière (puissance de dix et unité) son ordre de grandeur. Les molécules d'eau sont désormais modélisées comme des dipôles rigides de moment d'inertie J ; il n'y aura donc pas lieu de tenir compte des transitions électroniques intramoléculaires.

❑ **2** – Lorsqu'un très grand nombre de telles molécules est soumis à un champ électrique uniforme et constant $\mathbf{E} = E\,\hat{\mathbf{z}}$, on constate que, à l'équilibre thermodynamique à la température T, tout se passe comme si chaque molécule adoptait le même moment dipolaire électrique, nommé moment dipolaire moyen et noté $\langle \mathbf{p} \rangle_{\text{éq.}}$. Ce moment dipolaire moyen dépend de la température T. La température T détermine aussi les fluctuations de moment autour de sa valeur moyenne. Lorsque le champ est suffisamment faible, on pose $\langle \mathbf{p} \rangle_{\text{éq.}} = \varepsilon_0 \alpha\, \mathbf{E}$, ce qui définit la polarisabilité α. Quelle est la dimension de la polarisabilité ?

❑ **3** – Le modèle de Debye indique que, en régime transitoire, $\langle \mathbf{p} \rangle$ est une fonction du temps vérifiant l'équation différentielle

$$\tau \frac{\mathrm{d}\langle \mathbf{p} \rangle}{\mathrm{d}t} + \langle \mathbf{p} \rangle = \varepsilon_0 \alpha\, \mathbf{E},$$

où τ est un temps caractéristique de la molécule dans son environnement.

On impose la forme du champ, $\mathbf{E} = E_m \cos(\omega t)\,\hat{\mathbf{z}}$, et celle de la solution en régime forcé,

$$\langle \mathbf{p} \rangle = \left[p' \cos(\omega t) + p'' \sin(\omega t) \right] \hat{\mathbf{z}}.$$

Exprimer p' et p'' en fonction de $\varepsilon_0, \alpha, \omega\tau$ et E_m. Pour faciliter le commentaire, la fig. 1 représente l'allure de la solution, avec conventionnellement $(p')_{\max} = 1$ ($\omega\tau$ est en abscisse). Justifier en particulier que l'on nomme τ « temps de relaxation ».

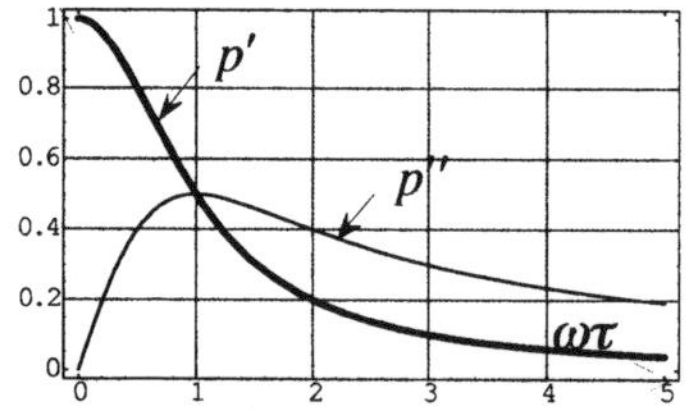

Fig.1 : $p' = Re\ (p)$ et $p'' = Im\ (p)$

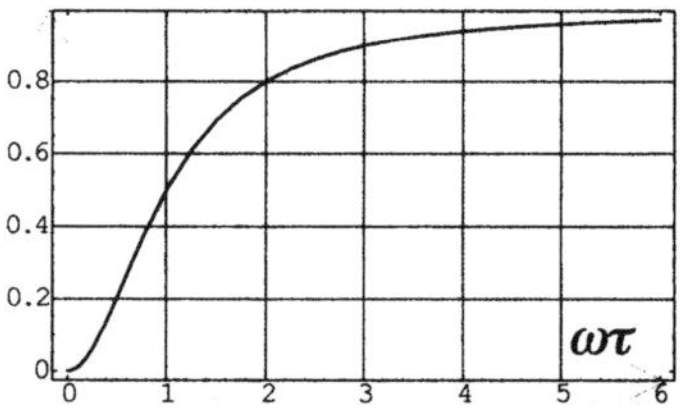

Fig. 2 : Moyenne temporelle de $\Pi_i(t)$

Échanges énergétiques

❑ **4**– Soit $\mathbf{\Omega}_i(t)$ le vecteur rotation instantanée de la molécule n°i et $\mathbf{p}_i(t)$ son moment dipolaire instantané. En admettant l'égalité $\left\langle \frac{\mathrm{d}\mathbf{p}_i}{\mathrm{d}t} \right\rangle = \frac{\mathrm{d}\langle \mathbf{p}_i \rangle}{\mathrm{d}t}$, exprimer $\pi_i(t)$, puissance cédée par le champ à cette molécule, d'abord en fonction de $\mathbf{p}_i(t)$, $\mathbf{E}(t)$ et $\mathbf{\Omega}_i(t)$, puis en fonction de $\frac{\mathrm{d}\mathbf{p}_i}{\mathrm{d}t}$ et de $\mathbf{E}(t)$. En déduire l'expression de la valeur instantanée de la puissance fournie par le champ électrique à un échantillon comportant un nombre élevé, N, de molécules : $\Pi_{inst.}(t) = N\mathbf{E}.\left\langle \frac{\mathrm{d}\mathbf{p}_i}{\mathrm{d}t} \right\rangle$.

❑ **5** – Exprimer $\overline{\Pi}$, moyenne temporelle de Π_{inst}, en fonction de E_m, ε_0, α, N et $\omega\tau$. Commenter la Fig. 2, qui donne la valeur normalisée de $\overline{\pi}(\omega\tau) = \frac{\overline{\Pi}(\omega\tau)}{\overline{\Pi}_{\max}}$.

❑ **6** – La pulsation du champ électrique est $\omega = 10^{10}\ \mathrm{s}^{-1}$. Ce champ est appliqué à un échantillon d'eau liquide, dont le temps de relaxation est $\tau_{liq.} = 10^{-11}$ s et à un échantillon de glace de même masse, mais dont le temps de relaxation est $\tau_{gla.} = 10^{-4}$ s. On suppose que les polarisabilités « α » de l'eau liquide et de la vapeur d'eau sont du même ordre de grandeur. Comment expliquer, pour le même matériau, l'inégalité $\tau_{solide} >> \tau_{liquide}$? Calculer le rapport des puissances fournies $\frac{\overline{\Pi}_{liq.}}{\overline{\Pi}_{gla.}}$. L'eau liquide étudiée est contenue dans un récipient de verre ; ce dernier reste froid. Un récipient en faïence ressort brûlant. Que peut-on en déduire ?

II Interaction d'un milieu aqueux avec une onde centimétrique

Un matériau gorgé d'eau liquide est soumis à un champ électrique sinusoïdal de fréquence f $\left(f = \frac{\omega}{2\pi} \approx 2{,}5\ \mathrm{GHz} \right)$ de la forme

$$\mathbf{E}(x,y,z\,;t) = \mathbf{E}(x\,;t) = E_m(x)\cos\left[\omega\left(t - \frac{nx}{c_0}\right)\right]\hat{\mathbf{z}},$$

où n est l'indice du milieu (supposé transparent) pour la fréquence f. L'amplitude de l'onde à son entrée dans le matériau, en $x = 0$, est notée $E_0 = E_m(0)$. Dans un tel milieu, la moyenne temporelle du vecteur de Poynting $\mathbf{R}$ s'exprime par $\overline{\mathbf{R}} = \frac{n}{2\mu_0 c_0} E_m^2(x)\,\hat{\mathbf{z}}$. Il résulte de l'étude précédente que la puissance volumique moyenne fournie au matériau par le champ électromagnétique est de la forme $\overline{\Pi}_{vol} = DE_m^2$.

On adoptera les valeurs numériques, $n = 8$ et $D = 1\ \mathrm{W.V^{-2}.m^{-1}}$.

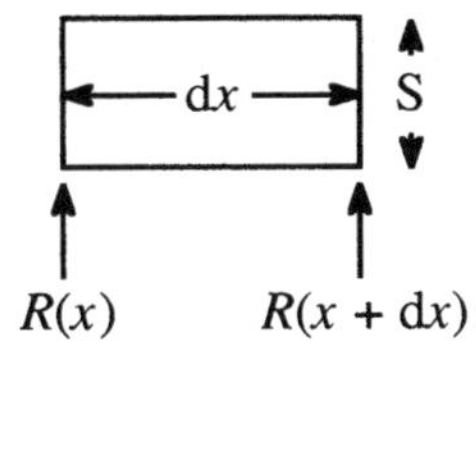

❑ 7 – Effectuer un bilan énergétique pour un élément d'échantillon d'aire S et d'épaisseur élémentaire $\mathrm{d}x$ et en déduire la fonction $E_m(x)$. Le résultat fait apparaître une longueur caractéristique, L, dont on vérifiera qu'elle est de l'ordre de 2 cm.

❑ **8** – Quel est l'avantage, dans un four à micro-ondes, d'avoir des parois réfléchissantes ? Pourquoi le plateau est-il tournant ?

❑ **9** – Une préparation de masse m est cuite dans un four classique en un temps $\Theta_{CL}^{(m)}$ et en un temps $\Theta_{MO}^{(m)}$ dans un four à micro-ondes. On convient que la cuisson est atteinte lorsqu'un point central de l'aliment atteint une température convenue. Estimer, par des arguments dimensionnels, les temps de cuisson $\Theta_{CL}^{(2m)}$ et $\Theta_{MO}^{(2m)}$ pour une préparation semblable à la première, mais de masse $2m$ (quitte à critiquer cette hypothèse, on pourra supposer que la dimension caractéristique de la préparation est petite devant la dimension caractéristique L de la question précédente).

III. Transferts thermiques

Profils de température

Un échantillon de matériau aqueux est placé dans un four à micro-ondes. La conductivité thermique K, la capacité thermique massique c et la masse volumique ρ de l'échantillon sont supposées être indépendantes de la température. Cet échantillon est parallélépipédique, d'aire S et d'épaisseur $2e$, suffisamment faible pour que l'on puisse admettre que le problème reste unidimensionnel (selon x) et que la valeur maximale du champ électrique, E_m, soit la même en tout point. Il s'agit de déterminer le profil de température $T(x,t)$.

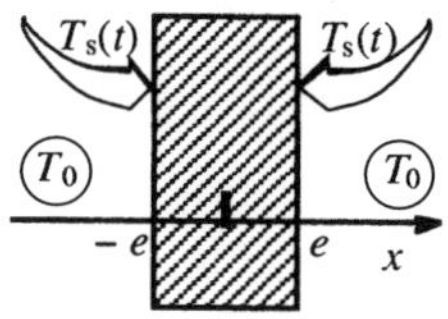

❑ **10** – Ces hypothèses vous semblent-elles toutes être réalistes ?

La température du milieu extérieur, T_0, est supposée constante. La température d'interface est notée $T_s(t) = T(-e,t) = T(e,t)$. Les échanges thermiques au niveau des interfaces sont modélisés par la loi $\Phi_s = gS[T_s(t) - T_0] = j_{Th}S$, qui exprime la puissance sortant du matériau en faisant intervenir le flux thermique, de grandeur j_{Th}, et le coefficient d'échange thermique g.

Le matériau obéit à la loi de Fourier : $\mathbf{j}_{Th}(x,t) = -K\,\mathbf{grad}(T) = -K\dfrac{\partial T(x,t)}{\partial x}\hat{\mathbf{x}}$. On note P la puissance moyenne fournie au matériau par le champ ; on suppose cette quantité constante.

❑ **11** – Établir l'équation aux dérivées partielles (EDP) relative au profil de température $T(x,t)$. Donner l'expression des flux thermiques aux limites, $j_{Th}(-e,t)$ et $j_{Th}(e,t)$, en fonction de g et de $T_s(t) - T_0$.

❑ **12** – Déterminer l'expression et tracer l'allure du graphe de $T_P(x)$, profil de température dans l'échantillon en régime permanent, en fonction de $T_p(e)$, x et des paramètres pertinents du système. Établir les relations

$$T_P(0) = T_0 + \frac{P}{2Sg}\left(1 + \frac{ge}{2K}\right) = T_p(e) + \frac{Pe}{4SK}.$$

❑ **13** – La température initiale étant, en tout point, T_0, on cherche les conditions sous lesquelles l'équation aux dérivées partielles établie à la question 11 admet une solution de la forme :

$$T(x,t) = T_0 + \left[T_p(x) - T_0\right] \times \left[1 - f(t)\right].$$

Une telle forme sera dite “séparable” ; en réalité, c'est $T(x,t) - T_0$ qui est séparable. Déterminer a priori $f(0)$ et $\lim_{t \to \infty} f(t)$.

❑ **14** – Montrer qu'une solution séparable est possible et acceptable si $ge << 2K$. Quelle est la constante de temps, notée t_S, de la fonction *f* ainsi trouvée ?

Suggestion : la forme donnée dans la question 13, insérée dans l'EDP de la question 11 conduit pour f à l'équation différentielle $f'(t) + \varphi(x) f(t) = 0$, qui n'a de sens que si l'on peut considérer $\varphi(x)$ comme constant.

❑ **15** – Calculer t_S et $T_P(0)$ pour

$\rho c = 4 \times 10^6$ J.m^{-3}.K^{-1}, $e = 5 \times 10^{-3}$ m, $S = 10^{-2}$ m^2, $g = 10$ W.K^{-1}.m^{-2},
$K = 0{,}5$ W.K^{-1}.m^{-1}, $P = 500$ W et $T_0 = 293$ K.

Séchage

Un four à micro-ondes est utilisé pour le séchage d'un corps poreux dont tous les pores sont remplis d'eau. Le volume de ces pores est égal à la moitié du volume total, $V_T = 2Se = 10^{-4}$ m^3. Tant que l'eau reste liquide, le profil de température garde la forme établie ci-dessus, les valeurs numériques des constantes étant inchangées. La chronologie des phénomènes analysés maintenant est la suivante :

- montée en température,
- début d'apparition des bulles de vapeur,
- expulsion d'eau liquide hors de V_T au fur et à mesure que la vapeur d'eau se forme,
- et fin de la vaporisation.

❑**16** – Calculer la valeur t_E de l'instant d'apparition des premières bulles de vapeur. Calculer la température de surface à cet instant.

❑ **17** –Cette vapeur est un gaz parfait, dont la pression de vapeur saturante reste égale à la pression atmosphérique $\left(\approx 10^5 \text{ Pa}\right)$. La constante des gaz parfaits est $R = 8{,}31$ J.mol^{-1}.K^{-1}. Calculer la masse d'eau vaporisée pendant l'expulsion.

❑ **18** – À l'issue de cette phase, l'eau liquide et la vapeur sont à la même température, de 100°C. Calculer, avec cette hypothèse, la durée t_X de la brusque expulsion d'eau liquide qui intervient au début de la vaporisation. L'enthalpie massique de vaporisation de l'eau à 100°C est $L_V = 2{,}2 \times 10^6$ J.kg^{-1}. La durée calculée est, sans doute, largement inférieure à celle que l'on aurait pu attendre. Quelles sont les hypothèses les plus suspectes de ce modèle ?

FIN DE CE PROBLÈME

FIN DE L'ÉPREUVE

CHAUFFAGE PAR MICRO-ONDES

I. Relaxation diélectrique

1. Dans la molécule d'eau, l'atome d'oxygène est plus électronégatif que les atomes d'hydrogène. Les électrons des liaisons de covalence sont donc en moyenne plus proches de l'atome d'oxygène que d'hydrogène.

Plus formellement, on associe une charge $+\delta$ à chaque atome d'hydrogène et une charge -2δ à l'atome d'oxygène. Du point de vue électrique, la molécule d'eau crée un champ très proche de celui créé par une charge -2δ placée en N (position de l'atome d'oxygène) et une charge $+2\delta$ placée au milieu P des deux atomes d'hydrogène. Ainsi, le moment dipolaire électrique de la molécule vaut

$$\mu = (2\delta)\overrightarrow{NP}.$$

Application numérique : on choisit par exemple $\delta = e/2$, où e est la charge élémentaire et $NP \simeq 10^{-10}$ m, ordre de grandeur de la distance interatomique dans une molécule. Ainsi, $\mu \simeq 8.10^{-30}$ C.m.

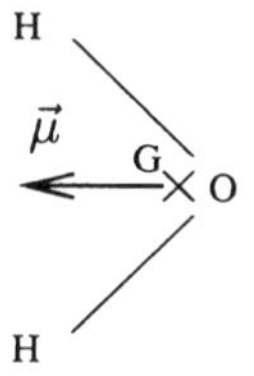

REMARQUE : en fait, en phase gazeuse, $\mu_{\text{eau}} \simeq 6.10^{-30}$ C.m. Une théorie très simple permet ainsi d'obtenir un bon ordre de grandeur.

On appelle Gz l'axe passant par le barycentre G et orthogonal au plan de la molécule d'eau. Alors,

$$J = J_{Gz} = \sum_i m_i GM_i^2 = m_O GO^2 + 2m_H GH^2.$$

On prend

$$GO \simeq 2\frac{m_H}{m_O + 2m_H} OH\cos(52°) \simeq 2\frac{1}{18}10^{-10}0,6 \simeq 6,7.10^{-12} \text{ m}.$$

Ainsi, $GH \simeq 10^{-10}$ m. Au final, $J = 3.4.10^{-47}$ kg.m^2.

RAPPEL : l'angle $\widehat{HOH}$ vaut environ 104° et la masse d'un atome est égale à la masse molaire divisée par le nombre d'Avogadro.

2. L'expression du champ électrique créé par un dipôle montre qu'un champ électrique E est homogène à $2p\cos\theta/(4\pi\varepsilon_0 r^3)$. Ainsi, $[E] = [p]/([\varepsilon_0].[L]^3)$. On déduit

$$[\alpha] = \frac{[p]}{[\varepsilon_0].[E]} = [L]^3.$$

La polarisabilité a la dimension du cube d'une longueur.

3. On reporte la forme de la solution en régime sinusoïdal forcé dans l'équation différentielle :

$$\omega\tau(-p'\sin(\omega t)+p''\cos(\omega t))+p'\cos(\omega t)+p''\sin(\omega t)=\varepsilon_0\alpha E_m\cos(\omega t).$$

Le terme en sinus est alors obligatoirement nul :

$$p''=\omega\tau p',$$

et

$$\omega\tau p''+p'=\varepsilon_0\alpha E_m.$$

On déduit aisément

$$p'=\varepsilon_0\alpha E_m\frac{1}{1+\omega^2\tau^2}\quad\text{et}\quad p''=\varepsilon_0\alpha E_m\frac{\omega\tau}{1+\omega^2\tau^2}.$$

En toute rigueur, la solution de l'équation différentielle est la somme de la solution générale (sans second membre) et de la solution particulière étudiée ci-dessus. La solution générale est proportionnelle à $\exp(-\frac{t}{\tau})$. τ représente ainsi la durée nécessaire pour que le régime sinusoïdal forcé s'instaure. C'est aussi la durée requise en champ statique pour que le moment dipolaire s'aligne avec ce dernier.

4. L'action du champ sur la molécule d'eau se réduit à un couple $\vec{M}=\vec{p}_i\wedge\vec{E}$ (la résultante est nulle en champ uniforme). La puissance donnée par le champ au dipôle vaut donc

$$\pi_i=\vec{M}.\vec{\Omega}_i=(\vec{p}_i\wedge\vec{E}).\vec{\Omega}_i.$$

Rappel : la puissance d'une action exercée sur un solide vaut

$$P=\vec{R}.\vec{v}(O)+\vec{M}_O.\vec{\Omega},$$

où $\vec{R}$ est la résultante, et O un point quelconque du solide.

Par permutation circulaire dans le produit mixte,

$$\pi_i=\vec{M}.\vec{\Omega}_i=(\vec{\Omega}_i\wedge\vec{p}_i).\vec{E}=\frac{d\vec{p}_i}{dt}.\vec{E}$$

d'après la formule rappelée par l'énoncé (la molécule d'eau est en rotation autour de son centre de masse).

Pour l'ensemble des N dipôles, on somme

$$\Pi_{\text{inst}}=\sum_{i=1}^{N}\pi_i=(\sum_{i=1}^{N}\frac{d\vec{p}_i}{dt}).\vec{E}.$$

Par définition de la valeur moyenne,

$$\langle\frac{d\vec{p}_i}{dt}\rangle=\frac{1}{N}\sum_{i=1}^{N}\frac{d\vec{p}_i}{dt}.$$

Ainsi,

$$\Pi_{\text{inst}} = N\langle \frac{d\vec{p_i}}{dt} \rangle.\vec{E}.$$

5. En égalant, comme le suggère l'énoncé, la moyenne (sur l'échantillon) de la dérivée du moment dipolaire et la dérivée de la moyenne, on obtient

$$\Pi_{\text{inst}} = N\frac{d\langle \vec{p_i} \rangle}{dt}.\vec{E}.$$

Or $\langle \vec{p_i} \rangle$ a été évalué à la question 3 (sous la dénomination $\langle \vec{p} \rangle$) :

$$\Pi_{\text{inst}} = N\omega(-p' \sin(\omega t) + p'' \cos(\omega t))E_m \cos(\omega t).$$

On réalise alors la moyenne temporelle :

$$\overline{\Pi} = \frac{N\omega p'' E_m}{2} = \frac{N\varepsilon_0 \alpha E_m^2 \omega^2 \tau}{2} \frac{1}{1+\omega^2\tau^2}.$$

Rappel : $\overline{\cos^2(\omega t)} = \frac{1}{2}$ et $\overline{\cos(\omega t)\sin(\omega t)} = 0$.

Comme

$$\overline{\Pi}_{\text{max}} = \overline{\Pi}(\omega \to \infty) = \frac{N\varepsilon_0 \alpha E_m^2}{2\tau},$$

$$\overline{\pi} = \frac{\omega^2\tau^2}{1+\omega^2\tau^2}.$$

C'est bien la courbe tracée sur la figure 2, maximale aux fréquences élevées.

La puissance cédée par le champ à la matière est donc maximale à haute fréquence.

6. Dans l'eau liquide, les liaisons hydrogène sont moins nombreuses que dans l'eau solide, et possèdent un "temps de vie" nettement inférieur (cela est une conséquence de l'agitation thermique plus intense). τ étant le temps typique mis par une molécule d'eau pour s'orienter par rapport au champ électrique, on comprend qu'il soit nettement plus faible dans l'eau liquide que dans l'eau solide. En effet, les liaisons intermoléculaires ont tendance à imposer un certain ordre aux molécules.

Sachant que $\omega\tau_{\text{glace}} = 10^6$ et $\omega\tau_{\text{liq}} = 10^{-1}$,

$$\frac{\overline{\Pi}_{\text{liq}}}{\overline{\Pi}_{\text{glace}}} = \frac{\dfrac{\omega^2\tau_{\text{liq}}}{1+\omega^2\tau_{\text{liq}}^2}}{\dfrac{\omega^2\tau_{\text{glace}}}{1+\omega^2\tau_{\text{glace}}^2}} = \frac{\tau_{\text{liq}}}{\tau_{\text{glace}}} \frac{1+\omega^2\tau_{\text{glace}}^2}{1+\omega^2\tau_{\text{liq}}^2} \simeq 10^5.$$

Cette onde cède une puissance nettement supérieure lorsque l'eau est en phase liquide.

On déduit que la faïence est poreuse et peut absorber des molécules d'eau. Celles-ci sont ensuite excitées par le champ électrique, ce qui contribue à échauffer le plat. Notons par conséquent qu'il est très déconseillé pour cette raison de passer des plats en faïence dans un four à micro-ondes. Le verre n'étant pas poreux, il n'est pas soumis aux problèmes précédents.

II. Interaction d'un milieu aqueux avec une onde centimétrique

7. Effectuons un bilan d'énergie électromagnétique pour le système considéré entre t et $t + dt$:

- l'énergie moyenne pénétrant dans le système à travers la surface d'abscisse x vaut
$$dU_e = \vec{\bar{R}}(x).S\vec{u}_x dt = \bar{R}(x)Sdt;$$
- l'énergie moyenne sortant du système à travers la surface d'abscisse $x + dx$ vaut
$$dU_s = \vec{\bar{R}}(x + dx).S\vec{u}_x dt = \bar{R}(x + dx)Sdt.$$

> REMARQUE : notons la faute de frappe : le vecteur de Poynting est dirigé selon sa direction de propagation et est parallèle à $\vec{u}_x$.

La différence de ces deux termes représente l'énergie cédée à la matière (aux molécules d'eau) :

$$dU_e - dU_s = DE_m^2 d\tau dt = DE_m^2 S dx\, dt.$$

Après division par S, dt et dx,

$$\frac{\bar{R}(x) - \bar{R}(x + dx)}{dx} = -\bar{R}'(x) = DE_m^2 = \frac{2\mu_0 c_0 D}{n}\bar{R}.$$

On résout :

$$\bar{R}(x) = R_0 \exp(-2\frac{x}{L}),$$

avec $L = n/(\mu_0 c_0 D)$ et R_0 est la valeur du vecteur de Poynting en $x = 0$. On déduit alors

$$E_m(x) = E_0 \exp(-\frac{x}{L})$$

car $\bar{R}$ est proportionnelle au carré de l'amplitude E_m du champ.

Application numérique : $L = 2,1$ cm. L est la longueur typique de décroissance du champ électrique dans le milieu.

8. Des parois réfléchissantes permettent de réutiliser la partie des ondes électromagnétiques qui n'a pas été absorbée par les aliments. Il se crée ainsi un système d'ondes stationnaires.

Le plateau tournant sert à homogénéiser le chauffage par micro-ondes. Celui-ci n'est en général pas homogène. L'émission peut notamment être considérée comme quasiment ponctuelle ce qui implique une non-uniformité de l'onde engendrée.

9. Dans un four classique, les aliments cuisent suite à un phénomène de diffusion thermique. Rappelons que le temps requis pour qu'un phénomène de diffusion se produise sur une longueur d est proportionnel à d^2 : $t \propto d^2$. Si la masse d'aliments double, alors le volume aussi, et dimension typique des aliments est multipliée par $2^{(1/3)}$ (en effet, on rappelle pour un cube la relation $V = d^3$). Le temps est donc multiplié par $2^{(2/3)}$. Ainsi,

$$\theta_{CL}^{2m} = 2^{(2/3)}\theta_{CL}^{m}.$$

Dans un four à micro-ondes, si on néglige l'atténuation de l'onde, la puissance absorbée est directement proportionnelle au volume car la puissance volumique est constante. La taille de l'aliment ne joue aucun rôle. Ainsi,

$$\theta_{MO}^{2m} = \theta_{MO}^{m}.$$

L'approximation réalisée est facilement critiquable : la taille des aliments à réchauffer atteint facilement quelques centimètres, soit l'ordre de grandeur de L.

III. Transferts thermiques

10. Déjà, on note que les caractéristiques de l'eau, comme sa masse volumique, dépendent de la température. Ensuite, si on considère E_m constant sur l'échantillon, alors nécessairement $2e \ll L$. La validité du modèle unidimensionnel suppose une extension selon y et z grande devant e, soit $S \gg e^2$.

11. On applique le premier principe de la thermodynamique au système compris entre les abscisses x et $x + dx$ entre les instants t et $t + dt$:

$$d^2H = \delta^2 Q + \delta^2 W_{\text{autre que forces de pression}}.$$

REMARQUE : il est équivalent de réaliser un bilan d'énergie interne.

Déjà, la variation d'enthalpie vaut

$$d^2H = dm\, c(T(x, t + dt) - T(x, t)) = \rho S dx c(T(x, t + dt) - T(x, t)).$$

Le transfert thermique vaut

$$\delta^2 Q = j_{\text{th}}(x, t) S dt - j_{\text{th}}(x + dx) S dt.$$

Le travail du champ électrique est

$$\delta^2 W = P \frac{S dx}{S 2e} dt = P \frac{dx}{2e} dt.$$

Le système considéré ne reçoit qu'une fraction du travail total, égale au rapport de son volume par le volume total .

On égale ces termes, en divisant par dx et dt, dans la limite où ces valeurs tendent vers 0 :

$$\rho S c \frac{\partial T}{\partial t} = -S \frac{\partial j_{\text{th}}}{\partial x} + \frac{P}{2e} = S K \frac{\partial^2 T}{\partial x^2} + \frac{P}{2e}.$$

Par continuité des flux thermiques aux interfaces,

$$j_{\text{th}}(e, t) = g(T_s(t) - T_0) \quad \text{et} \quad j_{\text{th}}(-e, t) = -g(T_s(t) - T_0).$$

Attention aux signes ! Le flux Φ donné par l'énoncé va du système vers l'air ambiant (il est positif pour $T_s > T_0$) alors que j_{th} est dirigé selon $\vec{u}_x$, donc de la gauche vers la droite.

12. En régime permanent, $\dfrac{\partial T}{\partial t} = 0$. Ainsi,

$$S K \frac{d^2 T_P}{dx^2} + \frac{P}{2e} = 0.$$

On intègre :

$$T_P(x) = -\frac{P}{4eSK}x^2 + Ax + B,$$

où A et B sont des constantes. On remarque que la situation est parfaitement symétrique par rapport au plan $x = 0$. En conséquence, le profil de température est pair : $A = 0$. Pour déterminer B, on utilise les conditions aux limites précisées à la question précédente.

$$j_{\text{th}}(e) = -KT'(e) = K\frac{P}{2eSK}e = \frac{P}{2S}$$

$$g(T_s - T_0) = g(T_P(e) - T_0) = g(-\frac{Pe}{4SK} + B - T_0).$$

Ainsi, en égalant ces deux quantités,

$$T_P(0) = B = T_0 + \frac{Pe}{4SK} + \frac{P}{2gS} = T_0 + \frac{P}{2Sg}(1 + \frac{ge}{2K})$$

$$T_P(e) = T_0 + \frac{P}{2Sg}.$$

On obtient ainsi les relations voulues.

Le profil est parabolique, maximal au centre.

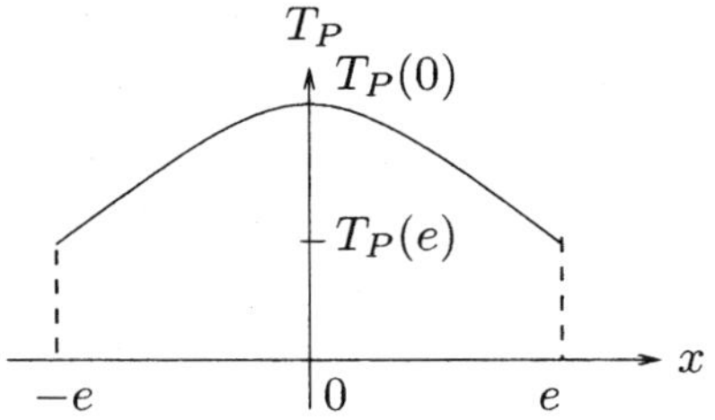

13. Initialement, la température est uniforme et vaut $T(x, 0) = T_0$. En conséquence, $f(0) = 1$.

Au bout d'un temps très long, le régime est permanent et $T(x, t) = T_P(x)$. Ainsi, $\lim_{t\to\infty} f(t) = 0$.

14. Reportons la solution proposée dans l'équation aux dérivées partielles de la question 11 :

$$-\rho Sc(T_P(x) - T_0)f'(t) = SKT_P''(x)(1 - f(t)) + \frac{P}{2e}.$$

On utilise l'expression de $T_P(x)$, et

$$-\rho Sc(-\frac{P}{4eSK}x^2 + \frac{P}{2Sg}(1 + \frac{ge}{2K}))f'(t) = -SK\frac{P}{2eSK}(1 - f(t)) + \frac{P}{2e}.$$

On aboutit à la forme proposée par l'énoncé, avec

$$\varphi(x) = \frac{\frac{P}{2e}}{\rho Sc[-\frac{P}{4eSK}x^2 + \frac{P}{2Sg}(1 + \frac{ge}{2K})]} = \frac{1}{\rho Sc[-\frac{1}{2SK}x^2 + \frac{e}{Sg}(1 + \frac{ge}{2K})]},$$

soit

$$\varphi(x) = \frac{1}{\rho S c[\frac{1}{2SK}(e^2 - x^2) + \frac{e}{Sg}]} = \frac{2K}{\rho c}\frac{1}{e^2 - x^2 + \frac{2eK}{g}}.$$

Vu la définition de $\varphi(x)$, celle-ci doit être **constante**. En effet, à t fixé, $f'(t) + \varphi(x)f(t) = 0$ impose que $\varphi(x)$ ne prenne qu'une valeur quand x varie.

Or, le dénominateur de φ varie entre $\frac{2eK}{g}$ et $e^2 + \frac{2eK}{g}$. Cette variation ne doit pas être perceptible, c'est-à-dire

$$e^2 \ll \frac{2eK}{g} \quad \text{soit} \quad ge \ll 2K.$$

Dans ce cas,

$$\varphi(x) = \frac{2K}{\rho c}\frac{1}{\frac{2eK}{g}} = \frac{g}{\rho c e}.$$

Alors,

$$f(t) = A\exp(-\frac{t}{t_s}),$$

avec $T_s = \rho c e/g$. Les conditions sur f étudiées à la question 13 imposent $A = 1$.

15. Application numérique : $t_s = 2.10^3$ s et $T_P(0) = 2900$ K.

16. La pression étant la pression standard, les premières bulles apparaissent quand la température maximale atteint 100°C, soit 373 K. La température est maximale au centre. On doit alors résoudre $T_P(0, t_E) = 373$ K.

Application numérique : $373 = 293 + (2900 - 293)(1 - \exp(-\frac{t_E}{t_s}))$, soit $t_E = 62$ s

À cet instant, la température de surface vaut

$$T(e, t_s) = T_0 + (T_P(e) - T_0)(1 - \exp(-\frac{t_E}{t_s})).$$

Application numérique : $T(e, t_s) = 370$ K

17. On néglige dans cette question la non-uniformité de la température pour l'application de la loi des gaz parfaits.

Il faut donc évaluer la masse m de vapeur nécessaire à l'occupation de tous les pores :

$$p_0\frac{V_T}{2} = \frac{m}{M}RT,$$

avec $M = 18$ g.mol^{-1}.

Application numérique : $m = 29$ mg

18. Pendant la phase d'expulsion, la puissance fournie au milieu sert exclusivement à vaporiser l'eau (la température reste constante et égale à 100°C). Ainsi,

$$Pt_x = mL_v.$$

Application numérique : $t_x = 0,13$ s

On a supposé que la température et la pression étaient uniformes, ce qui n'est qu'approximatif. On a aussi négligé les phénomènes de tension superficielle qui jouent typiquement un rôle quand la surface délimitant un liquide varie.

A 2005 PHYS. II

ÉCOLE NATIONALE DES PONTS ET CHAUSSÉES,
ÉCOLES NATIONALES SUPÉRIEURES DE L'AÉRONAUTIQUE ET DE L'ESPACE,
DE TECHNIQUES AVANCÉES, DES TÉLÉCOMMUNICATIONS,
DES MINES DE PARIS, DES MINES DE SAINT-ÉTIENNE, DES MINES DE NANCY,
DES TÉLÉCOMMUNICATIONS DE BRETAGNE,
ÉCOLE POLYTECHNIQUE (FILIÈRE TSI)

CONCOURS D'ADMISSION 2005

SECONDE ÉPREUVE DE PHYSIQUE

Filière PC

(Durée de l'épreuve : 4 heures)

Sujet mis à disposition des concours : Cycle international, ENSTIM, INT, TPE-EIVP

Les candidats sont priés de mentionner de façon apparente sur la première page de la copie :

PHYSIQUE II -PC

L'énoncé de cette épreuve, particulière aux candidats de la filière PC, comporte 7 pages.

- Si, au cours de l'épreuve, un candidat repère ce qui lui semble être une erreur d'énoncé, il le signale sur sa copie et poursuit sa composition en expliquant les raisons des initiatives qu'il est amené à prendre.
- Il ne faudra pas hésiter à formuler les commentaires (incluant des considérations numériques) qui vous sembleront pertinents, même lorsque l'énoncé ne le demande pas explicitement.
- Notations : vecteur → **V** (on pourra écrire V avec une flèche dessus) ; vecteur unitaire de la coordonnée c : $\hat{\mathbf{c}}$.

ÉCOULEMENT DE FLUIDE DANS UNE ROCHE

L'objet de ce problème est de dégager des paramètres importants en pétrophysique. Un gisement est constitué d'un ou de plusieurs réservoirs superposés, ou proches latéralement ; le réservoir est une formation rocheuse du sous-sol, poreuse et perméable, renfermant une accumulation naturelle d'hydrocarbure et limitée par une barrière de roche imperméable. La caractéristique essentielle de ces réservoirs est que ce sont des milieux poreux : les fluides sont stockés et se déplacent dans des pores de dimensions de l'ordre du µm, ce qui met en jeu de forces de viscosités et de capillarité. La pétrophysique est l'étude des caractéristiques physiques des roches. Pour qu'une roche puisse constituer un réservoir, il faut :

- qu'elle ait une certaine capacité de stockage, propriété caractérisée par la porosité,
- que les fluides puissent y circuler, propriété caractérisée par la perméabilité et
- qu'elle contienne une quantité suffisante d'hydrocarbure, avec une concentration suffisante, propriétés caractérisées par le volume imprégné ainsi que la saturation des pores.

I – Étude d'un écoulement

La pesanteur est négligée dans cette partie. On s'intéresse à l'écoulement incompressible d'un fluide de viscosité dynamique η et de masse volumique ρ dans un tuyau cylindrique d'axe Oz et de rayon a. Cet écoulement, considéré comme unidirectionnel, est caractérisé, dans un repère de coordonnées cylindriques (r,θ,z) d'axe Oz, par un champ de vitesse

$\mathbf{v} = v(r,z,t)\,\hat{\mathbf{z}}$ satisfaisant l'équation de Navier-Stokes,

$$\rho\frac{\partial \mathbf{v}}{\partial t} + \rho(\mathbf{v}.\mathbf{grad})\mathbf{v} = -\mathbf{grad}\,P + \eta\Delta\mathbf{v}. \qquad [1].$$

L'incompressibilité se traduit par $\dfrac{\mathrm{D}\rho}{\mathrm{D}t} = 0$, où $\dfrac{\mathrm{D}\rho}{\mathrm{D}t} = \dfrac{\partial\rho}{\partial t} + (\mathbf{v}.\mathbf{grad})\rho$.

On trouvera en fin d'énoncé un formulaire relatif aux coordonnées cylindriques et une formule d'analyse vectorielle qui pourra se révéler utile.

❑ **1** – Rappeler la signification de chacun des quatre termes de l'équation [1]. Écrire l'équation (qui sera notée [2]) traduisant, dans le cas général, la conservation de la matière et simplifier cette équation pour tenir compte de l'incompressibilité de l'écoulement.

❑ **2** – Montrer qu'en régime stationnaire le champ des vitesses ne dépend que de r et que sa dérivée convective est nulle. On se placera désormais en régime stationnaire.

❑ **3** – Montrer alors que la pression ne dépend que de la variable z, puis établir l'équation différentielle liant $v(r)$ à r et $\dfrac{\mathrm{d}P}{\mathrm{d}z}$. En déduire que $\dfrac{\mathrm{d}P}{\mathrm{d}z}$ est nécessairement constant.

❑ **4** – Considérant que $v_z(0)$ a une valeur finie, déduire de ce qui précède la *loi de Poiseuille*, $v_z(r) = \dfrac{1}{4\eta}\left(\dfrac{\mathrm{d}P}{\mathrm{d}z}\right)\left(r^2 - a^2\right)$. Tracer l'allure du graphe de $v_z(r)$ pour $\dfrac{\mathrm{d}P}{\mathrm{d}z} < 0$.

❑ **5** – Exprimer le débit volumique total de la conduite sous la forme $Q_P = -K\left(\dfrac{\mathrm{d}P}{\mathrm{d}z}\right)$ en exprimant K en fonction de a et de η. Quel est le signe du gradient de pression responsable d'un écoulement dans le sens positif de l'axe Oz ?

❑ **6** – Comment varie qualitativement le champ des pressions dans une conduite horizontale de section constante et de débit constant Q_P ? Quelle est, sous cet aspect, la diffé rence entre cet écoulement (dit écoulement de Poiseuille) et un écoulement de fluide parfait (écoulement de Bernoulli) ?

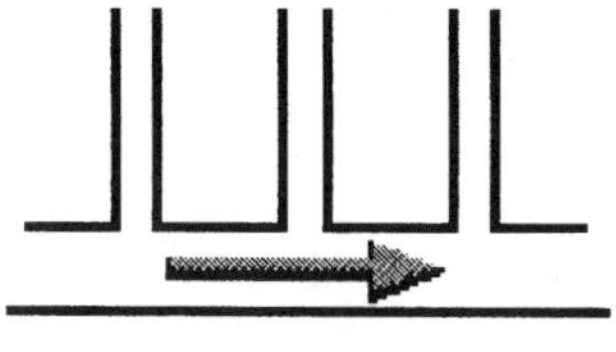

Fig. 1 : conduite et prises de pression

La Fig. 1 représente une conduite cylindrique horizontale parcourue par un liquide, avec un débit Q_P et surmontée en divers endroits de tubes de prise de pression verticaux ouverts à l'air libre et suffisamment fins pour ne pas perturber l'écoulement. Représenter l'allure des hauteurs de liquide dans les tubes verticaux, d'une part dans le cas de l'écoulement de fluide parfait, d'autre part dans le cas de l'écoulement visqueux de Poiseuille.

❑ **7** – On constate que l'écoulement de Poiseuille est observé dans les tubes de petit diamètre ; à quel paramètre de l'écoulement faut-il comparer le diamètre de la canalisation ?

II – Porosité d'une roche-réservoir

Un échantillon de roche, de volume total V_T, est constitué d'un volume solide V_S et d'un

Physique II année 2005 ; filière PC

volume de pores V_P. On appelle porosité, et l'on note ϕ, le rapport $\phi = \frac{V_P}{V_T}$. Un échantil lon est saturé en hydrocarbure si tous ses pores sont remplis de liquide. On distingue la porosité utile ϕ_u, qui permet la circulation des fluides, de la porosité totale, ϕ_T ; cela est dû à l'obstruction de certains pores, qui ne permet pas l'écoulement des fluides. On oubliera cette distinction dans la suite du problème, sauf dans la question 10.

❑ **8** – De façon générale, la porosité est une fonction décroissante de la profondeur. Comment justifier ce fait expérimental ?

Mesure de la porosité

Pour mesurer la porosité d'un échantillon, on peut procéder par mesures de poussées d'Archimède sur des corps immergés dans divers liquides.

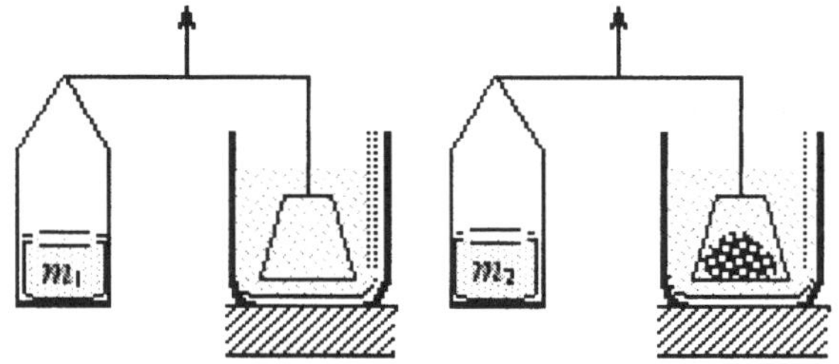

Mesure du volume total V_T

L'appareil représenté ci-contre mesure la poussée d'Archimède exercée par le mercure, de masse volumique μ_{Hg}, sur l'échantillon immergé. Les deux bras de la balance ont la même longueur. Cet échantillon est disposé sur une nacelle, qui subit elle-même la poussée d'Archimède. La mesure procède en deux temps. Dans un premier temps, on équilibre la balance avec la nacelle seule ; dans un second temps, on équilibre la balance avec la nacelle chargée par l'échantillon. On suppose que le mercure ne pénètre pas dans les pores et l'on ne tient pas compte de la variation du niveau du mercure entre les deux manipulations.

❑ **9** – Expliciter la notion de poussée d'Archimède. Exprimer V_T en fonction de m_1, m_2, de la masse de l'échantillon, m et de μ_{Hg} (relation 9A).

Dans une autre série d'expériences, l'échantillon est, dans les deux temps, suspendu à un fil, ce dernier ne perturbant la mesure en aucune manière ; expliquer alors pourquoi, dans ce cas, V_T ne s'exprime plus qu'en fonction de m_1, m_2 et de μ_{Hg} (relation 9B).

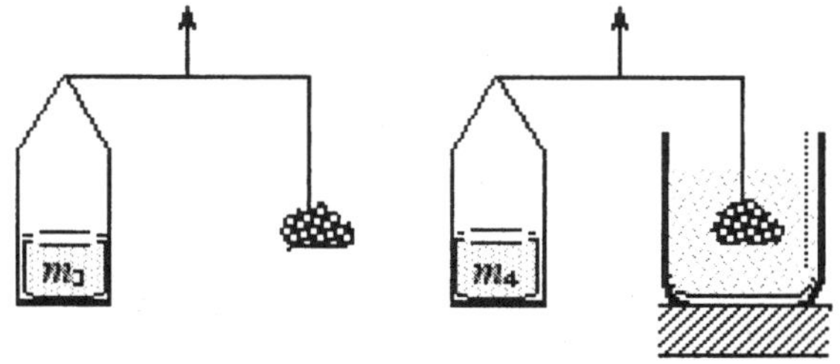

❑ **10** – *Mesure de $V_S = V_T - V_P$*

La balance est équilibrée, d'abord avec l'échantillon suspendu dans l'air, ensuite avec l'échantillon immergé dans un liquide solvant de masse volumique μ_{Solv}, qui enva hit tous ses pores. Exprimer V_S en fonction de m_3, m_4 et de μ_{Solv} (relation 10). À partir de ces quatre mesures, déduire la porosité de l'échantillon en considérant d'une part le couple de relations (9A et 10), d'autre part le couple (9B et 10). S'agit-il ici de ϕ_u ou de ϕ_T ?

III Essai de puits

Loi de Darcy, premières modélisations

La perméabilité intrinsèque d'une roche est l'aptitude de cette roche à laisser circuler à travers ses pores un fluide dont elle est saturée. Cette grandeur peut être chiffrée grâce à la loi expérimentale de Darcy : soit un élément cylindrique d'échantillon de longueur dz et de section d'aire A, saturé d'un fluide de viscosité dynamique η, qui le traverse horizontalement avec un débit volumique Q ; en régime permanent, la pression amont est P, la pression aval $P - \mathrm{d}P$ $(\mathrm{d}P > 0)$. Les parois latérales sont étanches et il n'y a pas de réaction du fluide sur la roche (cas général) ; dans ces conditions, $Q = A\dfrac{k}{\eta}\dfrac{\mathrm{d}P}{\mathrm{d}z}$, où k, coefficient de perméabilité est, en première approximation, indépendant du fluide considéré (loi de Darcy).

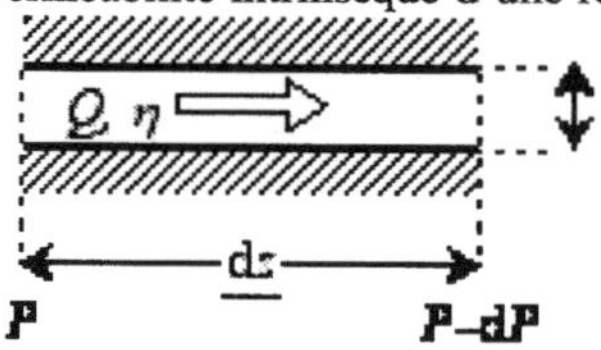

Fig. 2 : Notations pour la loi de Darcy

❑ **11** – Quelle est la dimension de k ?

On considère la circulation d'un fluide unique dans la couche rocheuse poreuse (hydrocarbure seul, sans eau et sans gaz dissous). Le gisement est homogène et isotrope, de perméabilité k et de porosité ϕ. La température du gisement est uniforme, la roche est incompressible et l'hydrocarbure possède un coefficient de compressibilité isotherme χ_T constant. La vitesse de filtration, $\mathbf{V}_{fil}$, est le rapport du débit Q traversant une section à l'aire A de cette section.

❑ **12** – Montrer que la loi de Darcy est compatible, pour un écoulement stationnaire horizontal, avec la relation $\mathbf{V}_{fil} = -\dfrac{k}{\eta}\mathbf{grad}\,P$. Quelle différence y a-t-il entre la vitesse de filtration $\mathbf{V}_{fil}$ et la vitesse $\mathbf{v}$ d'un point du fluide, telle qu'elle est introduite dans les premières questions ?

❑ **13** – Exprimant le bilan de matière dans une portion de cylindre de section A et de longueur $\mathrm{d}z$, écrire la loi de conservation de la masse du fluide sous la forme

$$\phi\frac{\partial\rho}{\partial t} = -\mathrm{div}\left(\rho\mathbf{V}_{fil}\right).$$

❑ **14** – Justifier qu'en première approximation l'on puisse accepter pour équation d'état du fluide la relation $\rho = \rho_0\left[1 + \chi_T\left(P - P_0\right)\right]$; δP étant la variation typi que de pression envisagée dans la suite, quelle inégalité relative au produit $\chi_T\delta P$ cela implique-t-il ?

❑ **15** – Au prix de quelle inégalité supplémentaire l'équation aux dérivées partielles $\Delta P = \dfrac{1}{K}\dfrac{\partial P}{\partial t}$ se déduit-elle de ce qui précède ? il n'est pas demandé de justifier cette inégalité ; exprimer K en fonction de k, ϕ, η et χ_T. Comment peut-on, par analogie, nommer K ?

❑ **16** – Calculer K pour $k = 400 \times 10^{-15}\ \mathrm{m}^2$, $\phi = 0{,}20$ $\chi_T = 2{,}0 \times 10^{-9}\ \mathrm{Pa}^{-1}$ et $\eta = 0{,}1$ Pa.s .

Écoulement radial

❑ **17** – On considère le régime permanent d'écoulement dans la portion d'échantillon de symétrie cylindrique représentée ci-contre. La hauteur de l'élément est h, la pression en un point du cylindre inté-

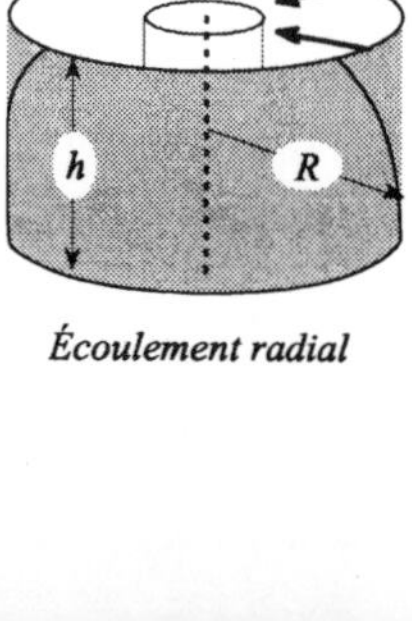

Écoulement radial

Physique II année 2005 ; filière PC

rieur est $P(R_i) = P_i$ la pression à l'extérieur est $P(R_e) = P_e$, avec $P_e > P_i$. Montrer que la vitesse d'écoulement en un point à la distance r de l'axe est proportionnelle à $1/r$; que peut-on en déduire sur le débit $Q(r)$? Appliquer la loi de Darcy, sous la forme $Q = A\frac{k}{\eta}\frac{\mathrm{d}P}{\mathrm{d}r} = 2\pi rh\frac{k}{\eta}\frac{\mathrm{d}P}{\mathrm{d}r}$, entre deux cylindres de rayons respectifs r et $r+\mathrm{d}r$ et par intégration calculer $P_e - P_i$ en fonction de h, k, η, R_i, R_e et Q.

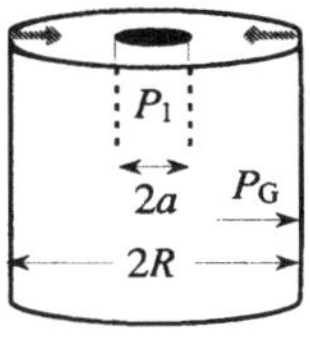

Puits de forage

Application : la pression dans un puits de forage cylindrique de rayon a creusé dans la roche poreuse et implanté loin des limites de la couche géologique est notée P_1 ; on constate qu'à partir d'un rayon R, dit rayon de drainage, la pression ne varie plus et vaut P_G (pression de gisement[1]) ; exprimer le débit du puits en fonction de P_G, P_1, R, a, h et k.

❑ **18** – Un puits cylindrique de rayon a $(a \approx 20 \text{ cm})$ a été creusé verticalement à travers une couche rocheuse horizontale d'épaisseur h $(h \approx 1 \text{ à } 100 \text{ m})$ de rayon suffisamment grand pour que l'on puisse négliger tout effet de bord. On suppose l'écoulement radial horizontal avec un rayon de drainage (*cf.* question 17) R $(R \approx 100 \text{ à } 1000 \text{ m})$, auquel on affecte la « pression de gisement » constante P_G ($P_G \approx 260$ bars, soit $2{,}6 \times 10^7$ Pa pour une profondeur de 2600 m). Utilisant à nouveau la relation $\frac{Q_0}{2\pi rh} = \frac{k}{\eta}\frac{\mathrm{d}P}{\mathrm{d}r}$, résoudre l'équation de diffusion de la pression pour un débit stationnaire Q_0 recueilli dans le puits. Notant $P_F = P(a)$ la pression dans le puit, calculer la différence $P_G - P_F$ en fonction de Q_0, η, k, h, R et a.

❑ **19** –Lorsque le débit Q_0 est maintenu constant par une vanne calibrée dès l'instant initial, la solution de l'équation de diffusion est $P(r,t) = P_G + \frac{\eta Q_0}{4\pi hk}Ei\left(-\frac{r^2}{r_0^2(t)}\right)$, où $r_0(t) = 2\sqrt{Kt}$.

La fonction « Exponentielle intégrale », $\mathrm{Ei}(x) = -\int_{-\infty}^{x} \exp(u)\frac{\mathrm{d}u}{u}$, est représentée pour $x < 0$ Fig. 3 : à gauche avec une approximation pour $|x|$ « petit » et à droite pour $|x|$ « grand ».

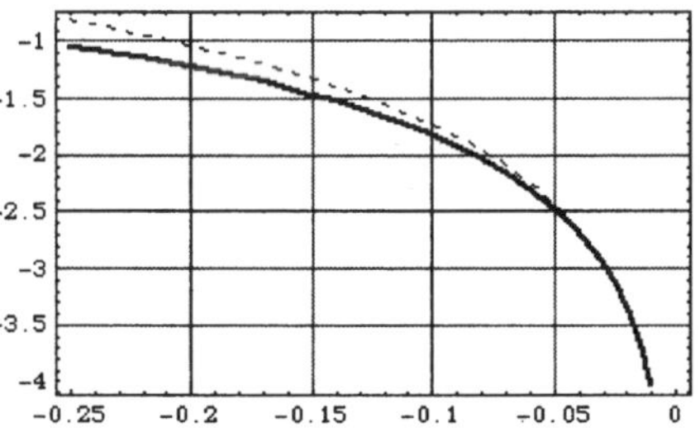

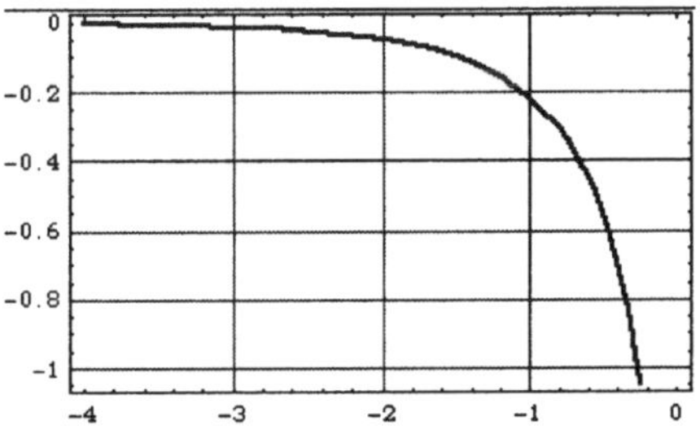

Fig. 3 : À gauche en trait plein, $\mathrm{Ei}(x)$ *; une approximation de* $\mathrm{Ei}(x)$ *pour* $-0{,}25 \leq x \leq 0{,}01$ *est* $\mathrm{Ei}(x) \approx \ln(-4x) - 0{,}81 \approx \ln(-1{,}78x)$ *; elle est représentée en pointillés.*
À droite, $\mathrm{Ei}(x)$ *pour* $-4 \leq x \leq -0{,}25$. *Lorsque* $|x| \geq 4$, $|\mathrm{Ei}(x)| \leq 10^{-3}$.

[1] Cette « saturation » exprime la limite de validité de la loi donnant $P_e - P_i$ en fonction des rayons.

Calculer la vitesse $V_{fil}(r,t)$ et le débit $Q(r,t)$; à quel moment retrouve-t-on pratiquement le régime permanent de la question 18 à une distance r ? Justifier que la solution présentée garantit bien un débit constant dans le puits de rayon a $(a \approx 20\text{ cm})$, très rapidement après l'ouverture de la vanne ; on adoptera la valeur numérique $K \approx 10^{-2}\text{ m.s}^{-2}$.

❑ **20** – Exprimer alors la fonction $P(a,t) = P_F(t)$ en fonction de $\ln(t)$; on utilisera la formule d'approximation donnée Fig. 3 et l'on posera $m = \dfrac{\eta Q_0}{4\pi hk}$. En déduire une méthode graphique expérimentale pour mesurer le produit hk du puits.

❑ **21** – On revient au cas général. En s'appuyant sur l'un des graphes de la Fig. 3, montrer que si, à partir d'un instant t_R, le graphe de $P_F(t)$ (pratiquement, celui de $P_F[\ln(t)]$) présente un tronçon rectiligne sensiblement parallèle à l'axe des abscisses, alors on peut en déduire le rayon de drainage R du puits.

Application numérique : avec les valeurs déjà utilisées on mesure $t_R \approx 3$ jours ; donner une estimation de R.

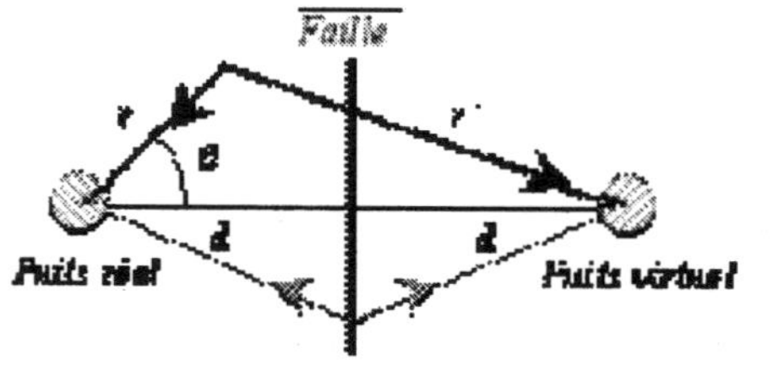

❑ **22** – Il peut arriver que le gisement ne soit pas limité par son rayon de drainage mais qu'une faille limite la roche-réservoir ; on modélise la faille comme un plan vertical à la distance d $(a << d < R)$ du puits. On introduit de ce fait la condition supplémentaire suivante dans la résolution de l'équation de diffusion : aucun débit de pétrole ne traverse le plan faille. Montrer que cette condition peut être représentée analytiquement par un puits « virtuel » symétrique du premier par rapport au plan faille (donc de même rayon a et de même débit Q_0). Donner alors la solution générale $P(r,\theta,t)$ compte tenu de la pro priété de linéa rité de l'équation de diffusion.

❑ **23** – On s'intéresse désormais à $P_F(t) = P(a,t)$ et l'on pose $t_i = \dfrac{4d^2}{K}$ et $t_P = \dfrac{a^2}{4K}$. Étudier les deux cas $t_P << t << t_i$ d'une part, $t >> t_i$ d'autre part et donner dans cha que cas la forme approchée de $P_F(t)$. Quelle donnée déduit-on de l'intersection des deux droites dans le diagramme $P_F[\ln(t)]$?

❑ **24** – Conclusion : montrer que grâce à un essai de puits et avec les mesures de porosité de la roche et du coefficient k, on peut estimer le volume maximum d'hydrocarbure qu'on peut retirer de ce puits, valeur mesurée en surface à la pression atmosphérique (et non pas à la pression de gisement P_G). Estimer ce volume à l'aide des données numériques fournies dans l'énoncé. À quoi sert, dans un champ pétrolier, la connaissance du rayon de drainage d'un puits pour le positionnement des divers puits qui couvrent ce champ ?

FIN DU PROBLÈME

Physique II année 2005 ; filière PC

Coordonnées cylindriques d'axe Oz

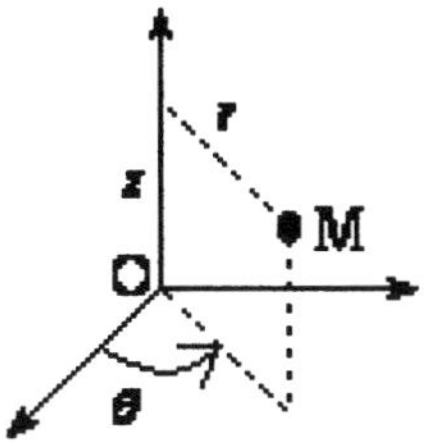

$$\operatorname{div}(\mathbf{A}) = \frac{1}{r}\frac{\partial(rA_r)}{\partial r} + \frac{1}{r}\frac{\partial A_\theta}{\partial \theta} + \frac{\partial A_z}{\partial z}$$

$$\Delta[f(r)] = \frac{1}{r}\frac{\mathrm{d}}{\mathrm{d}r}\left(r\frac{\mathrm{d}f}{\mathrm{d}r}\right)$$

$$\mathbf{grad}[f(r,\theta,z)] = \frac{\partial f}{\partial r}\hat{\mathbf{u}}_r + \frac{1}{r}\frac{\partial f}{\partial \theta}\hat{\mathbf{u}}_\theta + \frac{\partial f}{\partial z}\hat{\mathbf{u}}_z$$

Une formule utile : f étant une fonction et $\mathbf{A}$ un vecteur,

$$\operatorname{div}(f\mathbf{A}) = f\operatorname{div}(\mathbf{A}) + \mathbf{A}.\mathbf{grad}(f).$$

FIN DE L'ÉPREUVE

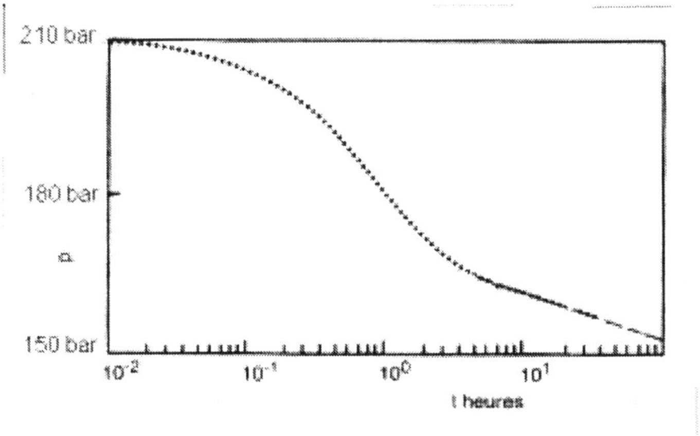

Un relevé de $P(a,t) = P_F[\ln(t)]$. Au voisinage de $t \approx 10$ h, on voit apparaître le régime linéaire et donc la possibilité de mesurer une pente. Dans la pratique, cependant, on ne trouve pas d'écoulement monophasique et l'interprétation des relevés est compliquée.

1905-2005 Relation d'Einstein pour un mouvement lent

La viscosité η d'une solution peut intuitivement être représentée par un développement en série de la concentration c du soluté : $\eta(c) = \eta_0(1 + k_1c + k_2c^2 + \ldots)$, ce qui entraîne $\eta_s = \frac{\eta}{\eta_0} - 1 = k_1c + k_2c^2 + \ldots$. Einstein a établi pour des particules sphériques la relation $\eta_s = 2{,}5\phi$, où ϕ est la fraction volumique du soluté dans la solution.

Si V_h est le volume hydraté d'une particule de masse molaire M et N_A le nombre d'Avogadro, alors $\phi = V_h\frac{N_A}{M}c$.

ÉCOULEMENT DE FLUIDE DANS UNE ROCHE

I – Étude d'un écoulement

1- Cette équation traduit la deuxième loi de Newton appliquée à une particule de fluide.

- $\rho\dfrac{\partial\vec{v}}{\partial t}+\rho(\vec{v}.\overrightarrow{\text{grad}})\vec{v}=\rho\dfrac{D\vec{v}}{Dt}$ est la masse volumique multipliée par l'accélération de la particule de fluide. La dérivée particulaire comporte deux termes : $\dfrac{\partial\vec{v}}{\partial t}$ lié au caractère non permanent du champ des vitesses, et $(\vec{v}.\overrightarrow{\text{grad}})\vec{v}$ lié à la non-uniformité ;
- $-\overrightarrow{\text{grad}}\,P$ est la densité volumique de force de pression ;
- $\eta\Delta\vec{v}$ représente la force de viscosité volumique.

L'équation de conservation de la matière s'écrit :

$$\text{div}\,(\rho\vec{v})+\frac{\partial\rho}{\partial t}=0\ [2].$$

Utilisons la formule d'analyse vectorielle de fin d'énoncé :

$$(\rho\,\text{div}\,\vec{v}+\vec{v}.\overrightarrow{\text{grad}}\,\rho)+\frac{\partial\rho}{\partial t}=\frac{D\rho}{Dt}+\rho\,\text{div}\,\vec{v}=0.$$

Comme $\dfrac{D\rho}{Dt}=0$, l'équation de conservation de la matière pour un fluide incompressible se simplifie sous la forme :

$$\text{div}\,\vec{v}=0\ [2].$$

2- En régime stationnaire, le champ des vitesses est de la forme $\vec{v}=v(r,z)\vec{u}_z$. L'équation [2] s'exprime simplement $\text{div}\,\vec{v}=\dfrac{\partial v}{\partial z}=0$. Ainsi, $\vec{v}$ ne dépend que de r.

Comme la vitesse a une seule composante non nulle suivant $\vec{u}_z$, on a $(\vec{v}.\overrightarrow{\text{grad}})\vec{v}=v\dfrac{\partial v}{\partial z}\vec{u}_z$ (pour s'en convaincre, penser à l'expression de l'opérateur $(\vec{v}.\overrightarrow{\text{grad}})$ en coordonnées cartésiennes). De plus, comme $\vec{v}$ ne dépend que de r, on a : $(\vec{v}.\overrightarrow{\text{grad}})\vec{v}=\vec{0}$, la dérivée convective est bien nulle.

3- En régime permanent l'équation [1] devient donc : $\overrightarrow{\text{grad}}\,P=\eta\Delta\vec{v}$. Ainsi :

$$\left|\begin{array}{l}\dfrac{\partial P}{\partial r}\\ \dfrac{1}{r}\dfrac{\partial P}{\partial\theta}\\ \dfrac{\partial P}{\partial z}\end{array}\right.=\eta\left|\begin{array}{l}0\\ 0\\ \Delta v(r)=\dfrac{1}{r}\dfrac{d}{dr}\left(r\dfrac{dv(r)}{dr}\right)\end{array}\right.$$

Les deux premières équations démontrent que P ne dépend que de z. De plus :

$$\frac{dP}{dz}=\eta\frac{1}{r}\frac{d}{dr}\left(r\frac{dv(r)}{dr}\right).$$

Le premier terme de l'égalité ne dépend que de z, alors que le second ne dépend que de r. Ceci n'est possible que si les deux termes sont constants (et égaux). Soit C cette constante :

$$\frac{dP}{dz} = C.$$

4- Intégrons une première fois l'équation $\frac{d}{dr}\left(r\frac{dv(r)}{dr}\right) = r\frac{C}{\eta}$. On obtient :

$$r\frac{dv}{dr} = \frac{C}{\eta}\frac{r^2}{2} + D,$$

avec D une constante. On obtient donc l'équation $\frac{dv}{dr} = \frac{C}{\eta}\frac{r}{2} + \frac{D}{r}$ que l'on intègre à nouveau :

$$v(r) = \frac{C}{\eta}\frac{r^2}{4} + D\ln r + E,$$

avec E une constante. Comme il ne peut y avoir divergence pour $r = 0$ (condition rappelée par l'énoncé), on a forcément $D = 0$. Pour déterminer E, utilisons alors la condition limite pour un fluide visqueux : la vitesse au voisinage de la paroi ($r = a$) est nulle, soit : $v(a) = \frac{C}{\eta}\frac{a^2}{4} + E = 0$. Au final, on obtient bien la loi de Poiseuille :

$$v(r) = \frac{1}{4\eta}\left(\frac{dP}{dz}\right)\left(r^2 - a^2\right).$$

La fonction $v(r)$ est une parabole dont l'allure est tracée ci-dessous :

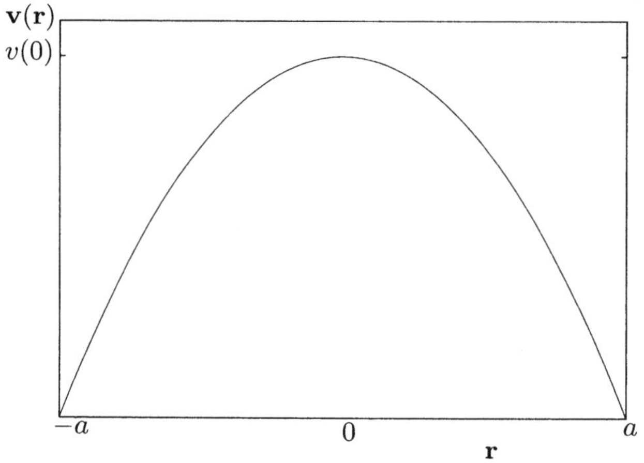

5- Le débit volumique est le flux du vecteur vitesse à travers une section S de la conduite :

$$Q_P = \iint_S \vec{v}.d\vec{S}.$$

Nous choisissons une section droite et utilisons les coordonnées cylindriques, de telle sorte que $d\vec{S} = rdrd\theta\vec{u}_z$. Ainsi :

$$Q_P = \int_0^{2\pi}\int_0^a v(r)rdrd\theta = \frac{\pi}{2\eta}\left(\frac{dP}{dz}\right)\int_0^a (r^2-a^2)rdr = \frac{\pi}{2\eta}\left(\frac{dP}{dz}\right)\left[\frac{r^4}{4} - a^2\frac{r^2}{2}\right]_0^a,$$

et donc : $Q_P = -\dfrac{\pi a^4}{8\eta}\left(\dfrac{dP}{dz}\right)$, et $K = \dfrac{\pi a^4}{8\eta}$. Pour un écoulement positif selon Oz ($Q_P > 0$), il faut donc un gradient de pression négatif : $\dfrac{dP}{dz} < 0$. Ainsi, une dépression est nécessaire pour "aspirer" le fluide afin de provoquer un écoulement.

6- Comme $\dfrac{dP}{dz} = C < 0$, la pression décroît linéairement le long de l'écoulement (perte de charge).

Dans le cas d'un fluide parfait, la viscosité est nulle : $\eta = 0$. L'équation démontrée à la question 3 devient : $\overrightarrow{\text{grad}}\, P = \vec{0}$. La pression est donc **uniforme** le long de l'écoulement.

Le fluide à l'intérieur des tubes de prise de pression est en équilibre. On peut donc appliquer la loi de l'hydrostatique :

$$P = P_0 + \rho g h,$$

où h est la hauteur de fluide. Dans le cas de l'écoulement de Bernoulli la pression est uniforme et donc la hauteur de fluide ne varie pas. Dans le cas de l'écoulement de Poiseuille la pression diminue linéairement, ce que l'on observe par une diminution linéaire de hauteur de fluide :

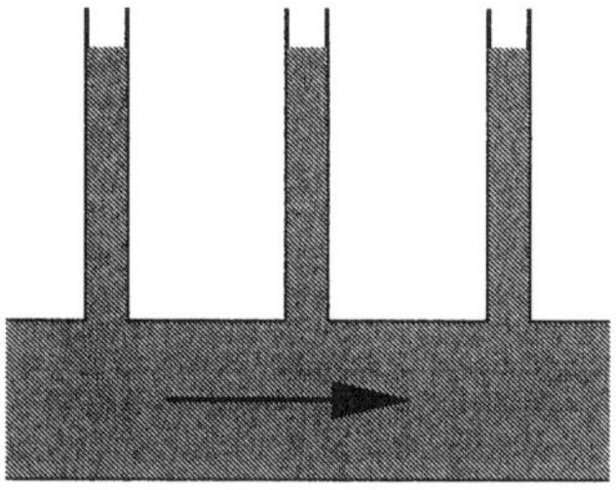

Écoulement parfait

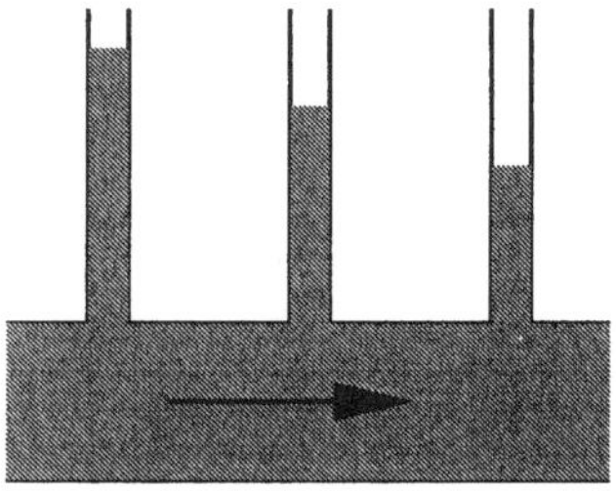

Écoulement visqueux

7- Il faut comparer le diamètre de la canalisation avec l'épaisseur de la couche limite. En effet, en dehors de la couche limite, l'écoulement peut être traité comme un écoulement parfait. Dans les tubes dont le diamètre est inférieur à cette épaisseur, on observe ainsi l'écoulement de Poiseuille.

II – Porosité d'une roche-réservoir

8- La porosité décroît avec la profondeur car la pression augmente ce qui a pour effet de comprimer de plus en plus les roches et donc diminuer le volume poreux.

9- D'après le théorème d'Archimède, tout corps solide plongé dans un fluide en équilibre reçoit une poussée égale en valeur absolue au poids de fluide déplacé.

> REMARQUE :la poussée d'Archimède est la résultante des forces de pression qui s'exercent sur le solide (la démonstration du théorème d'Archimède est basée sur l'équation fondamentale de la statique des fluides : $\dfrac{dP}{dz} = -\mu g$).

Soit v_n le volume de la nacelle de droite et m_n sa masse. La nacelle de gauche a une masse m'_n. Lors de la première mesure la nacelle immergée dans le mercure subit son poids $m_n\vec{g}$ et la poussée d'Archimède $-\mu_{\text{Hg}}v_n\vec{g}$. La poussée d'Archimède de l'air est négligeable (la masse volumique de l'air est très faible devant celle du mercure). La balance est à l'équilibre lorsque les forces qui s'exercent sur les deux nacelles sont égales (de sorte que le moment des forces qui s'exercent sur l'ensemble, au sommet de la balance, se compensent). Ainsi :

$$m_1 g + m'_n g = m_n g - v_n \mu_{\text{Hg}} g.$$

Lors de la seconde mesure, un raisonnement similaire conduit à :

$$m_2 g + m'_n g = m_n g + mg - v_n \mu_{\text{Hg}} g - V_T \mu_{\text{Hg}} g.$$

En soustrayant ces deux équations, on obtient : $(m_1 - m_2)g = -mg + \mu_{\text{Hg}} V_T g$, soit :

$$V_T = \frac{m + m_1 - m_2}{\mu_{\text{Hg}}} \text{ [9A]}.$$

Dans le cas de la première mesure de la deuxième série d'expérience, l'échantillon est suspendu à un fil donc :

$$m_1 g + m'_n g = mg.$$

Pour la deuxième mesure, il faut tenir compte de la poussée d'Archimède :

$$m_2 g + m'_n g = mg - \mu_{\text{Hg}} V_T g.$$

Au final :

$$V_T = \frac{m_1 - m_2}{\mu_{\text{Hg}}} \text{ [9B]}.$$

Dans ce cas, on utilise l'échantillon pour les deux mesures, ce qui permet d'exprimer son volume sans sa masse.

10- Pour la première mesure :

$$m_3 g + m'_n g = mg.$$

Par contre pour la seconde mesure, le fluide envahit les pores et donc le volume de fluide déplacé dont il faut tenir compte dans l'évaluation de la poussée d'Archimède est V_S. Ainsi :

$$m_4 g + m'_n g = mg - \mu_{\text{Solv}} V_S g.$$

En soustrayant ces deux équations on obtient :

$$V_S = \frac{m_3 - m_4}{\mu_{\text{Solv}}} \text{ [10]}.$$

La porosité vaut $\Phi = \dfrac{V_p}{V_T} = 1 - \dfrac{V_S}{V_T}$. En utilisant la relation 9A et la relation 10, on trouve :

$$\Phi = 1 - \frac{\mu_{\text{Hg}}}{\mu_{\text{Solv}}} \frac{m_3 - m_4}{m + m_1 - m_2}.$$

En utilisant les relations 9B et 10 :

$$\Phi = 1 - \frac{\mu_{\text{Hg}}}{\mu_{\text{Solv}}} \frac{m_3 - m_4}{m_1 - m_2}.$$

V_S est le volume effectivement envahi par le solvant. Il s'agit donc ici de mesurer la porosité utile Φ_u.

III – Essai de puits

11- Pour déterminer la dimension de k utilisons la relation démontrée à la question 5 : $Q_P = -\frac{\pi a^4}{8\eta}\left(\frac{dP}{dz}\right)$, et comparons à la loi de Darcy : $Q = A\frac{k}{\eta}\frac{dP}{dz}$. On en déduit que kA et a^4 ont la même dimension. Ainsi, k a la dimension d'une surface.

12- Supposons la relation $\vec{V}_{\text{fil}} = -\frac{k}{\eta}\overrightarrow{\text{grad}}\,P$ vérifiée.

> REMARQUE : l'énoncé définit la norme de $\vec{V}_{\text{fil}}$ (le rapport $\frac{Q}{A}$) mais non la direction. Ce vecteur est dirigé suivant l'écoulement et donc suivant $\vec{u}_z$ dans l'exemple de l'élément cylindrique. On peut donc écrire : $\vec{V}_{\text{fil}} = \frac{Q}{A}\vec{u}_z$.

Considérons alors l'élément cylindrique de longueur dz décrit par l'énoncé et calculons la circulation de la relation $\vec{V}_{\text{fil}} = -\frac{k}{\eta}\overrightarrow{\text{grad}}\,P$ le long d'une ligne C qui traverse l'élément :

$$\int_C \vec{V}_{\text{fil}}.\vec{d\ell} = \int_C -\frac{k}{\eta}\overrightarrow{\text{grad}}\,P.\vec{d\ell}.$$

Le calcul de la première intégrale est immédiat : $\int_C \vec{V}_{\text{fil}}.\vec{d\ell} = \int_C \frac{Q}{A}\vec{u}_z.\vec{d\ell} = \frac{Q}{A}dz$. De plus, par propriété du gradient, $\int_1^2 \overrightarrow{\text{grad}}\,P.\vec{d\ell} = P_2 - P_1$ et donc $\int_C -\frac{k}{\eta}\overrightarrow{\text{grad}}\,P.\vec{d\ell} = -\frac{k}{\eta}((P-dP)-P) = \frac{k}{\eta}dP$. Au final, on a : $\frac{Q}{A}dz = \frac{k}{\eta}dP$ et on retrouve bien la loi de Darcy.

$\vec{V}_{\text{fil}}$ est bien entendu différente de la vitesse $\vec{v}$ d'un point du fluide. La différence fondamentale est que $\vec{V}_{\text{fil}}$ est uniforme et ne peut donc satisfaire la condition $\vec{v} = \vec{0}$ sur les bords (en tout point de contact avec la roche). En fait, $\vec{V}_{\text{fil}}$ peut être définie comme la valeur moyenne spatiale du champ de vitesse.

13- Considérons le système constitué par une portion de cylindre de section A et de longueur dz (comme décrit par l'énoncé). Par définition de la porosité, le volume occupé par le fluide à l'intérieur du système est $\Phi \times Adz$. Effectuons un bilan de matière entre deux instants très proches t et $t+dt$. La masse de fluide à l'intérieur du système est, à l'ordre le plus bas :

- $\rho(z,t)\Phi Adz$ à t,
- $\rho(z,t+dt)\Phi Adz$ à $t+dt$.

> REMARQUE : ρ n'est pas uniforme et il faudrait calculer la masse comme $\iiint \rho dV$, mais la différence avec l'expression précédente est un ordre deux négligeable.

La variation de la masse du fluide à l'intérieur du système pendant dt est donc : $\rho(z,t+dt)\Phi Adz - \rho(z,t)\Phi Adz = \frac{\partial \rho}{\partial t}dt\Phi Adz$.

La masse se conserve, cette variation provient donc de la matière échangée avec l'extérieur pendant dt, à l'ordre le plus bas :

- une masse $\rho(z,t)Q(z)dt = \rho(z,t)V_{\text{fil}}(z)Adt$ entre en z (définition du débit) ;
- une masse $\rho(z+dz,t)Q(z+dz)dt = \rho(z+dz,t)V_{\text{fil}}(z+dz)Adt$ sort en $z+dz$.

La quantité échangée avec l'extérieur pendant dt est donc : $-Adt\dfrac{\partial(\rho V_{\text{fil}})}{\partial z}dz$. En égalant la variation de la masse et la quantité de matière échangée pendant dt on obtient :

$$\frac{\partial \rho}{\partial t}dt\Phi Adz = -Adt\frac{\partial(\rho V_{\text{fil}})}{\partial z}dz.$$

Simplifions par $A\,dt\,dz$ et remarquons que, comme $\vec{V}_{\text{fil}} = V_{\text{fil}}\vec{u}_z$, on a $\dfrac{\partial(\rho V_{\text{fil}})}{\partial z} =$ div $(\rho\vec{V}_{\text{fil}})$; ainsi, la conservation de la matière s'exprime bien sous la forme :

$$\Phi\frac{\partial \rho}{\partial t} = -\text{div}\,(\rho\vec{V}_{\text{fil}}).$$

14- Les variables d'état décrivant le fluide sont ρ, P et T. Privilégions la masse volumique qui est donc une fonction de P et T, l'équation $\rho = \rho(P,T)$ étant l'équation d'état du fluide. La température est fixée à la valeur T (l'énoncé nous précise que la température dans le gisement est uniforme). Soit P_0 une pression pour laquelle la masse volumique est ρ_0. Effectuons alors un développement limité de la fonction $\rho(P,T)$ à l'ordre 1 :

$$\rho(P,T) \simeq \rho(P_0,T) + \left(\frac{\partial \rho}{\partial P}\right)_T (P-P_0).$$

On a bien-sûr : $\rho(P_0,T) = \rho_0$. D'autre part, le coefficient de compressibilité isotherme est : $\chi_T = \dfrac{1}{\rho}\left(\dfrac{\partial \rho}{\partial P}\right)_T$. Ainsi, $\left(\dfrac{\partial \rho}{\partial P}\right)_T = \rho\chi_T \simeq \rho_0\chi_T$ à l'ordre le plus bas. En remplaçant dans la développement limité on trouve bien, qu'en première approximation, l'équation d'état du fluide est :

$$\rho = \rho_0\left[1 + \chi_T(P-P_0)\right].$$

Pour que cette équation soit valable, il faut que les variations de pressions soient petites et donc :

$$\chi_T\,\delta P = \chi_T(P-P_0) \ll 1.$$

15- On a : div $(\rho\vec{V}_{\text{fil}}) = \rho$div $(\vec{V}_{\text{fil}}) + \overrightarrow{\text{grad}}\,\rho.\vec{V}_{\text{fil}}$. Comme $\vec{V}_{\text{fil}} = -\dfrac{k}{\eta}\overrightarrow{\text{grad}}\,P$, on a :

$$\text{div}\,(\vec{V}_{\text{fil}}) = -\frac{k}{\eta}\Delta P.$$

De plus, en utilisant l'équation d'état du fluide :

$$\frac{\partial \rho}{\partial t} = \frac{\partial\left(\rho_0[1+\chi_T(P-P_0)]\right)}{\partial t} = \rho_0\chi_T\frac{\partial P}{\partial t} \quad \text{et} \quad \overrightarrow{\text{grad}}\,\rho = \rho_0\chi_T\overrightarrow{\text{grad}}\,P.$$

On remplace dans l'équation de conservation de la masse :

$$\Phi\rho_0\chi_T\frac{\partial P}{\partial t} = \frac{k\rho}{\eta}\Delta P + \rho_0\chi_T\frac{k}{\eta}(\overrightarrow{\text{grad}}\,P)^2.$$

Nous rajoutons deux hypothèses supplémentaires :

- $\chi_T \left(\overrightarrow{\text{grad}}\, P\right)^2 \ll \Delta P$. Le deuxième terme est négligeable ;
- $\rho \Delta P \simeq \rho_0 \Delta P$ qui est du même ordre d'approximation que celle utilisée à la question précédente.

REMARQUE : il s'agit d'une linéarisation des équations similaire à celle utilisée pour établir l'équation de propagation des ondes sonores, et qui consiste à ne garder que les termes d'ordre le plus bas.

Finalement, on a bien :

$$\Delta P = \frac{1}{K}\frac{\partial P}{\partial t}, \quad \text{avec} \quad K = \frac{k}{\eta\,\Phi\,\chi_T}.$$

L'équation vérifiée par la pression est une équation de **diffusion**. Par analogie on peut donc nommer K le coefficient de diffusion de pression.

16- Application numérique : $K = 10^{-2}$ m^2.s^{-1}.

17- L'écoulement considéré est radial donc : $\vec{v} = v(r, \theta, z)\vec{e}_r$. Le problème est invariant par rotation autour de $\vec{e}_z$, donc $\vec{v}$ ne dépend pas de θ. Enfin, le problème est invariant par translation parallèle à $\vec{e}_z$ donc $\vec{v}$ ne dépend pas de z. Au final : $\vec{v} = v(r)\vec{e}_r$. Utilisons alors la condition d'incompressibilité :

$$\text{div}\,\vec{v} = 0, \quad \text{soit} \ : \quad \frac{1}{r}\frac{d(rv)}{dr} = 0.$$

Donc $r \times v = \text{cste}$, ce qui prouve bien que la vitesse est proportionnelle à $\frac{1}{r}$.

Calculons le débit volumique $Q(r)$ sur le cylindre $C(r)$ d'axe Oz, de rayon r et de hauteur h :

$$Q(r) = \iint_{C(r)} \vec{v}.\vec{dS} = \iint_{C(r)} (v(r)\vec{e}_r).(r dz d\theta\, \vec{e}_r) = v(r) 2\pi r h.$$

Ainsi, $Q(r) = 2\pi h \times \text{cste} = Q$, le débit est indépendant de r. Utilisons alors la loi de Darcy entre deux cylindres de rayons respectifs r et $r + dr$:

$$Q = 2\pi r h \frac{k}{\eta}\frac{dP}{dr}, \quad \text{soit} \quad dP = \frac{\eta Q}{2\pi h k}\frac{dr}{r}.$$

Finalement, intégrons cette relation entre l'intérieur et l'extérieur :

$$P_e - P_i = \frac{\eta Q}{2\pi h k} \ln \frac{R_e}{R_i}.$$

L'application directe de cette formule dans le cas du puits de forage donne :

$$Q_{\text{puits}} = \frac{2\pi h k (P_G - P_1)}{\eta \ln \dfrac{R}{a}}.$$

18- En régime permanent, la pression n'est qu'une fonction de r et la loi de Darcy $\dfrac{Q_0}{2\pi r h} = \dfrac{k}{\eta}\dfrac{dP}{dr}$ s'intègre immédiatement :

$$P(r) = P(a) + \frac{\eta Q_0}{2\pi h k} \ln \frac{r}{a}.$$

En prenant $r = R$, on retrouve (comme à la question précédente) :

$$P_G - P_F = \frac{\eta Q_0}{2\pi hk} \ln \frac{R}{a}.$$

19- Pour calculer $\vec{V}_{\text{fil}}$, on utilise : $\vec{V}_{\text{fil}} = -\frac{k}{\eta}\overrightarrow{\text{grad}}\, P = -\frac{k}{\eta}\frac{\partial P}{\partial r}\vec{e}_r$.

Remarque : la fonction exponentielle intégrale, telle que définie par l'énoncé, est positive pour $x < 0$, ce qui ne correspond pas au graphe. Nous prendrons :

$$E_i(x) = \int_{-\infty}^{x} \exp(u) \frac{du}{u}.$$

Dans un premier temps, remarquons que :

$$\frac{dE_i(x)}{dx} = \frac{\exp(x)}{x}.$$

On en déduit :

$$\frac{\partial E_i\left(-\frac{r^2}{r_0^2}\right)}{\partial r} = \left(-\frac{2r}{r_0^2}\right) \times \left(\frac{\exp(-\frac{r^2}{r_0^2})}{-\frac{r^2}{r_0^2}}\right) = 2\frac{\exp(-\frac{r^2}{r_0^2})}{r}.$$

Ainsi :

$$\vec{V}_{\text{fil}} = -\frac{k}{\eta}\frac{\eta Q_0}{4\pi hk}\frac{\partial E_i\left(-\frac{r^2}{r_0^2}\right)}{\partial r}\vec{e}_r = -\frac{Q_0}{2\pi hr}\exp(-\frac{r^2}{r_0^2(t)})\,\vec{e}_r.$$

De la relation $\vec{V}_{\text{fil}} = -\frac{Q}{2\pi rh}\vec{e}_r$, on déduit immédiatement :

$$Q(r,t) = Q_0 \exp(-\frac{r^2}{r_0^2(t)}).$$

On se rend compte que les expressions de $\vec{V}_{\text{fil}}$ et $Q(r,t)$ diffèrent de celles du régime permanent par le seul facteur $\exp(\frac{-r^2}{4Kt})$. Or, ce facteur tend très rapidement vers 1 lorsque t augmente. Plaçons nous à une distance r, et évaluons le temps T_0 nécessaire pour que : $1 - \exp(-\frac{r^2}{4Kt}) \leq 10^{-2}$. Comme le rapport $\frac{r^2}{4Kt}$ est petit, on peut effectuer un développement limité : $\exp(-\frac{r^2}{4Kt}) \simeq 1 - \frac{r^2}{4Kt}$. On en déduit donc qu'au-delà d'un temps :

$$T_0 = 100\frac{r^2}{4K},$$

on retrouve le régime permanent avec une précision relative de 10^{-2}.

Application numérique : pour le puits de rayon a : $T_0 = 100$ s. Très rapidement après l'ouverture de la vanne on retrouve un débit constant.

REMARQUE : le coefficient de diffusion s'exprime bien en $m^2.s^{-1}$ (et non en $m.s^{-2}$ comme indiqué).

20- D'après l'énoncé : $P_F(t) = P(a,t) = P_G + mE_i\left(-\frac{a^2}{4Kt}\right)$. Dans un intervalle de temps tel que : $0,01 \leq \frac{a^2}{4Kt} \leq 0,25$, on peut utiliser la formule d'approximation donnée par l'énoncé : $E_i(x) \approx \ln(-1,78x)$ et donc :

$$P_F(t) \approx P_G + m\ln(1,78\frac{a^2}{4Kt}) = P_G + m\ln(1,78\frac{a^2}{4K}) - m\ln t = \text{cste} - m\ln t.$$

Si l'on trace P_F en fonction de $\ln t$ (comme expliqué en annexe) on doit voir apparaître un régime linéaire de pente m que l'on peut déterminer sur la courbe. Connaissant Q_0 et η on en déduit le produit $hk = \frac{\eta Q_0}{4\pi m}$.

21- D'après l'étude du graphe de $E_i(x)$, il semble impossible que $P_F(t)$ devienne constant (c'est-à-dire présente un tronçon parallèle à l'axe des abscisses) dans le cadre de la solution proposée. Comme $P(R,t) = P_G = P_G + mE_i\left(-\frac{R^2}{4Kt}\right)$, il faut que le terme en exponentielle intégrale soit très faible, soit $R^2/(4Kt) \geq 4$ d'après le critère utilisé sur la figure 3. Cela signifie que la solution n'est plus valable pour des temps élevés, cela peut correspondre au régime constant observé. Ainsi, $R^2 = 16Kt_R$, soit

$$R = 4\sqrt{Kt_R}.$$

Application numérique : $R = 120$ m

22- En premier lieu, la condition "aucun débit de pétrole ne traverse le plan de faille" est équivalent à : au voisinage du plan de faille le champ de vitesse est tangent à ce dernier. Nous cherchons donc à résoudre, dans l'espace à gauche de la faille, l'équation de diffusion :

$$\Delta P = \frac{1}{K}\frac{\partial P}{\partial t},$$

avec les conditions limites suivantes :

- $P \to P_G$ quand $r \to \infty$ (en restant à gauche du plan de faille),
- le champ des vitesses est tangent sur le plan de faille.

Formulé ainsi, le problème est difficile à résoudre. Introduisons alors un problème, à priori, complètement différent : celui de deux puits identiques distants de $2d$ (sans faille). Pour ce nouveau problème l'équation à résoudre est :

$$\Delta P = \frac{1}{K}\frac{\partial P}{\partial t},$$

avec pour seule condition limite $P \to P_G$ quand $r \to \infty$. Comme l'équation de diffusion est linéaire, on peut appliquer le théorème de superposition : la solution est la somme des solutions des puits individuels à laquelle on rajoute une constante (toute constante est solution de l'équation de diffusion) pour satisfaire la condition limite :

$$P(M) = P_G + mE_i(-\frac{r_1^2}{r_0^2(t)}) + mE_i(-\frac{r_2^2}{r_0^2(t)}).$$

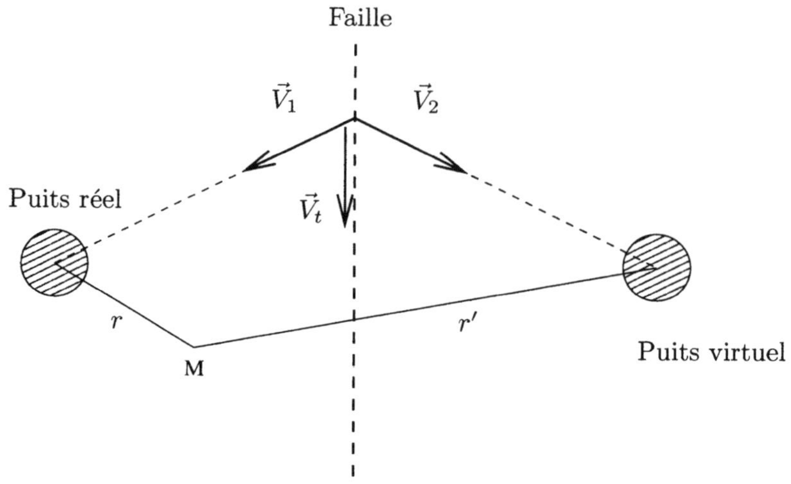

Le champ des vitesses de chaque puits $\vec{V}_1$ et $\vec{V}_2$ est radial. Par symétrie, le champ des vitesses $\vec{V}_t$ total sur le plan médiateur entre les deux puits est tangent au plan (voir schéma).

Concentrons-nous à présent sur la partie gauche du plan médiateur. La pression P vérifie $\Delta P = \dfrac{1}{K}\dfrac{\partial P}{\partial t}$; $P \to P_G$ quand $r \to \infty$ et le champ de vitesse est tangent sur le plan. Analytiquement, cette fonction vérifie donc la même équation différentielle et les mêmes conditions limites que la pression du puits unique avec faille. Par unicité de la solution, il s'agit donc de la même fonction. Finalement comme $r'^2 = r^2 - 4rd\cos\theta + 4d^2$ la pression est :

$$P(r,\theta,t) = P_G + mE_i(-\frac{r^2}{r_0^2(t)}) + mE_i(-\frac{4d^2 - 4rd\cos\theta + r^2}{r_0^2(t)}),$$

avec $r_0(t) = 2\sqrt{Kt}$ et $m = \dfrac{\eta Q_0}{4\pi hk}$.

23- Comme $a \ll d$ on peut déjà simplifier :

$$P_F(t) = P_G + mE_i(-\frac{a^2}{4Kt}) + mE_i(-\frac{4d^2}{4Kt}).$$

Dans le premier cas, $t_p \ll t \ll t_i$ on a :

- $t \gg t_p$ implique $4Kt \gg a^2$ et donc $E_i(-\dfrac{a^2}{4Kt}) \approx m\ln(1,78\dfrac{a^2}{4K}) - m\ln t$,
- $t \ll t_i$ implique $\dfrac{d^2}{Kt} \gg 1$ et $E_i(-\dfrac{d^2}{Kt})$ négligeable.

Par un raisonnement analogue pour $t \gg t_i$, on aboutit à :

$$t_p \ll t \ll t_i \qquad P_F(t) \approx P_G + m\ln(1,78\frac{a^2}{4K}) - m\ln t,$$

$$t_i \ll t \qquad P_F(t) \approx P_G + m\ln(1,78\frac{a^2}{4K}) + m\ln(1,78\frac{d^2}{K}) - 2m\ln t.$$

L'intersection des deux droites dans le diagramme $P_F(\ln t)$ se fait autour de $t = t_i$, ce qui nous permet de connaître d.

24- Le volume maximum d'hydrocarbure que l'on peut récupérer est :

$$V = \Phi \pi R^2 h.$$

C'est bien le volume à pression atmosphérique, puisque la porosité de la roche a été mesurée à pression atmosphérique. Il semble raisonnable de supposer que la dilatation de l'hydrocarbure due à la baisse de pression est comparable à celle du volume poreux. L'essai de puits nous a permis de :
- déterminer R à la question 21,
- déterminer le produit hk à la question 20,

et donc de déterminer V grâce à la mesure du coefficient k.

Utilisons les données numériques fournies par l'énoncé :

$$V = 0,2 \times \pi \times (100)^2 \times 10 = 6.10^5 \text{ m}^3.$$

Bien sûr, la connaissance du rayon de drainage R est essentielle pour savoir comment répartir efficacement les puits à la surface. Ainsi, il faut les espacer d'une longueur inférieure à R.

ÉCOLE NATIONALE DES PONTS ET CHAUSSÉES,
ÉCOLES NATIONALES SUPÉRIEURES DE L'AÉRONAUTIQUE ET DE L'ESPACE,
DE TECHNIQUES AVANCÉES, DES TÉLÉCOMMUNICATIONS,
DES MINES DE PARIS, DES MINES DE SAINT-ÉTIENNE, DES MINES DE NANCY,
DES TÉLÉCOMMUNICATIONS DE BRETAGNE,
ÉCOLE POLYTECHNIQUE (FILIÈRE TSI)

CONCOURS D'ADMISSION 2005

PREMIÈRE ÉPREUVE DE PHYSIQUE

Filière PSI

(Durée de l'épreuve : 3 heures ; l'emploi de la calculatrice est autorisé)

Sujet mis à disposition des concours ENSTIM, INT, TPE-EIVP

Les candidats sont priés de mentionner de façon apparente sur la première page de la copie :

PHYSIQUE I -PSI

L'énoncé de cette épreuve, particulière aux candidats de la filière PSI, comporte 6 pages.

• Si un candidat repère ce qui lui semble être une erreur d'énoncé, il le signale sur sa copie et poursuit sa composition en expliquant les raisons des initiatives qu'il est amené à prendre.

• Il ne faudra pas hésiter à formuler les commentaires qui vous sembleront pertinents, même lorsque l'énoncé ne le demande pas explicitement. Le barème tiendra compte de ces initiatives ainsi que des qualités de rédaction de la copie.

ÉTUDE D'UN TRANSFORMATEUR

Les trois parties de ce problème sont largement indépendantes. La première partie concerne les non-linéarités du circuit magnétique, la deuxième partie concerne le fonctionnement proprement dit du transformateur chargé par un montage redresseur et la troisième partie, proche du cours, concerne des aspects énergétiques.
Les notations principales et des valeurs numériques utiles sont indiquées dans les tableaux en fin d'énoncé (page 6). La perméabilité magnétique du vide vaut $\mu_0 = 4\pi \times 10^{-7}$ H.m^{-1}.

I Étude d'un circuit magnétique

Ce problème porte sur l'étude de transformateurs utilisés en régime permanent en électronique de puissance, tels que représenté à la figure 1, page 2. Le circuit est constitué de quatre tronçons (1, 2, 3 et 4) d'un matériau ferromagnétique ; ces tronçons sont séparés par quatre entrefers identiques, de longueur e. Les tronçons 1 et 3, de même section S_1, sont entourés par des bobinages, qualifiés de « primaire » pour le tronçon 1 et de « secondaire » pour le tronçon 2 ; ces tronçons sont parcourus par des courants d'intensités respectives i_p et i_s. La section commune des tronçons 2 et 4 est notée S_2. La caractéristique $b(h)$ idéalisée dans le matériau magnétique est représentée figure 2. Elle est symétrique par rapport au point O, linéaire pour $|h| \leq H_{sat}$ et affine pour $|h| \geq H_{sat}$ Le régime saturé commence dès que

$|h| \geq H_{\text{sat}}$. On note h_e et b_e les grandeurs magnétiques usuelles au niveau des entrefers. On néglige les pertes par hystérésis et par courants de Foucault. Les autres hypothèses d'étude sont les suivantes :

- toutes les lignes de champ sont canalisées par le circuit magnétique ;
- le champ magnétique est uniforme séparément dans chacune des pièces ferromagnétiques et dans les entrefers ;
- pour le calcul de circulation du champ excitation magnétique H, on prend, pour chaque tronçon, la longueur de la ligne de champ moyenne.

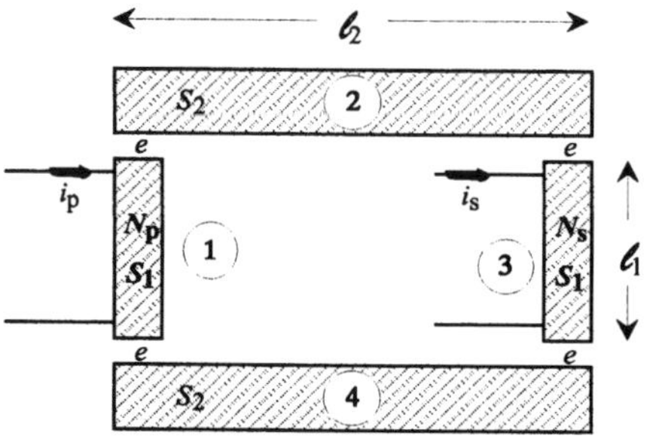

Fig. 1 : Circuit magnétique. Les sections 1 et 3, de section S_1, sont entourées de bobinages.

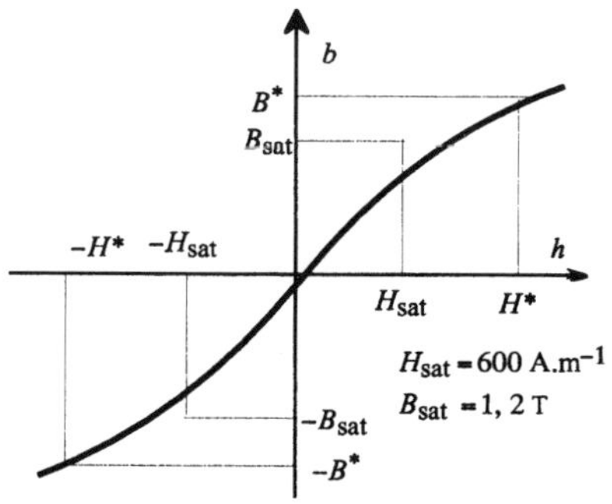

Fig. 2 : Caractéristique magnétique du matériau. Pour fixer les idées, $H^* = 5300$ A.m^{-1} et $B^* = 1,6$ T.

❑ **1** – La conservation du flux du champ magnétique entraîne d'une part l'égalité $b_1 = b_e$, d'autre part une relation entre b_1, b_2, S_1 et S_2. Donner cette dernière relation.

❑ **2** – Déduire du théorème d'Ampère la relation liant $h_1 l_1$, $h_2 l_2$, eh_e et $\varepsilon = N_p i_p - N_s i_s$. Dans la suite, la grandeur ε sera nommée *force magnétomotrice* du circuit.

❑ **3** – Sachant que le tronçon 1 commence à se saturer pour $b = B_{\text{sat}} = B_{\text{sat}}^{(1)}$, donner l'expression et la valeur numérique de $b = B_{\text{sat}}^{(2)}$ pour lesquels le tronçon 2 commencera à se saturer lui aussi. Que représente le rapport $A = \dfrac{B_{\text{sat}}}{H_{\text{sat}}} = \dfrac{1,2}{600} = 2 \times 10^{-3}$ T.m.A^{-1} ?

❑ **4** – Donner, en fonction de A, l_1, l_2, e, S_1, S_2, μ_0 et $\varphi = b_1 S_1$, l'expression littérale de ε en régime non saturé $\left(0 \leq b \leq B_{\text{sat}}^{(1)}\right)$. Cette expression définit R par $\varepsilon = R\,\varphi$; R est appelée *réluctance équivalente* à l'ensemble du circuit magnétique lorsque celui-ci n'est pas saturé, Vérifier que R s'exprime en H^{-1} (inverse de henry) et calculer sa valeur numérique.

❑ **5** – On suppose ici que $B_{\text{sat}1} \leq b \leq B_{\text{sat}2}$; préciser l'état de saturation de chacune des parties. Lorsque $|h| \geq H_{\text{sat}}$, on pose $b = Ch + D$. Préciser les dimensions respectives de C et D. Donner l'expression littérale de ε en fonction de φ. Les valeurs numériques des constantes C et D se déduisent des données de la Fig. 2 et l'on trouve $\varepsilon \approx 1,06 \times 10^6 \varphi - 4860$.

❑ **6** – On suppose maintenant que $b \geq B_{\text{sat}2}$. Donner l'expression littérale de $\varepsilon(\varphi)$. Numériquement, on trouve $\varepsilon \approx \left(1,60 \times 10^6\right)\varphi - 8370$.

❑ **7** – Quelle est, formellement, l'analogie électrocinétique de la caractéristique $\varphi(\varepsilon)$? tra-

Physique 1 année 2005 ; filière PSI

cer sommairement cette caractéristique pour $|\varepsilon| \le 8\times10^{-3}$ Wb. Rassembler dans le même tableau les relations numériques $\varepsilon(\varphi)$ et $\varphi(\varepsilon)$ correspondant aux trois états de saturation du circuit magnétique. Préciser les valeurs numériques des coordonnées des points anguleux de cette caractéristique. On les notera $\pm\varepsilon^{(1)}, \pm\varphi^{(1)}, \pm\varepsilon^{(2)}$ et $\pm\varphi^{(2)}$.

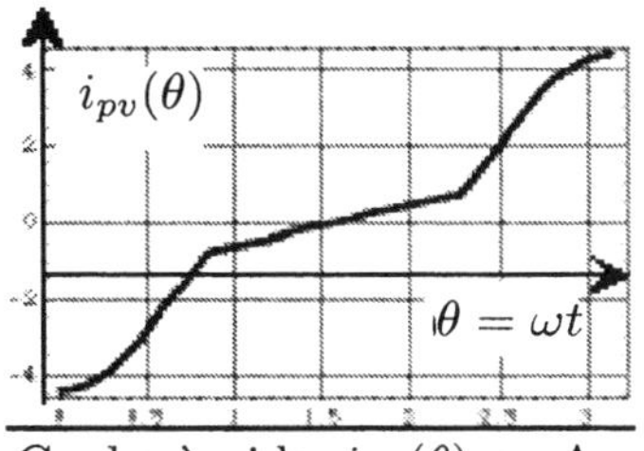

Coube à vide, $i_{pv}(\theta)$ en A

❑ **8** – On pose $\varphi = -\varphi_{\max}\cos(\omega t) = -\varphi_{\max}\cos(\theta)$, où $\varphi_{\max} = 8{,}0\times10^{-3}$ Wb et $\theta = \omega t$. On ouvre le circuit de l'enroulement secondaire, de sorte que $i_s = 0$. La figure ci-contre donne la courbe « à vide » $i_p = i_{pv}(\theta)$ pour $0 \le \theta \le \pi$. Cette courbe se déduit de la courbe $\varphi = \varphi(\theta)$, compte-tenu de l'état de saturation du circuit. La construction graphique est représentée sur la Fig. 4a, l'arche de sinusoïde $\varphi(\theta)$ est en trait d'épaisseur constante et $i_p(\theta)$ est en traits d'épaisseur variable. Expliquer cette construction et donner l'allure de $i_p = i_{pv}(\theta)$ pour $0 \le \theta \le 2\pi$.

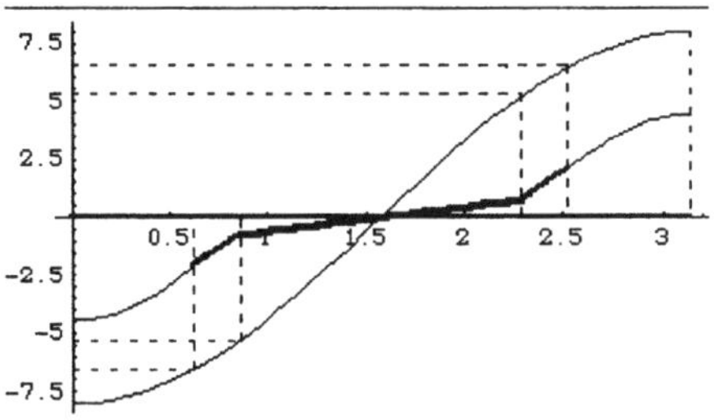

Fig. 4a : Construction de $i_{pv}(\theta)$; en abscisse θ et en ordonnée i (A) et φ (en mWb).

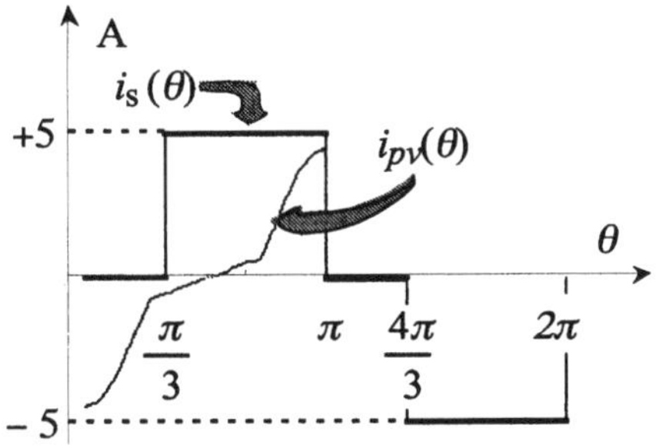

Fig. 4b : $i_S(\theta)$, en gras, est imposée

❑ **9** – Le flux φ est toujours donné par son expression de la question 8. L'évolution de $i_s(\theta)$ est représentée Fig. 4b (signal rectangulaire). L'allure de $i_{pv}(\theta)$ est rappelée. Représenter l'allure générale de $i_p(\theta)$ pour $0 \le \theta \le 2\pi$ en expliquant votre construction.

2 Étude d'un transformateur monophasé basse fréquence

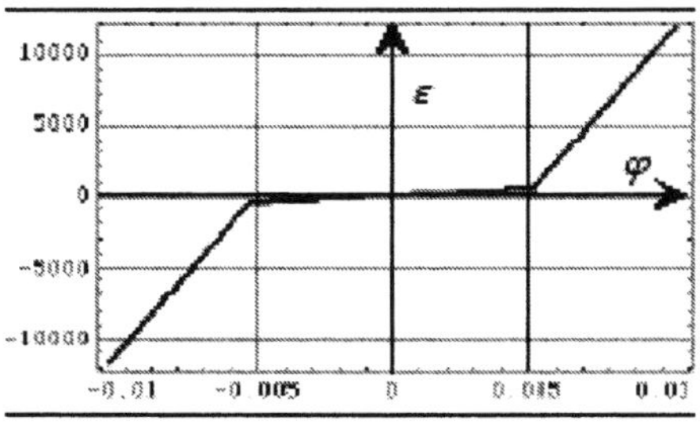

Les enroulements primaire et secondaire d'un transformateur possèdent respectivement N_p et N_s spires, dont on négligera la résistance. On nomme φ le flux dans une section S du circuit magnétique sur lequel ces spires sont bobinées. La caractéristique idéale du circuit magnétique $\varepsilon(\varphi)$, représentée ci-contre, est définie par les relations

$$\varepsilon = \begin{cases} c\varphi + d & \varphi \leq -\Phi_{sat} \\ a\varphi & -\Phi_{sat} \leq \varphi \leq \Phi_{sat} \\ c\varphi - d & \varphi \geq \Phi_{sat} \end{cases},$$

où $\varepsilon = N_p i_p - N_s i_s$, $a = 91{,}0 \times 10^3\ \mathrm{H}^{-1}$, $c = 2{,}14 \times 10^6\ \mathrm{H}^{-1}$ et $d = 10{,}7 \times 10^3\ \mathrm{A}$.

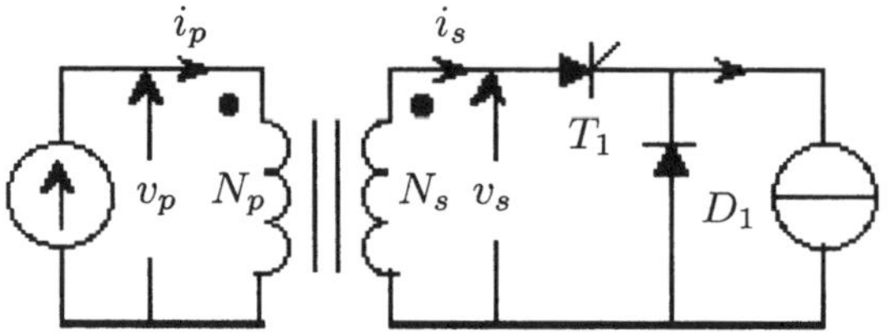

Fig 5a : Montage redresseur.

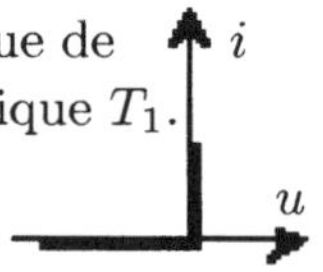

Fig 5b : caractéristique de l'interrupteur électronique T_1.

Le transformateur alimente un montage redresseur (Fig. 5a) imposant un courant secondaire i_s de valeur moyenne dans le temps $I_{s,moy}$ non nulle. L'interrupteur à semi-conducteur T_1 est idéalisé (Fig. 5b) : chute de tension u nulle à l'état passant, courant de fuite i nul à l'état bloqué. L'enroulement primaire est alimenté par une source de tension sinusoïdale $v_p(t) = \sqrt{2}V_p \sin(\omega t)$.

On constate que la valeur moyenne dans le temps de φ, Φ_{moy}, n'est pas nulle et l'on relève expérimentalement la relation $\varphi(t) = -\Phi_a \cos(\omega t) + \Phi_{moy}$.

❑ **10** – Quelle est la valeur moyenne, $I_{p,moy}$, du courant primaire ?

❑ **11** – Exprimer ε_{moy}, valeur moyenne de ε, en fonction de $I_{s,moy}$.

❑ **12** – Sachant que $\varphi(t_1) = -\Phi_{sat}$ pour $\theta_1 = \omega t_1 = \dfrac{\pi}{3}$, calculer Φ_{moy} et Φ_a.

❑ **13** – Établir les expressions littérales de $\varepsilon(t)$ pour $0 \leq \omega t \leq 2\pi$, en fonction de a, c, d, Φ_{moy} et Φ_a.

❑ **14** – Exprimer ε_{moy} en fonction de Φ_{moy}, $\Phi_{\max}$ et θ_1 ; numériquement, on trouverait que ε_{moy} est de l'ordre de (et inférieur à) -1500 A. Donner l'expression et la valeur numérique de $I_{s,moy}$, en convenant que $\varepsilon_{moy} = -1500$ A.

❑ **15** – L'interrupteur commandé est passant pour $\dfrac{\pi}{6} \leq \omega t \leq \pi$. Donner la valeur numérique de $I_{s,\max}$.

3 Étude énergétique

On précise ici quelques-unes des propriétés énergétiques du circuit magnétique. La tension appliquée au primaire du transformateur est sinusoïdale : $v_p(t) = V_p\sqrt{2}\cos(\omega t)$.

❑ **16** – Expliquer pourquoi le flux φ dans le circuit magnétique est lui aussi sinusoïdal.

❑ **17** – Le transformateur est refermé sur une charge résistive. Que peut-on dire, dans ces

Physique 1 année 2005 ; filière PSI

conditions, sur le courant secondaire i_s ? Le courant primaire est-il sinusoïdal ?

❑ **18** – Donner l'expression générale de la puissance instantanée absorbée par le transformateur. Montrer que la valeur moyenne de la puissance fournie ne fait intervenir que l'harmonique d'ordre 1, appelée fondamentale, du courant primaire.

❑ **19** – Le circuit secondaire du transformateur est ouvert. Il n'y a ni perte par hystérésis ni perte joule, ni perte par courant de Foucault. Quelle est dans ce cas la puissance absorbée par le transformateur ? Quel est le déphasage entre la tension primaire et l'harmonique 1 du courant primaire ?

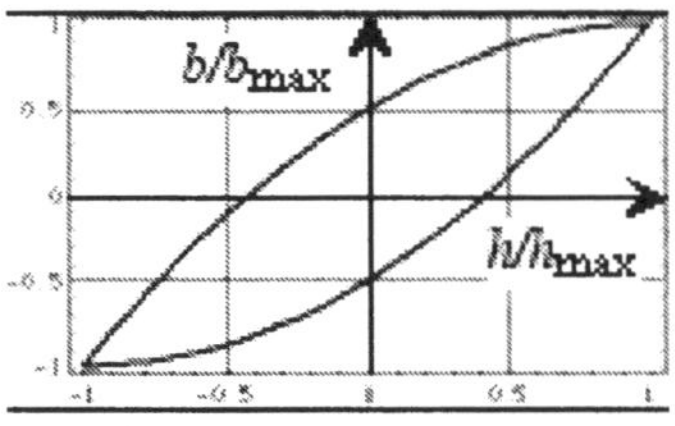

❑ **20** – Une caractéristique $b(h)$ du milieu magnétique est représentée ci-contre, en unités relatives. Préciser les notions de champ coercitif et d'aimantation rémanente. Quel est l'ordre de grandeur de la valeur minimale du champ coercitif dans un matériau dit dur ? Faut-il, pour un transformateur, préférer un fer dur ou un fer mou ? Pour quelle raison ?

Remarque : le cycle ci-dessus est représenté par $B = \mu_0\left[\mu_r H \pm a\left(H_m^2 - H^2\right)\right]$, avec $\mu_r = 1000$.

Mesure du rendement

On considère désormais que les pertes énergétiques ne sont plus négligeables, c'est-à-dire que l'on tient compte des pertes fer et des pertes joule. La puissance nominale du transformateur est de 2,2 kVA .

- *Essai à vide : le secondaire est ouvert*

On applique au primaire du transformateur sa tension nominale $V_p = 230$ V . La valeur efficace du courant appelé au primaire est $I_p = 1$ A ; la puissance mesurée est $P_{10} = 80$ W .

❑ **21** – À quoi correspond cette puissance fournie au transformateur ? Quel est le déphasage entre l'harmonique 1 du courant primaire et la tension appliquée au primaire ?

- *Essai en court-circuit : le secondaire est en court-circuit*

On applique au primaire une tension V_{pcc} (tension primaire de court-circuit) telle que le courant secondaire I_{scc} soit égal à la valeur nominale du courant que peut débiter le transformateur. Dans ces conditions, la tension au primaire est nettement plus faible que la tension nominale de fonctionnement. La puissance fournie au primaire est $P_{1cc} = 75$ W .

❑ **22** – À quoi correspond cette puissance fournie au primaire du transformateur ?

- *Essai sur charge résistive*

❑ **23** – Dans les conditions nominales de fonctionnement, on fournit à la charge une puissance $P_2 = 2$ kW . Déduire de l'ensemble des résultats précédents le rendement du transformateur dans les conditions de l'essai réalisé.

Voir page suivante les tableaux de valeurs numériques.

TRANSFORMATEURS

Notations et valeurs numériques pour la partie 1

l_1	Longueur commune de la ligne de champ moyenne dans les tronçons 1 et 3.	$l_1 = 18$ cm
S_1	Section commune des tronçons 1 et 3.	$S_1 = 44$ cm^2
b_1	Champ magnétique commun aux sections 1 et 3.	Variable
h_1	Excitation magnétique commune aux sections 1 et 3.	Variable
N_p	Nombre de spires de l'enroulement primaire.	$N_p = 1000$
$i_p\ (i_s)$	Intensité du courant dans l'enroulement primaire (secondaire).	Variable
l_2	Longueur commune de la ligne de champ moyenne dans les tronçons 2 et 4.	$l_2 = 13$ cm
S_2	Section commune des tronçons 2 et 4.	$S_2 = 54$ cm^2
b_2	Champ magnétique commun aux sections 2 et 4.	Variable
h_2	Excitation magnétique commune aux sections 2 et 4.	Variable
N_s	Nombre de spires de l'enroulement secondaire.	$N_s = 700$
e	Longueur d'un entrefer.	$e = 0,1$ mm
b_e	Champ magnétique dans les entrefers.	Variable
h_e	Excitation magnétique dans les entrefers.	Variable

Notations et valeurs numériques pour la partie 2

Φ_{sat}	Flux à saturation	$\Phi_{sat} = 5,22 \times 10^{-3}$ Wb
S_1	Section du circuit magnétique	$S_1 = 43,6$ cm^2
V_p	Valeur efficace de la tension d'alimentation du primaire	$V_p = 230$ V
f	Fréquence de la tension d'alimentation ; on pose $\omega = 2\pi f$.	$f = 50$ Hz
N_p	Nombre de spires de l'enroulement primaire.	$N_p = 188$
$i_p\ (i_s)$	Intensité du courant dans l'enroulement primaire (secondaire).	Variable
N_s	Nombre de spires de l'enroulement secondaire.	$N_s = 96$

Fin du problème

Fin de l'épreuve

ÉTUDE D'UN TRANSFORMATEUR

1 – Étude d'un circuit magnétique

1- La conservation du flux du champ magnétique implique :

$$b_1 S_1 = b_2 S_2.$$

2- Pour appliquer le théorème d'Ampère, on calcule la circulation du vecteur excitation magnétique le long d'une courbe fermée, ici un rectangle inscrit à l'intérieur du transformateur, orienté dans le sens de $\vec{H}$:

$$\oint \vec{H}.\vec{dl} = \int_{1+2+3+4} \vec{H}.\vec{dl} + 4\int_e h_e dl = 2h_1 l_1 + 2h_2 l_2 + 4h_e e.$$

RAPPEL : dans un milieu magnétique, dans l'ARQS, l'équation de Maxwell-Ampère $\overrightarrow{\text{rot}}\,\vec{B} = \mu_0 \vec{j}$ devient $\overrightarrow{\text{rot}}\,\vec{H} = \vec{j}$ et le théorème d'Ampère devient :

$$\oint \vec{H}.\vec{dl} = I_{\text{enlacée}}.$$

L'énoncé ne le précise pas, mais nous supposerons que les bobinages sont enroulés de telle sorte que le courant enlacé par le rectangle du théorème d'Ampère soit : $N_p i_p$ au primaire et $-N_s i_s$ au secondaire. Ainsi, le courant enlacé total est $N_p i_p - N_s i_s = \varepsilon$. Au final on obtient la relation :

$$2h_1 l_1 + 2h_2 l_2 + 4h_e e = \varepsilon.$$

3- *Il y a une imprécision dans l'énoncé. Il faut lire deux fois b_1 à la place de b.* Supposons donc que le tronçon 2 est saturé. Alors $b_2 = B_{\text{sat}}$. En utilisant le résultat de la question 1, on trouve :

$$B_{\text{sat}}^{(2)} = B_{\text{sat}} \frac{S_2}{S_1}.$$

Application numérique : $B_{\text{sat}}^{(2)} = 1,5$ T.

Le rapport $A = \dfrac{B_{\text{sat}}}{H_{\text{sat}}} = \mu_0 \mu_r$ représente la perméabilité magnétique du matériau avant la saturation. Comme le montre la figure 2 de l'énoncé, le matériau n'est pas linéaire au-delà de la saturation. Par contre, si le matériau n'est pas saturé, la caractéristique est linéaire et on peut écrire :

$$b = Ah.$$

4- Le matériau n'est pas saturé, appliquons alors $b = Ah$ à la relation démontrée à la question 2 :

$$\varepsilon = 2h_1 l_1 + 2h_2 l_2 + 4h_e e = 2\frac{b_1}{A} l_1 + 2\frac{b_2}{A} l_2 + 4\frac{b_e}{\mu_0} e,$$

où l'on a utilisé la relation $b = \mu_0 h$ dans le vide. De plus comme $b_1 = \dfrac{\varphi}{S_1}$, $b_2 = \dfrac{\varphi}{S_2}$ et $b_e = b_1$:

$$\varepsilon = \varphi\left(2\frac{l_1}{AS_1} + 2\frac{l_2}{AS_2} + 4\frac{e}{\mu_0 S_1}\right), \quad \text{et} \quad \mathsf{R} = 2\frac{l_1}{AS_1} + 2\frac{l_2}{AS_2} + 4\frac{e}{\mu_0 S_1}.$$

De plus :

$$[\mathsf{R}] = \frac{[\text{intensité}]}{[\text{flux}]} = \frac{1}{[\text{inductance}]}.$$

R s'exprime bien en H^{-1}. Application numérique : $\mathsf{R} = 1,37.10^5\ \mathrm{H}^{-1}$.

5- *De même, il faut lire b_1 à la place de b. La notation des champs à saturation a de plus changé.* Comme $B_{\text{sat}}^{(1)} \leq b_1 \leq B_{\text{sat}}^{(2)}$ les tronçons 1 et 3 sont saturés et les tronçons 2 et 4 ne sont pas saturés.

Dans le tronçon 1 on pose $b_1 = Ch_1 + D$. Ainsi, D a la dimension d'un champ magnétique et s'exprime en Tesla, et C a la même dimension que μ_0 (rapport entre un champ magnétique et une excitation magnétique) et s'exprime en $\mathrm{H.m}^{-1}$.

Pour déterminer la nouvelle expression de ε, on utilise $h_1 = \dfrac{b_1 - D}{C} = \dfrac{\varphi}{S_1 C} - \dfrac{D}{C}$, $h_2 = \dfrac{\varphi}{AS_2}$ et $h_e = \dfrac{\varphi}{\mu_0 S_1}$ et on remplace dans l'expression démontrée à la question 2 :

$$\varepsilon = \varphi\left(2\frac{l_1}{CS_1} + 2\frac{l_2}{AS_2} + 4\frac{e}{\mu_0 S_1}\right) - 2\frac{Dl_1}{C}.$$

6- Dans ce cas, les tronçons 1-2-3-4 sont saturés. Par rapport à ce qui précède, il suffit de changer l'expression de h_2 qui vérifie la même relation que h_1 :

$$h_2 = \frac{b_2}{C} - \frac{D}{C} = \frac{\varphi}{CS_2} - 2\frac{D}{C}.$$

Ainsi :

$$\varepsilon = \varphi\left(2\frac{l_1}{CS_1} + 2\frac{l_2}{CS_2} + 4\frac{e}{\mu_0 S_1}\right) - 2\frac{D(l_1 + l_2)}{C}.$$

7- φ est un flux est peut donc être considéré comme l'analogue de l'intensité, et ε peut alors être considéré comme l'analogue d'une tension (*force magnétomotrice*, analogue de la *force électromotrice*). La caractéristique $\varphi(\varepsilon)$ est donc l'analogue de la caractéristique (I, U) d'un dipôle.

Numériquement on a :

État	Non saturé	1 et 3 saturés	1, 2, 3 et 4 saturés
φ (Wb)	$\varphi < \varphi^{(1)}$ $\varphi^{(1)} = 5,28.10^{-3}$ Wb	$\varphi^{(1)} < \varphi < \varphi^{(2)}$ $\varphi^{(2)} = 6,48.10^{-3}$ Wb	$\varphi^{(2)} < \varphi$
ε (A)	$\varepsilon < \varepsilon^{(1)}$ $\varepsilon^{(1)} = 735$ A	$\varepsilon^{(1)} < \varepsilon < \varepsilon^{(2)}$ $\varepsilon^{(2)} = 2000$ A	$\varepsilon^{(2)} < \varepsilon$
$\varepsilon(\varphi)$	$1,37.10^5\varphi$	$1,06.10^6\varphi - 4860$	$1,6.10^6\varphi - 8370$
$\varphi(\varepsilon)$	$7,30.10^{-6}\varepsilon$	$9,43.10^{-7}\varepsilon$ $+4,58.10^{-3}$	$6,25.10^{-7}\varepsilon$ $+5,23.10^{-3}$.

Comme la courbe $b(h)$ est symétrique par rapport au centre, il en est de même pour la caractéristique $\varphi(\varepsilon)$, dont l'allure est dessinée ci-contre :

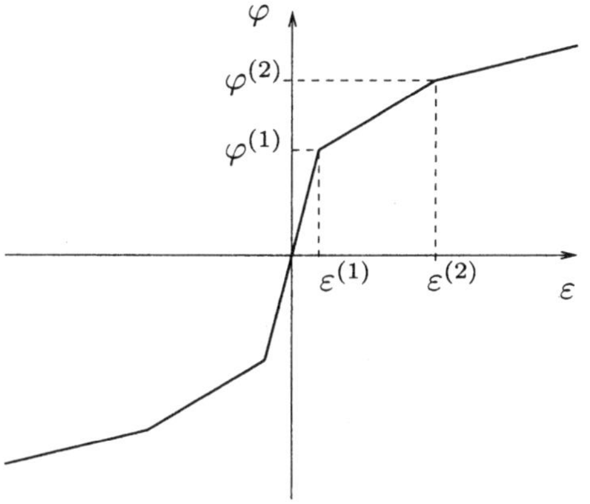

8- Comme $i_s = 0$, on a :

$$i_{pv}(\theta) = \frac{1}{N_p}\varepsilon.$$

Or, ε est une fonction de φ. Il suffit donc de construire le graphe de la fonction i_{pv} connaissant φ en utilisant la caractéristique précédente. Introduisons les angles $\alpha_1 = \arccos(\frac{\varphi^{(1)}}{\varphi_{\max}}) = 0,85$ rad et $\alpha_2 = \arccos(\frac{\varphi^{(2)}}{\varphi_{\max}}) = 0,63$ rad. On a alors :

- pour $0 \leq \theta \leq \alpha_2$ et $\alpha_2 \leq \theta \leq 2\pi - \alpha_2$, $\varphi \leq -\varphi^{(2)}$, on est dans le cas tout saturé donc $\varepsilon = 1,6.10^6\varphi + 8370$ (attention : il faut prendre la fonction symétrique par rapport à O du cas où $\varphi \geq +\varphi^{(2)}$ pour lequel $\varepsilon = 1,6.10^6\varphi - 8370$) et :

$$i_{pv}(\theta) = \frac{1}{N_p}\left(-1,6.10^6\varphi_{\max}\cos\theta + 8370\right) \;;$$

- pour $\alpha_2 \leq \theta \leq \alpha_1$ et $2\pi - \alpha_1 \leq \theta \leq 2\pi - \alpha_2$, $-\varphi^{(2)} \leq \varphi \leq -\varphi^{(1)}$, 1 et 3 sont saturés et :

$$i_{pv}(\theta) = \frac{1}{N_p}\left(-1,06.10^6\varphi_{\max}\cos\theta + 4860\right) \;;$$

- pour $\alpha_1 \leq \theta \leq \pi - \alpha_1$ et $\pi + \alpha_1 \leq \theta \leq 2\pi - \alpha_1$, $|\varphi| \leq \varphi^{(1)}$, on est dans le cas non saturé :

$$i_{pv}(\theta) = \frac{1}{N_p}(-1,37.10^5\varphi_{\max}\cos\theta) \ ;$$

– pour $\pi - \alpha_1 \leq \theta \leq \pi - \alpha_2$ et $\pi + \alpha_2 \leq \theta \leq \pi + \alpha_1$, 1 et 3 sont saturés et :

$$i_{pv}(\theta) = \frac{1}{N_p}\left(-1,06.10^6\varphi_{\max}\cos\theta - 4860\right) \ ;$$

– pour $\pi - \alpha_2 \leq \theta \leq \pi + \alpha_2$, tout est saturé et :

$$i_{pv}(\theta) = \frac{1}{N_p}\left(-1,6.10^6\varphi_{\max}\cos\theta - 8370\right).$$

L'intensité est maximale pour $\theta = \pi$ et vaut :

$$i_{pv,\max} = \frac{1}{N_p}(1,6.10^6\varphi_{\max} - 8370) = 4,4 \text{ A}.$$

L'allure de la courbe est dessinée ci-après :

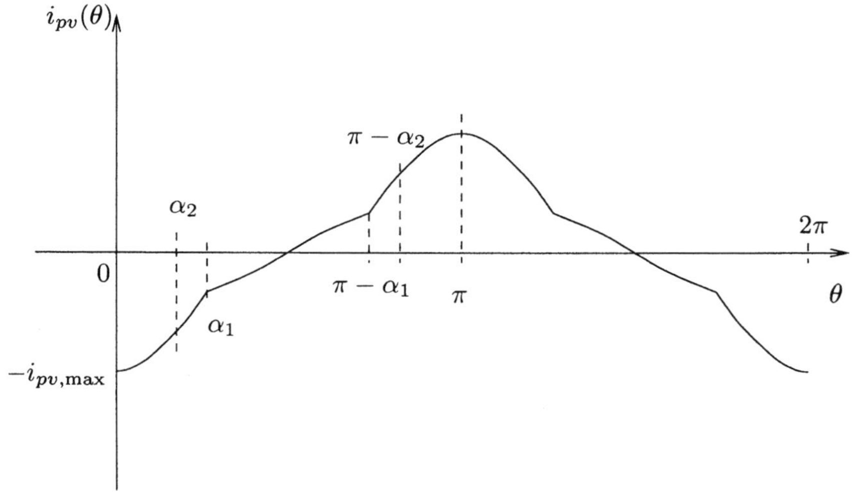

9- Dans ce cas, on a :

$$i_p(\theta) = \frac{1}{N_p}\left(\varepsilon(\theta) + N_s i_s(\theta)\right).$$

Or, $\frac{1}{N_p}\varepsilon(\theta) = i_{pv}(\theta)$ et donc :

$$i_p(\theta) = i_{pv}(\theta) + \frac{N_s}{N_p}i_s(\theta),$$

la courbe de i_p se déduit simplement de celle de i_{pv} en rajoutant le terme $\frac{N_s}{N_p}i_s(\theta)$, ce qui revient à translater la courbe de i_{pv} par morceaux. Remarquons, pour la construction, que $\frac{N_s}{N_p}i_{s,\max} = \frac{700}{1000}5 = 3,5$ A. On obtient la courbe suivante :

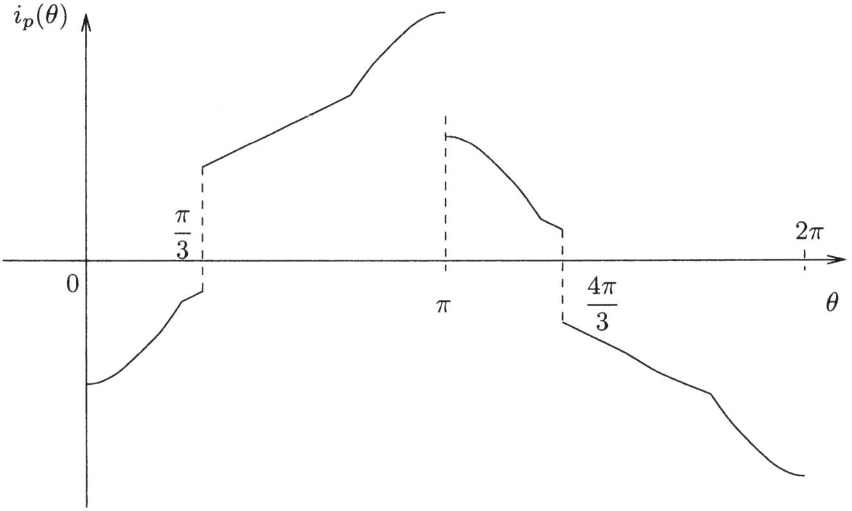

2 – Étude d'un transformateur monophasé basse fréquence

10- La valeur moyenne de v_p est nulle. Il en est de même pour e_p. La fem au primaire a aussi une valeur moyenne nulle, car $e = -\dfrac{d(\text{fonction périodique})}{dt}$ (voir question 12). Si l'on tient compte, dans cette question, de la résistance r (que l'on néglige par la suite) des fils, on a :

$$i_p = \frac{v_p + e}{r},$$

et donc :

$$I_{p,\text{moy}} = 0.$$

11- Dans ce cas, comme $\varepsilon = N_p i_p - N_s i_s$, on a :

$$\varepsilon_{\text{moy}} = -N_s I_{s,\text{moy}}.$$

12- Appliquons, d'une part, la loi des mailles au primaire : $v_p + e = 0$, avec $e = -\dfrac{d\Phi}{dt} = -\dfrac{d(N_p\varphi)}{dt}$ (loi de Lenz). Ainsi :

$$v_p(t) = \sqrt{2}V_p \sin\omega t = N_p \frac{d\varphi}{dt} = N_p \Phi_a \omega \sin\omega t.$$

> REMARQUE : comme à la question 2, nous avons supposé l'orientation convenable des bobinages.

D'où :

$$\Phi_a = \frac{\sqrt{2}V_p}{N_p\omega}.$$

Application numérique : $\Phi_a = 5,51.10^{-3}$ Wb. D'autre part, en utilisant $\varphi(t_1) = -\Phi_{\text{sat}}$, on a : $-\Phi_{\text{sat}} = \varphi(t_1) = -\Phi_a \cos\theta_1 + \Phi_{\text{moy}}$. De plus, comme $\cos(\theta_1) = \dfrac{1}{2}$, on trouve :

$$\Phi_{\text{moy}} = \frac{\Phi_a}{2} - \Phi_{\text{sat}} = \frac{V_p}{\sqrt{2}N_p\omega} - \Phi_{\text{sat}}.$$

Application numérique : $\Phi_{\text{moy}} = -2,47.10^{-3}$ Wb.

13- Remarquons tout d'abord que :

$$\varphi_{\max} = \varphi(\omega t_{\max} = \pi) = \Phi_a + \Phi_{\text{moy}} = 3,04.10^{-3} \text{ Wb} < \Phi_{\text{sat}}.$$

La courbe de la fonction $\varphi(\theta)$ est représentée ci-dessous :

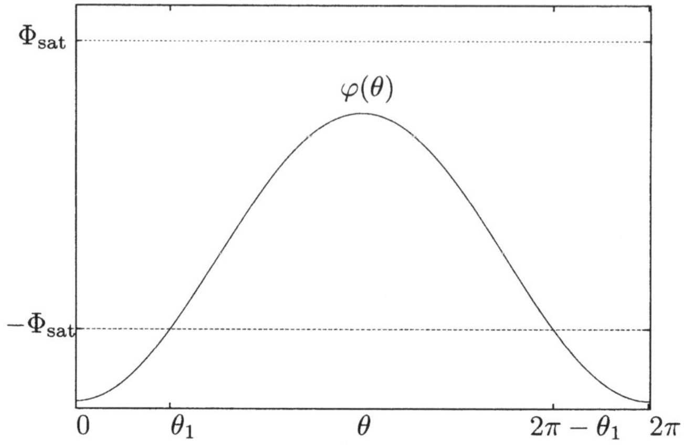

On définit $t_2 = \dfrac{2\pi - \theta_1}{\omega} = T - t_1$, avec $T = \dfrac{2\pi}{\omega}$. On déduit alors les expressions littérales de $\varepsilon(t)$:

$$\begin{cases} \text{pour } \theta \leq \theta_1,\ t \leq t_1, \quad \varepsilon(t) = c\varphi + d = -c\Phi_a \cos\omega t + c\Phi_{\text{moy}} + d, \\ \text{pour } \theta_1 \leq \theta \leq 2\pi - \theta_1,\ t_1 \leq t \leq t_2, \quad \varepsilon(t) = a\varphi = -a\Phi_a \cos\omega t + a\Phi_{\text{moy}}, \\ \text{pour } 2\pi - \theta_1 \leq \theta,\ t_2 \leq t, \quad \varepsilon(t) = c\varphi + d = -c\Phi_a \cos\omega t + c\Phi_{\text{moy}} + d. \end{cases}$$

14- Pour calculer ε_{moy} nous utilisons la définition de la valeur moyenne.

Rappel : pour une fonction f, T périodique, la valeur moyenne $< f >$ est définie par :

$$< f >= \frac{1}{T}\int_0^T f(t)\, dt.$$

Ainsi :

$$\varepsilon_{\text{moy}} = \frac{1}{T}\int_0^T \varepsilon(t)\, dt = \frac{1}{T}\left(\int_0^{t_1} + \int_{t_1}^{T-t_1} + \int_{T-t_1}^{T}\right)\varepsilon(t)\, dt.$$

On a :

$$\int_0^{t_1} \varepsilon(t)\, dt = \int_0^{t_1} (-c\Phi_a \cos\omega t + c\Phi_{\text{moy}} + d)dt = -c\frac{\Phi_a}{\omega}\sin\omega t_1 + (c\Phi_{\text{moy}} + d)t_1 \ ;$$

$$\int_{t_1}^{T-t_1} \varepsilon(t)\, dt = \int_{t_1}^{T-t_1} (-a\Phi_a \cos\omega t + a\Phi_{\text{moy}})dt = 2a\frac{\Phi_a}{\omega}\sin\omega t_1 + a\Phi_{\text{moy}}(T - 2t_1) \ ;$$

$$\int_{T-t_1}^{T} \varepsilon(t) dt = \int_{T-t_1}^{T} (-c\Phi_a \cos\omega t + c\Phi_{\text{moy}} + d)dt = -c\frac{\Phi_a}{\omega}\sin\omega t_1 + (c\Phi_{\text{moy}} + d)t_1.$$

Comme $\sin\omega t_1 = \dfrac{\sqrt{3}}{2}$ et $T = \dfrac{2\pi}{\omega}$, il vient finalement :

$$\varepsilon_{\text{moy}} = \frac{\sqrt{3}}{2\pi}(a-c)(\Phi_{\text{max}} - \Phi_{\text{moy}}) + \frac{\theta_1}{\pi}(2a+c)\Phi_{\text{moy}} + \frac{d\theta_1}{\pi}.$$

REMARQUE : nous avons supposé que $\Phi_{\text{max}} = \Phi_a + \Phi_{\text{moy}}$.

Application numérique : $I_{s,\text{moy}} = \dfrac{-\varepsilon_{\text{moy}}}{N_s} = 15,6$ A.

15- Pour trouver $I_{s\text{max}}$, nous allons supposer que i_s résulte du simple redressement d'une intensité sinusoïdale :

$$\begin{cases} \text{pour } \dfrac{\pi}{6} \leq \theta \leq \pi, \quad i_s = I_{s,\text{moy}} + a\cos(\theta + \alpha), \\ i_s = 0 \text{ sinon.} \end{cases}$$

Il nous reste à déterminer a et α par l'intermédiaire de la condition : $i_s(\frac{\pi}{6}) = i_s(\pi) = 0$. Ce qui donne la première relation :

$$\cos(\frac{\pi}{6} + \alpha) = \cos(\pi + \alpha),$$

qui admet pour solution $\alpha = \dfrac{5\pi}{12}$. On remplace ensuite dans une des deux conditions précédentes, ce qui donne :

$$a = \frac{I_{s,\text{moy}}}{\cos(\frac{5\pi}{12})}.$$

Au final :

$$I_{s,\text{max}} = I_{s,\text{moy}} + a = I_{s,\text{moy}}\left(1 + \frac{1}{\cos(\frac{5\pi}{12})}\right) = 75,9 \text{ A}.$$

Étude énergétique

16- D'après la loi de Lenz (en supposant, encore une fois, que les bobinages sont orientés convenablement) :

$$N_p\frac{d\varphi}{dt} = v_p(t).$$

Par intégration, on en déduit que le flux φ est bien sinusoïdal :

$$\varphi(t) = -\frac{V_p\sqrt{2}}{N_p\omega}\sin\omega t + \text{cste}.$$

17- Appliquons la loi de Lenz au secondaire : $v_s(t) = N_s\dfrac{d\varphi}{dt} = \dfrac{N_s}{N_p}v_p$. Ainsi, la tension au secondaire est sinusoïdale et comme la sortie est refermée sur une charge résistive, on en déduit que le courant secondaire i_s est sinusoïdal. Par contre, la force magnétomotrice ε n'est pas sinusoïdale si $|\varphi|_{\max} > \Phi_{\text{sat}}$ (puisque la caractéristique $\varepsilon(\varphi)$ n'est pas linéaire). Le courant primaire n'est donc pas sinusoïdal car :

$$i_p = \frac{N_s}{N_p} i_s + \frac{1}{N_p}\varepsilon.$$

18- La puissance instantanée $\mathcal{P}$ absorbée par le transformateur est :

$$\mathcal{P}(t) = v_p(t) i_p(t).$$

La fonction i_p est $T = \dfrac{2\pi}{\omega}$-périodique. Elle admet donc un développement en série de Fourier de la forme :

$$i_p(t) = I_{p,\text{moy}} + \sum_{k=1}^{\infty} a_k \cos(k\omega t + \alpha_k).$$

Ainsi :

$$\mathcal{P}(t) = I_{p,\text{moy}} V_p \sqrt{2} \cos \omega t + V_p \sqrt{2} \sum_{k=1}^{\infty} a_k \cos(k\omega t + \alpha_k) \cos \omega t.$$

Tous les termes ont une valeur moyenne temporelle nulle, hormis celui faisant intervenir l'harmonique d'ordre 1 (pour $k = 1$) de i_p : $\cos(\omega t + \alpha_1)\cos \omega t$, de valeur moyenne $\dfrac{\cos \alpha_1}{2}$. La puissance moyenne a alors pour expression :

$$\mathcal{P}_{\text{moy}} = \frac{V_p a_1 \cos \alpha_1}{\sqrt{2}}.$$

19- Il n'y a aucune perte dans le transformateur et la puissance transmise au secondaire est nulle (le circuit est ouvert). Ainsi, la puissance moyenne absorbée par le transformateur est nulle. D'après ce qui précède, on a $\alpha_1 = \dfrac{\pi}{2}[\pi]$ et donc la tension primaire et l'harmonique 1 du courant primaire sont en quadrature de phase.

20- La caractéristique $b(h)$ est un cycle d'hystérésis. Le champ coercitif H_c est l'excitation magnétique obtenue lorsque l'aimantation M s'annule par valeur croissante. La caractéristique $b(h)$ coupe l'axe des abscisses en des points proches de $\pm h_c$.

> Remarque : en toute rigueur, le champ coercitif se lit sur la caractéristique $M(H)$.
>
> Rappel : l'excitation magnétique $\vec{H}$ est définie par :
>
> $$\vec{B} = \mu_0(\vec{H} + \vec{M}).$$

L'aimantation rémanente M_r est la valeur atteinte lorsque l'excitation magnétique du milieu s'annule, en partant d'une valeur positive pour laquelle la saturation du milieu a été atteinte.

Le champ coercitif dans un matériau dur peut être très important. L'ordre de grandeur de la valeur minimale de ce champ est 10 A.m^{-1}. Il vaut 200.10^3 A.m^{-1} dans les ferrites et jusqu'à $1,5.10^6$ A.m^{-1} dans des alliages néodyme fer bore.

Ces matériaux durs sont surtout utilisés pour réaliser des aimants permanents. Pour un transformateur, il faut au contraire utiliser des matériaux doux (et non "mous" comme indiqué par erreur par l'énoncé) pour lesquels champ coercitif et champ rémanent sont faibles, et le cycle d'hystérésis étroit. La raison est que la densité volumique de puissance perdue est proportionnelle à l'aire du cycle.

21- La méthode décrite dite "méthode des pertes séparées" permet de mesurer le rendement. Dans la suite P_1, P_2, désignent les puissances au primaire (1) et secondaire (2) ; P_{J1}, P_{J2} les puissances dissipées par effet Joule dans les enroulements des bobines ; et P_{fer} la puissance dissipée dans le matériau (par effet Joule des courants de Foucault et par hystérésis). On a le bilan de puissance :

$$P_1 = P_2 + P_{\text{J1}} + P_{\text{J2}} + P_{\text{fer}}.$$

Le rendement η est :

$$\eta = \frac{P_2}{P_1} = \frac{P_2}{P_2 + P_{\text{J1}} + P_{\text{J2}} + P_{\text{fer}}}.$$

Essai à vide. Lorsque le secondaire est ouvert la puissance fournie correspond à $P_{\text{J1,0}} + P_{\text{fer,0}}$. Comme l'intensité I_p est faible on a : $P_{\text{J1,0}} \ll P_{\text{fer,0}}$, et donc :

$$P_{10} \approx P_{\text{fer,0}}.$$

L'essai à vide permet de déterminer les pertes fer.

Calculons le déphasage α_1 :

$$\cos\alpha_1 = \frac{P_{10}}{V_p I_p}.$$

Application numérique : $\alpha_1 = 69,6°$.

22- **Essai en court-circuit**. Comme $V_s = 0$, $P_2 = 0$ et donc la puissance fournie correspond aux pertes par effet Joules $P_{\text{J1,cc}} + P_{\text{J2,cc}}$ et aux pertes fer $P_{\text{fer,cc}}$. Comme la tension au primaire est faible, il en est de même pour les pertes fer et donc :

$$P_{1\text{cc}} \approx P_{\text{J1,cc}} + P_{\text{J2cc}}.$$

L'essai en court-circuit permet de déterminer les pertes joule.

23- Les pertes fer dépendent essentiellement de la tension V_p, elles ont donc même valeur qu'à vide :

$$P_{\text{fer}} = P_{10}.$$

Les intensités sont les mêmes qu'à la question précédente (fonctionnement nominal), il en est donc de même des pertes par effet Joule :

$$P_{\text{J1}} + P_{\text{J2}} = P_{1\text{cc}}.$$

Le rendement est donc :

$$\eta = \frac{P_2}{P_2 + P_{1\text{cc}} + P_{10}}.$$

Application numérique : $\eta = 0,93$.

Remarque : on obtient le rendement beaucoup plus rapidement (et sans approximation) en utilisant la puissance nominale du transformateur :

$$\eta = \frac{2}{2,2} = 0,91.$$

A 2005 PHYS. II

ÉCOLE NATIONALE DES PONTS ET CHAUSSÉES,
ÉCOLES NATIONALES SUPÉRIEURES DE L'AÉRONAUTIQUE ET DE L'ESPACE,
DE TECHNIQUES AVANCÉES, DES TÉLÉCOMMUNICATIONS,
DES MINES DE PARIS, DES MINES DE SAINT-ÉTIENNE, DES MINES DE NANCY,
DES TÉLÉCOMMUNICATIONS DE BRETAGNE,
ÉCOLE POLYTECHNIQUE (FILIÈRE TSI)

CONCOURS D'ADMISSION 2005

SECONDE ÉPREUVE DE PHYSIQUE

Filière PSI

(Durée de l'épreuve : 4 heures)

Sujet mis à disposition des concours : Cycle international, ENSTIM, INT, TPE-EIVP

Les candidats sont priés de mentionner de façon apparente sur la première page de la copie :

PHYSIQUE II -PSI

L'énoncé de cette épreuve, particulière aux candidats de la filière PSI, comporte 8 pages.

- Si, au cours de l'épreuve, un candidat repère ce qui lui semble être une erreur d'énoncé, il le signale sur sa copie et poursuit sa composition en expliquant les raisons des initiatives qu'il est amené à prendre.
- Il ne faudra pas hésiter à formuler les commentaires (incluant des considérations numériques) qui vous sembleront pertinents, même lorsque l'énoncé ne le demande pas explicitement.
- Notations : vecteur $\rightarrow$ **V** (on pourra écrire $\vec{V}$) ; vecteur unitaire de la coordonnée c : $\hat{\mathbf{c}}$.

ÉCOULEMENTS DE FLUIDE DANS UNE ROCHE

L'objet de ce problème est de dégager des paramètres importants en pétrophysique. Un gisement est constitué d'un ou de plusieurs réservoirs superposés, ou proches latéralement ; le réservoir est une formation rocheuse du sous-sol, poreuse et perméable, renfermant une accumulation naturelle d'hydrocarbure et limitée par une barrière de roche imperméable. La caractéristique essentielle de ces réservoirs est que ce sont des milieux poreux : les fluides sont stockés se déplacent dans des pores de dimensions de l'ordre du µm, ce qui met en jeu de forces de viscosités et de capillarité. La pétrophysique est l'étude des caractéristiques physiques des roches. Pour qu'une roche puisse constituer un réservoir, il faut :

- qu'elle ait une certaine capacité de stockage, propriété caractérisée par la porosité,
- que les fluides puissent y circuler, propriété caractérisée par la perméabilité et
- qu'elle contienne une quantité suffisante d'hydrocarbure, avec une concentration suffisante, propriétés caractérisées par le volume imprégné ainsi que la saturation des pores.

I – Étude d'un écoulement

La pesanteur est négligée dans cette partie. On s'intéresse à l'écoulement incompressible d'un fluide de viscosité dynamique η et de masse volumique ρ dans un tuyau cylindrique d'axe Oz et de rayon a. Cet écoulement, considéré comme unidirectionnel, est caractérisé, dans un repère de coordonnées cylindriques (r,θ,z) d'axe Oz par un champ de vitesse $\mathbf{v} = \upsilon(r,z,t)\,\hat{\mathbf{z}}$ satisfaisant l'équation de Navier-Stokes,

$$\rho\frac{\partial \mathbf{v}}{\partial t}+\rho(\mathbf{v}.\mathbf{grad})\mathbf{v}=-\mathbf{grad}\,P+\eta\Delta\mathbf{v}. \qquad [1].$$

L'incompressibilité se traduit par $\frac{\mathrm{D}\rho}{\mathrm{D}t}=0$, où $\frac{\mathrm{D}\rho}{\mathrm{D}t}=\frac{\partial\rho}{\partial t}+(\mathbf{v}.\mathbf{grad})\rho$.

On trouvera en fin d'énoncé un formulaire relatif aux coordonnées cylindriques et une formule d'analyse vectorielle qui pourra se révéler utile.

❑ 1 – Rappeler la signification de chacun des quatre termes de l'équation [1]. Écrire l'équation (qui sera notée [2]) traduisant, dans le cas général, la conservation de la matière et simplifier cette équation pour tenir compte de l'incompressibilité de l'écoulement.

❑ 2 – Montrer qu'en régime stationnaire le champ des vitesses ne dépend que de r et que sa dérivée convective est nulle. On se placera désormais en régime stationnaire.

❑ 3 – Montrer alors que la pression ne dépend que de la variable z, puis établir l'équation différentielle liant $v(r)$ à r et $\frac{\mathrm{d}P}{\mathrm{d}z}$. En déduire que $\frac{\mathrm{d}P}{\mathrm{d}z}$ est nécessairement constant.

❑ 4 – Considérant que $v_z(0)$ a une valeur finie, déduire de ce qui précède la loi de Poiseuille, $v_z(r)=\frac{1}{4\eta}\left(\frac{\mathrm{d}P}{\mathrm{d}z}\right)\left(r^2-a^2\right)$. Tracer l'allure du graphe de $v_z(r)$ pour $\frac{\mathrm{d}P}{\mathrm{d}z}<0$.

❑ 5 – Exprimer le débit volumique total de la conduite sous la forme : $Q_P=-K\left(\frac{\mathrm{d}P}{\mathrm{d}z}\right)$ en exprimant K en fonction de a et de η. Quel est le signe du gradient de pression responsable d'un écoulement dans le sens positif de l'axe Oz ?

❑ 6 – Comment varie qualitativement le champ des pressions dans une conduite horizontale de section constante et de débit constant Q_P ? Quelle est, sous cet aspect, la différence entre cet écoulement (dit écoulement de Poiseuille) et un écoulement de fluide parfait (écoulement de Bernoulli) ? La Fig. 1 représente une conduite cylindrique horizontale parcourue par un liquide, avec un débit Q_P et surmontée en divers endroits de tubes de prise de pression verticaux ouverts à l'air libre et suffisamment fins pour ne pas perturber l'écoulement. Représenter l'allure des hauteurs de liquide dans les tubes verticaux, d'une part dans le cas de l'écoulement de fluide parfait, d'autre part dans le cas de l'écoulement visqueux de Poiseuille.

Fig. 1 : conduite et prises de pression

❑ 7 – On constate que l'écoulement de Poiseuille est observé dans les tubes de petit diamètre ; à quel paramètre de l'écoulement faut-il comparer le diamètre de la canalisation ?

II – Porosité d'une roche-réservoir

Un échantillon de roche, de volume total V_T, est constitué d'un volume solide V_S et d'un volume de pores V_P. On appelle porosité, et l'on note ϕ, le rapport $\phi=\frac{V_P}{V_T}$. Un échantillon

Physique II année 2005 ; filière PSI

est saturé en hydrocarbure si tous ses pores sont remplis de liquide. On distingue la porosité utile ϕ_u, qui permet la circulation des fluides, de la porosité totale, ϕ_T ; cela est dû à l'obstruction de certains pores, qui ne permet pas l'écoulement des fluides. On oubliera cette distinction dans la suite du problème, sauf dans la question 10.

❑ **8** – De façon générale, la porosité est une fonction décroissante de la profondeur. Comment justifier ce fait expérimental ?

Mesure de la porosité

Pour mesurer la porosité d'un échantillon, on peut procéder par mesures de poussées d'Archimède sur des corps immergés dans divers liquides.

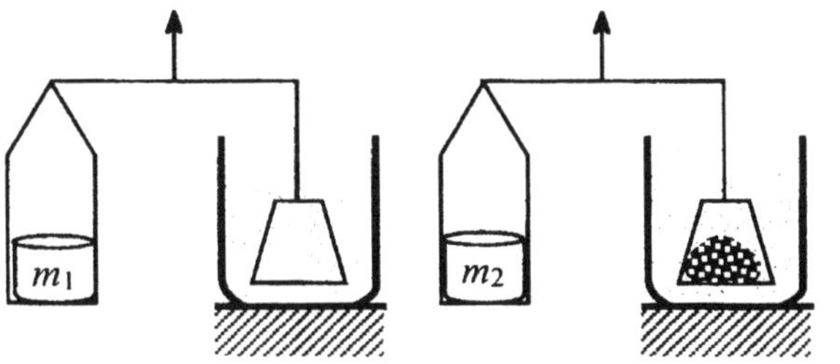

Mesure du volume total V_T

L'appareil représenté ci-contre mesure la poussée d'Archimède exercée par le mercure, de masse volumique μ_{Hg}, sur l'échantillon immergé. Les deux bras de la balance ont la même longueur. Cet échantillon est disposé sur une nacelle, qui subit elle-même la poussée d'Archimède. La mesure procède en deux temps. Dans un premier temps, on équilibre la balance avec la nacelle seule ; dans un second temps, on équilibre la balance avec la nacelle chargée par l'échantillon. On suppose que le mercure ne pénètre pas dans les pores et l'on ne tient pas compte de la variation du niveau du mercure entre les deux manipulations.

❑ **9** – Expliciter la notion de poussée d'Archimède. Exprimer V_T en fonction de m_1, m_2, de la masse de l'échantillon, m et de μ_{Hg} (relation 9A).

Dans une autre série d'expériences, l'échantillon est, dans les deux temps, suspendu à un fil, ce dernier ne perturbant la mesure en aucune manière ; expliquer alors pourquoi, dans ce cas, V_T ne s'exprime plus qu'en fonction de m_1, m_2 et de μ_{Hg} (relation 9B).

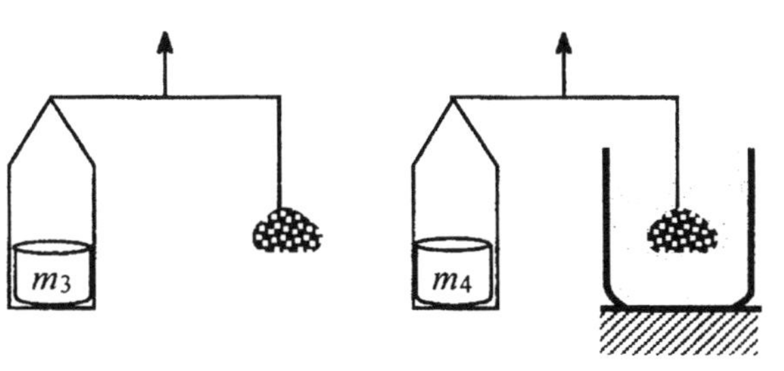

❑ **10** – *Mesure de $V_S = V_T - V_P$*

La balance est équilibrée, d'abord avec l'échantillon suspendu dans l'air, ensuite avec l'échantillon immergé dans un liquide solvant de masse volumique μ_{Solv}, qui envahit tous ses pores. Exprimer V_S en fonction de m_3, m_4 et de μ_{Solv} (relation 10). À partir de ces quatre mesures, déduire la porosité de l'échantillon, en considérant d'une part le couple de relations (9A et 10), d'autre part le couple (9B et 10). S'agit-il ici de ϕ_u ou de ϕ_T ?

III – Perméabilité d'une roche

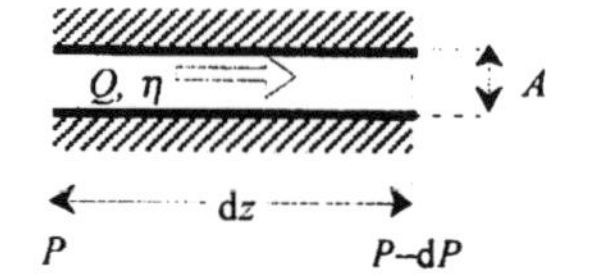

Fig. 2 : Notations pour la loi de Darcy

Loi de Darcy, premières modélisations

La perméabilité intrinsèque d'une roche est l'aptitude de cette roche à laisser circuler à travers ses pores un fluide dont elle est saturée. Cette grandeur peut être chiffrée grâce à la loi expérimentale de Darcy : soit un élément cylindrique d'échantillon de longueur dz et de section d'aire A, saturé d'un fluide de viscosité dynamique η, qui le traverse horizontalement avec un débit volumique Q ; en régime permanent, la pression amont est P, la pression aval $P - \mathrm{d}P$ (attention, $\mathrm{d}P > 0$). Les parois latérales sont étanches et il n'y a pas de réaction du fluide sur la roche (cas général) ; dans ces conditions, $Q = A\dfrac{k}{\eta}\dfrac{\mathrm{d}P}{\mathrm{d}z}$, où k, coefficient de perméabilité est, en première approximation, indépendant du fluide considéré (C'est la loi de Darcy).

❑ **11** – Quelle est la dimension de k ?

❑ **12** – En modélisant l'échantillon de roche comme un faisceau de N $(N >> 1)$ cylindres creux, de rayon a $\left(a << \sqrt{A}\right)$, juxtaposés et d'axes parallèles à Oz, les interstices étant pleins, montrer que la loi de Darcy peut être déduite de l'écoulement de Poiseuille étudié dans la première partie ; quelle serait, dans cette modélisation, et en négligeant l'aire des interstices, la valeur de la constante k ? Quelle est sa limite pour N infini ?

❑ **13** – Toujours dans le modèle de la roche à tubes cylindriques parallèles identiques, quelle est la relation liant $\phi = \dfrac{V_P}{V_T}$ à k ? Pour l'établir, on considèrera le triangle tracé ci-dessus et l'on négligera l'effet de bord, c'est-à-dire l'influence de l'enveloppe circulaire des tubes élémentaires.

❑ **14** – En raison de l'effet de bord, le problème de la limite de k et de ϕ pour N infini n'est pas simple. Pour s'en convaincre, on examine le cas (imaginaire !) d'un tube de section carrée de côté 1, rempli de façon compacte par $N = M^2$ cylindres identiques de rayon $r_N = \dfrac{1}{2M}$ (enveloppe carrée). La figure ci-contre illustre le cas $M = 2$. Montrer par un calcul direct que dans ce cas ϕ est indépendant de N.

Loi de Darcy et diverses géométries d'écoulements

- *Écoulements unidirectionnels*

Les configurations [A], [B], [C] et [D] considérées ci-dessous sont représentées Fig. 3, p. 5.

❑ **15** – Calculer Q en fonction de A, η, k, P_1, P_2 et ℓ pour un écoulement simple dans un cylindre de longueur ℓ et de section A (Fig.3 [A]).

❑ **16** – Définir la perméabilité équivalente k_m d'une association de deux terrains de perméabilité différentes, dans les deux cas suivants :

— association en parallèle (Fig. 3 [B]) : deux couches planes géologiques, de même largeur

Physique II année 2005 ; filière PSI

e, de même longueur ℓ, d'épaisseurs respectives h_1 et h_2 et de perméabilités respectives k_1 et k_2, superposées parallèlement à la direction d'écoulement.

— association en série (Fig. 3 [C]) : deux couches planes géologiques, de même section A, de longueurs respectives ℓ_1 et ℓ_2 et de perméabilités respectives k_1 et k_2, juxtaposées parallèlement à la direction d'écoulement.

- *Écoulement radial*

❑ **17** – On considère le régime permanent d'écoulement dans la portion d'échantillon de symétrie cylindrique représentée Fig. 3 [D]. La hauteur de l'élément est h, la pression en un point du cylindre intérieur est $P(R_i) = P_i$ la pression à l'extérieur est $P(R_e) = P_e$, avec $P_e > P_i$. Montrer que la vitesse d'écoulement en un point à la distance r de l'axe est proportionnelle à $1/r$; que peut-on en déduire sur le débit $Q(r)$? Admettant que la loi de Darcy s'écrive ici $Q = A\dfrac{k}{\eta}\dfrac{\mathrm{d}P}{\mathrm{d}r} = 2\pi rh\dfrac{k}{\eta}\dfrac{\mathrm{d}P}{\mathrm{d}r}$, appliquer cette loi entre deux cylindres de rayons r et $r + \mathrm{d}r$ et par intégration calculer $P_e - P_i$ en fonction de h, k, η, R_i, R_e et Q.

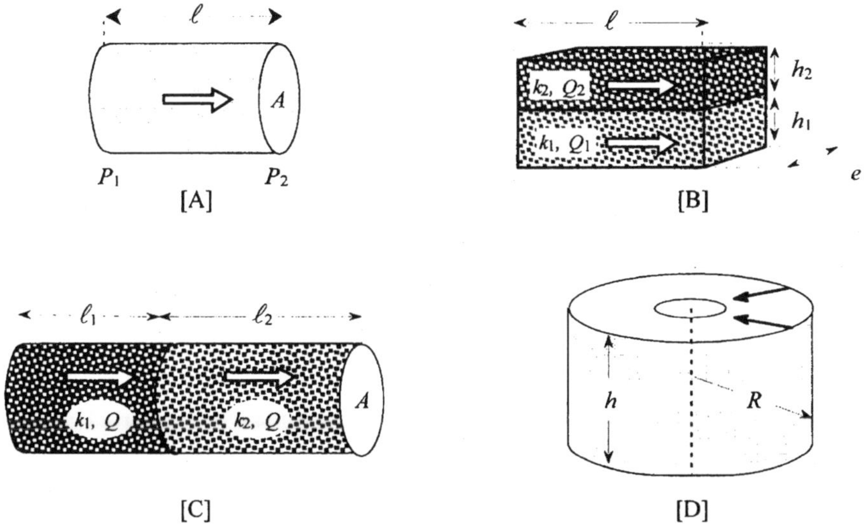

Fig. 3 : diverses géométries d'écoulements : simple en [A], *parallèle en* [B], *série en* [C] *et cylindrique en* [D]. *Les flèches indiquent le sens des divers écoulements.*

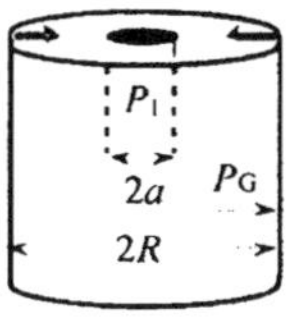

Puits de forage

❑ **18** – Application : la pression dans un puits de forage cylindrique de rayon a creusé dans la roche poreuse et situé loin des limites de la couche géologique est notée P_1 ; on constate qu'à partir d'un certain rayon R, (rayon de drainage) la pression ne varie plus et vaut P_G (pression de gisement[1]) ; exprimer le débit du puits en fonction de P_G, P_1, R, a, h, η et k.

[1] Cette « saturation » exprime la limite de validité de la loi donnant $P_e - P_i$ en fonction des rayons.

ÉCOULEMENTS DE FLUIDE DANS UNE ROCHE

Modélisation fractale autosimilaire

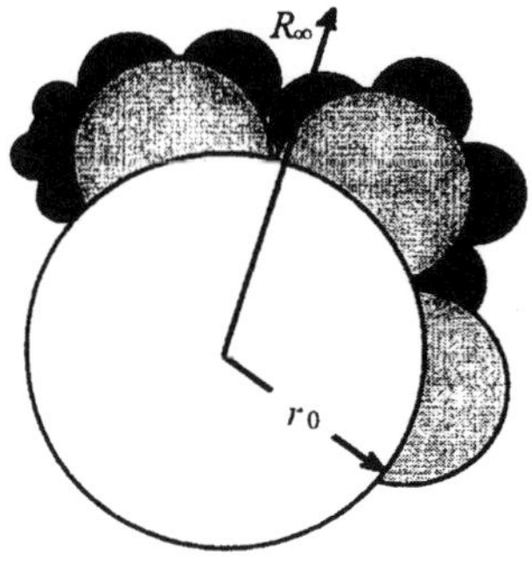

Une figure auto-similaire. L'enveloppe est un cercle de rayon R_∞

Pour décrire le milieu poreux de manière plus réaliste qu'avec le modèle des cylindres parallèles identiques, l'Institut Français du Pétrole a développé un modèle où le milieu est toujours représenté par un assemblage de tubes cylindriques parallèles à la direction d'écoulement, mais où les rayons des tubes sont décrits de manière itérative : le périmètre du disque initial, de rayon r_0, est divisé en 2ν parties égales (ν est la lettre grecque « nu »). Chacune de ces parties est prolongée par un demi disque s'appuyant sur le contour du grand cercle. L'entier ν étant assez grand, on néglige la courbure du cercle de départ. On divise ensuite le contour de chaque demi-disque ainsi créé en ν parties égales, sur lesquelles on ajoute des demi-disques et ainsi de suite. À la *p-ième* étape on compte $N_p = 2\times\nu^p$ nouveaux demi-disques, de rayon $r_p = \left(\dfrac{\pi}{2\nu}\right)^p r_0 = \varepsilon^p r_0$ (ce qui définit ε) et recouvrant une aire $A_p = N_p \times \dfrac{\pi}{2} r_p^2 = \left(\dfrac{\pi^2}{4\nu}\right)^p A_0$ (on néglige les recouvrements partiels possibles). L'enveloppe du processus est le cercle de rayon $R_\infty = \sum_{p=0}^{\infty} r_p$, son aire apparente est $A = \pi R_\infty^2$ et son aire réelle $A_r = \sum_{p=0}^{\infty} A_p$.

❑ **19** – Calculer la porosité ϕ_M du modèle fractal en fonction de ν, faire l'application numérique pour $\nu = 5$.

❑ **20** – La dimension fractale capacitive, $D_c(\nu)$, précise quantitativement la manière dont le nombre de motifs, M_p, augmente quand la taille relative de ces motifs, $\varepsilon_p = \left(\dfrac{\pi}{2\nu}\right)^p$, diminue. La relation $D_c = -\lim\limits_{p\to\infty} \dfrac{\ln(M_p)}{\ln(\varepsilon)}$ définit la dimension du processus par le nombre réel positif, non nécessairement entier, $D_c(\nu)$. Calculer $D_c(\nu)$ en remarquant que $\lim\limits_{p\to\infty} \dfrac{\ln(M_p)}{\ln(\varepsilon)} = \lim\limits_{p\to\infty} \dfrac{\ln(N_p)}{\ln(\varepsilon)}$. La figure ci-contre illustre graphiquement le résultat pour $3 \le \nu \le 10$. Supposant que, dans un échantillon de section A_r chacun des tubes élémentaires définit un écoulement de Poiseuille, retrouver, dans le cadre de ce modèle, l'expression de la perméabilité k de la loi de Darcy en fonction de ϕ, ν ($\nu > 2$) et r_0. Sachant que l'on peut déduire de certaines mesures $D_c \approx 1{,}4$, faire l'application numérique et comparer le résultat à celui de la question 12.

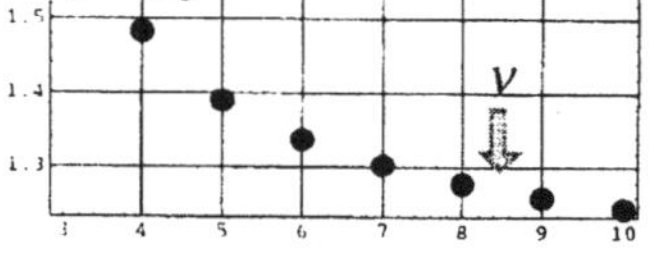

Physique II année 2005 ; filière PSI

IV Essai de puits

On considère la circulation d'un fluide unique dans la couche rocheuse poreuse (hydrocarbure seul, sans eau et sans gaz dissous). Le gisement est homogène et isotrope, de perméabilité k et de porosité ϕ. La température du gisement est uniforme, la roche est incompressible et l'hydrocarbure possède un coefficient de compressibilité isotherme χ_T constant. La vitesse de filtration, $\mathbf{V}_{fil}$, est le rapport du débit Q traversant une section à l'aire A de cette section.

❑ **21** – Montrer que la loi de Darcy est compatible, pour un écoulement stationnaire horizontal, avec la relation $\mathbf{V}_{fil} = -\frac{k}{\eta}\mathbf{grad}\,P$. Quelle différence y a-t-il entre la vitesse de filtration $\mathbf{V}_{fil}$ et la vitesse $\mathbf{v}$ d'un point du fluide, telle qu'elle est introduite dans les premières questions ?

❑ **22** – Exprimant le bilan de matière dans une portion de cylindre de section A et de longueur $\mathrm{d}z$, écrire la loi de conservation de la masse du fluide sous la forme

$$\phi\frac{\partial \rho}{\partial t} = -\mathrm{div}\left(\rho \mathbf{V}_{fil}\right).$$

❑ **23** – Justifier qu'en première approximation l'on puisse accepter pour équation d'état du fluide la relation $\rho = \rho_0\left[1+\chi_T\left(P-P_0\right)\right]$; δP étant la variation typique de pression envisagée dans la suite, quelle inégalité relative au produit $\chi_T \delta P$ cela implique-t-il ?

❑ **24** – Au prix de quelle inégalité supplémentaire l'équation aux dérivées partielles $\Delta P = \frac{1}{K}\frac{\partial P}{\partial t}$ se déduit-elle de ce qui précède ? il n'est pas demandé de justifier cette inégalité ; exprimer K en fonction de k, ϕ, η et χ_T. Comment peut-on, par analogie, nommer K ?

❑ **25** – Calculer K pour $k = 4{,}0\times 10^{-13}$ m^2, $\phi = 0{,}20$, $\chi_T = 2{,}0\times 10^{-9}$ Pa^{-1} et $\eta = 0{,}10$ Pa.s.

❑ **26** – La loi de Darcy, établie pour un régime permanent, est à la base de l'équation de la question 24, qui décrit un régime transitoire de pression. Dans quelle mesure cette dernière équation est-elle admissible ?

FIN DU PROBLÈME

Formulaire page suivante.

ÉCOULEMENTS DE FLUIDE DANS UNE ROCHE

Coordonnées cylindriques d'axe Oz ; les vecteurs unitaires sont $\hat{\mathbf{r}}$, $\hat{\boldsymbol{\theta}}$ et $\hat{\mathbf{z}}$

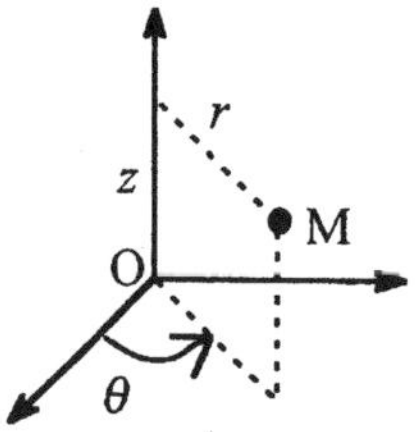

$$\mathrm{div}(\mathbf{A}) = \frac{1}{r}\frac{\partial(rA_r)}{\partial r} + \frac{1}{r}\frac{\partial A_\theta}{\partial \theta} + \frac{\partial A_z}{\partial z}$$

$$\Delta[f(r)] = \frac{1}{r}\frac{\mathrm{d}}{\mathrm{d}r}\left(r\frac{\mathrm{d}f}{\mathrm{d}r}\right)$$

$$\mathbf{grad}[f(r,\theta,z)] = \frac{\partial f}{\partial r}\hat{\mathbf{u}}_r + \frac{1}{r}\frac{\partial f}{\partial \theta}\hat{\mathbf{u}}_\theta + \frac{\partial f}{\partial z}\hat{\mathbf{u}}_z$$

Une formule utile : f étant une fonction et $\mathbf{A}$ un vecteur,

$$\mathrm{div}(f\mathbf{A}) = f\,\mathrm{div}(\mathbf{A}) + \mathbf{A}.\mathbf{grad}(f).$$

FIN DE L'ÉPREUVE

1905-2005 Relation d'Einstein pour un mouvement lent

La viscosité η d'une solution peut intuitivement être représentée par un développement en série de la concentration c du soluté : $\eta(c) = \eta_0(1 + k_1c + k_2c^2 + \ldots)$, ce qui entraîne $\eta_s = \frac{\eta}{\eta_0} - 1 = k_1c + k_2c^2 + \ldots$. Einstein a établi pour des particules sphériques la relation $\eta_s = 2{,}5\phi$, où ϕ est la fraction volumique du soluté dans la solution.

Si V_h est le volume hydraté d'une particule de masse molaire M et N_A le nombre d'Avogadro, alors $\phi = V_h\frac{N_A}{M}c$.

Écoulement de fluide dans une roche

Remarque : ce sujet présente de fortes analogies avec le problème PC 2, les premières questions étant identiques.

I – Étude d'un écoulement

1- Cette équation traduit la deuxième loi de Newton appliquée à une particule de fluide.

- $\rho\dfrac{\partial\vec{v}}{\partial t}+\rho(\vec{v}.\overrightarrow{\text{grad}}\,)\vec{v}=\rho\dfrac{D\vec{v}}{Dt}$ est la masse volumique multipliée par l'accélération de la particule de fluide. La dérivée particulaire comporte deux termes : $\dfrac{\partial\vec{v}}{\partial t}$ lié au caractère non permanent du champ des vitesses, et $(\vec{v}.\overrightarrow{\text{grad}}\,)\vec{v}$ lié à la non-uniformité ;
- $-\overrightarrow{\text{grad}}\,P$ est la densité volumique de force de pression ;
- $\eta\Delta\vec{v}$ représente la force de viscosité volumique.

L'équation de conservation de la matière s'écrit :

$$\text{div}\,(\rho\vec{v})+\frac{\partial\rho}{\partial t}=0\ [2].$$

Utilisons la formule d'analyse vectorielle de fin d'énoncé :

$$(\rho\,\text{div}\,\vec{v}+\vec{v}.\overrightarrow{\text{grad}}\,\rho)+\frac{\partial\rho}{\partial t}=\frac{D\rho}{Dt}+\rho\,\text{div}\,\vec{v}=0.$$

Comme $\dfrac{D\rho}{Dt}=0$, l'équation de conservation de la matière pour un fluide incompressible se simplifie sous la forme :

$$\text{div}\,\vec{v}=0\ [2].$$

2- En régime stationnaire, le champ des vitesses est de la forme $\vec{v}=v(r,z)\vec{u}_z$. L'équation [2] s'exprime simplement $\text{div}\,\vec{v}=\dfrac{\partial v}{\partial z}=0$. Ainsi, $\vec{v}$ ne dépend que de r.

Comme la vitesse a une seule composante non nulle suivant $\vec{u}_z$, on a $(\vec{v}.\overrightarrow{\text{grad}}\,)\vec{v}=v\dfrac{\partial v}{\partial z}\vec{u}_z$ (pour s'en convaincre, penser à l'expression de l'opérateur $(\vec{v}.\overrightarrow{\text{grad}}\,)$ en coordonnées cartésiennes). De plus, comme $\vec{v}$ ne dépend que de r, on a : $(\vec{v}.\overrightarrow{\text{grad}}\,)\vec{v}=\vec{0}$, la dérivée convective est bien nulle.

3- En régime permanent l'équation [1] devient donc : $\overrightarrow{\text{grad}}\,P=\eta\Delta\vec{v}$. Ainsi :

$$\left|\begin{array}{l}\dfrac{\partial P}{\partial r}\\ \dfrac{1}{r}\dfrac{\partial P}{\partial\theta}\\ \dfrac{\partial P}{\partial z}\end{array}\right.=\eta\left|\begin{array}{l}0\\ 0\\ \Delta v(r)=\dfrac{1}{r}\dfrac{d}{dr}\left(r\dfrac{dv(r)}{dr}\right)\end{array}\right.$$

Les deux premières équations démontrent que P ne dépend que de z. De plus :

$$\frac{dP}{dz}=\eta\frac{1}{r}\frac{d}{dr}\left(r\frac{dv(r)}{dr}\right).$$

Le premier terme de l'égalité ne dépend que de z, alors que le second ne dépend que de r. Ceci n'est possible que si les deux termes sont constants (et égaux). Soit C cette constante :

$$\frac{dP}{dz} = C.$$

4- Intégrons une première fois l'équation $\frac{d}{dr}\left(r\frac{dv(r)}{dr}\right) = r\frac{C}{\eta}$. On obtient :

$$r\frac{dv}{dr} = \frac{C}{\eta}\frac{r^2}{2} + D,$$

avec D une constante. On obtient donc l'équation $\frac{dv}{dr} = \frac{C}{\eta}\frac{r}{2} + \frac{D}{r}$ que l'on intègre à nouveau :

$$v(r) = \frac{C}{\eta}\frac{r^2}{4} + D\ln r + E,$$

avec E une constante. Comme il ne peut y avoir divergence pour $r = 0$ (condition rappelée par l'énoncé), on a forcément $D = 0$. Pour déterminer E, utilisons alors la condition limite pour un fluide visqueux : la vitesse au voisinage de la paroi ($r = a$) est nulle, soit : $v(a) = \frac{C}{\eta}\frac{a^2}{4} + E = 0$. Au final, on obtient bien la loi de Poiseuille :

$$v(r) = \frac{1}{4\eta}\left(\frac{dP}{dz}\right)\left(r^2 - a^2\right).$$

La fonction $v(r)$ est une parabole dont l'allure est tracée ci-dessous :

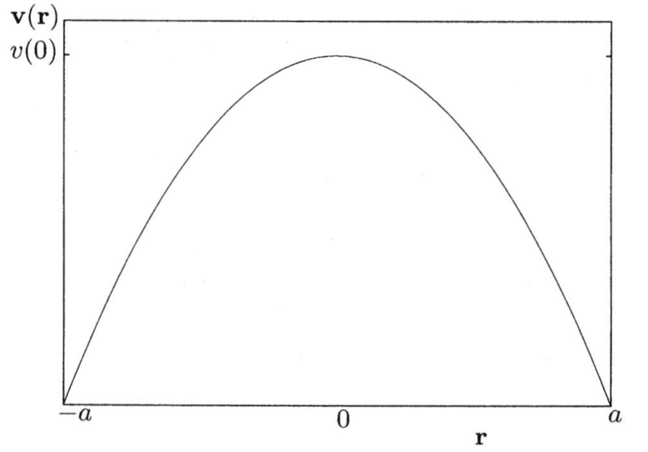

5- Le débit volumique est le flux du vecteur vitesse à travers une section S de la conduite :

$$Q_P = \iint_S \vec{v}.\vec{dS}.$$

Nous choisissons une section droite et utilisons les coordonnées cylindriques, de telle sorte que $\vec{dS} = rdrd\theta\vec{u}_z$. Ainsi :

$$Q_P = \int_0^{2\pi}\int_0^a v(r)rdrd\theta = \frac{\pi}{2\eta}\left(\frac{dP}{dz}\right)\int_0^a (r^2-a^2)rdr = \frac{\pi}{2\eta}\left(\frac{dP}{dz}\right)\left[\frac{r^4}{4} - a^2\frac{r^2}{2}\right]_0^a,$$

et donc : $Q_P = -\dfrac{\pi a^4}{8\eta}\left(\dfrac{dP}{dz}\right)$, et $K = \dfrac{\pi a^4}{8\eta}$. Pour un écoulement positif selon Oz ($Q_P > 0$), il faut donc un gradient de pression négatif : $\dfrac{dP}{dz} < 0$. Ainsi, une dépression est nécessaire pour "aspirer" le fluide afin de provoquer un écoulement.

6- Comme $\dfrac{dP}{dz} = C < 0$, la pression décroît linéairement le long de l'écoulement (perte de charge).

Dans le cas d'un fluide parfait, la viscosité est nulle : $\eta = 0$. L'équation démontrée à la question 3 devient : $\overrightarrow{\text{grad}}\, P = \vec{0}$. La pression est donc **uniforme** le long de l'écoulement.

Le fluide à l'intérieur des tubes de prise de pression est en équilibre. On peut donc appliquer la loi de l'hydrostatique :

$$P = P_0 + \rho g h,$$

où h est la hauteur de fluide. Dans le cas de l'écoulement de Bernoulli la pression est uniforme et donc la hauteur de fluide ne varie pas. Dans le cas de l'écoulement de Poiseuille la pression diminue linéairement, ce que l'on observe par une diminution linéaire de hauteur de fluide :

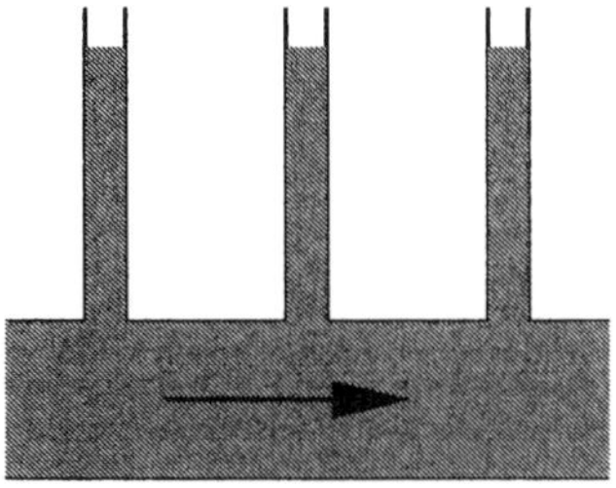

Écoulement parfait

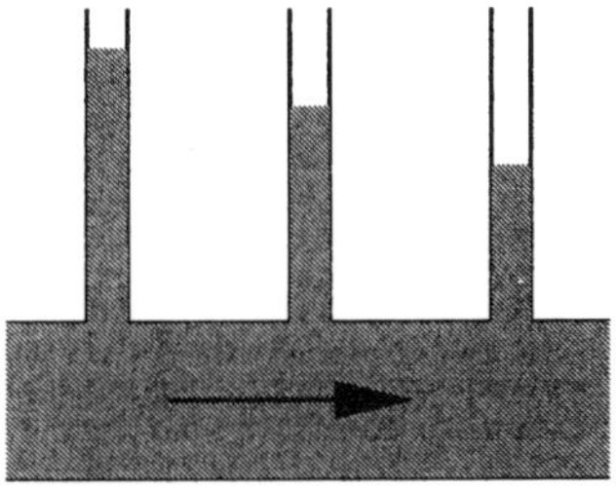

Écoulement visqueux

7- Il faut comparer le diamètre de la canalisation avec l'épaisseur de la couche limite. En effet, en dehors de la couche limite, l'écoulement peut être traité comme un écoulement parfait. Dans les tubes dont le diamètre est inférieur à cette épaisseur, on observe ainsi l'écoulement de Poiseuille.

II – Porosité d'une roche-réservoir

8- La porosité décroît avec la profondeur car la pression augmente ce qui a pour effet de comprimer de plus en plus les roches et donc diminuer le volume poreux.

9- D'après le théorème d'Archimède, tout corps solide plongé dans un fluide en équilibre reçoit une poussée égale en valeur absolue au poids de fluide déplacé.

> REMARQUE : la poussée d'Archimède est la résultante des forces de pression qui s'exercent sur le solide (la démonstration du théorème d'Archimède est basée sur l'équation fondamentale de la statique des fluides : $\dfrac{dP}{dz} = -\mu g$).

Soit v_n le volume de la nacelle de droite et m_n sa masse. La nacelle de gauche a une masse m'_n. Lors de la première mesure la nacelle immergée dans le mercure subit son poids $m_n\vec{g}$ et la poussée d'Archimède $-\mu_{\text{Hg}}v_n\vec{g}$. La poussée d'Archimède de l'air est négligeable (la masse volumique de l'air est très faible devant celle du mercure). La balance est à l'équilibre lorsque les forces qui s'exercent sur les deux nacelles sont égales (de sorte que le moment des forces qui s'exercent sur l'ensemble, au sommet de la balance, se compensent). Ainsi :

$$m_1g + m'_ng = m_ng - v_n\mu_{\text{Hg}}g.$$

Lors de la seconde mesure, un raisonnement similaire conduit à :

$$m_2g + m'_ng = m_ng + mg - v_n\mu_{\text{Hg}}g - V_T\mu_{\text{Hg}}g.$$

En soustrayant ces deux équations, on obtient : $(m_1 - m_2)g = -mg + \mu_{\text{Hg}}V_Tg$, soit :

$$V_T = \frac{m + m_1 - m_2}{\mu_{\text{Hg}}} \text{ [9A]}.$$

Dans le cas de la première mesure de la deuxième série d'expérience, l'échantillon est suspendu à un fil donc :

$$m_1g + m'_ng = mg.$$

Pour la deuxième mesure, il faut tenir compte de la poussée d'Archimède :

$$m_2g + m'_ng = mg - \mu_{\text{Hg}}V_Tg.$$

Au final :

$$V_T = \frac{m_1 - m_2}{\mu_{\text{Hg}}} \text{ [9B]}.$$

Dans ce cas, on utilise l'échantillon pour les deux mesures, ce qui permet d'exprimer son volume sans sa masse.

10- Pour la première mesure :

$$m_3g + m'_ng = mg.$$

Par contre pour la seconde mesure, le fluide envahit les pores et donc le volume de fluide déplacé dont il faut tenir compte dans l'évaluation de la poussée d'Archimède est V_S. Ainsi :

$$m_4g + m'_ng = mg - \mu_{\text{Solv}}V_Sg.$$

En soustrayant ces deux équations on obtient :

$$V_S = \frac{m_3 - m_4}{\mu_{\text{Solv}}} \text{ [10]}.$$

La porosité vaut $\Phi = \frac{V_p}{V_T} = 1 - \frac{V_S}{V_T}$. En utilisant la relation 9A et la relation 10, on trouve :

$$\Phi = 1 - \frac{\mu_{\text{Hg}}}{\mu_{\text{Solv}}}\frac{m_3 - m_4}{m + m_1 - m_2}.$$

En utilisant les relations 9B et 10 :

$$\Phi = 1 - \frac{\mu_{\text{Hg}}}{\mu_{\text{Solv}}}\frac{m_3 - m_4}{m_1 - m_2}.$$

V_S est le volume effectivement envahi par le solvant. Il s'agit donc ici de mesurer la porosité utile Φ_u.

III – Perméabilité d'une roche

11- Pour déterminer la dimension de k utilisons la relation démontrée à la question 5 : $Q_P = -\frac{\pi a^4}{8\eta}\left(\frac{dP}{dz}\right)$, et comparons à la loi de Darcy : $Q = A\frac{k}{\eta}\frac{dP}{dz}$. On en déduit que kA et a^4 ont la même dimension. Ainsi, k a la dimension d'une surface.

12- Soit q_1 le débit volumique d'un cylindre de rayon a. D'après la loi de Poiseuille :

$$q_1 = \frac{\pi a^4}{8\eta}\frac{dP}{dz}.$$

REMARQUE : le signe moins de l'expression démontrée à la question 5 provenait de la convention de l'énoncé (la pression est $P - dP$ en $z + dz$). Ici nous avons choisi une convention usuelle : la pression vaut $P + dP$ en $z + dz$.

Le débit total Q est simplement la somme des débits des N cylindres en parallèle :

$$Q = Nq_1 = N\frac{\pi a^4}{8\eta}\frac{dP}{dz}.$$

Si l'on néglige l'aire des interstices, alors : $A = N\pi a^2$ et :

$$Q = \frac{a^2}{8\eta}A\frac{dP}{dz}.$$

Au final :

$$k = \frac{a^2}{8}.$$

Comme $A = N\pi a^2$, lorsque N tend vers l'infini a tend vers 0 et donc k tend vers 0.

13- Vu la géométrie du système (invariance par translation) le rapport des volumes est égal au rapport des aires. On reprend le raisonnement précédent :

$$Q = N\frac{\pi a^4}{8\eta}\frac{dP}{dz},$$

mais on ne néglige plus l'aire des interstices :

$$\Phi = \frac{V_P}{V_T} = \frac{N\pi a^2}{A}, \quad \text{donc} \quad : \quad A = \frac{N\pi a^2}{\Phi}.$$

Ainsi :

$$Q = \Phi A\frac{a^2}{8\eta}\frac{dP}{dz}, \quad \text{et} \quad k = \Phi\frac{a^2}{8}.$$

REMARQUE : la méthode géométrique suggérée par l'énoncé nous permet de calculer complètement Φ, comme suit.

On néglige l'effet de bord. On peut, ainsi, paver complètement la surface à l'aide de triangles équilatéraux de côté $2a$, identiques à celui de l'énoncé. D'où :

$$\Phi = \frac{V_P}{V_T} = \frac{A_b = \text{aire de la partie blanche du triangle}}{A_t = \text{aire totale du triangle}}.$$

L'aire d'un triangle équilatéral de côté $2a$ est : $A_t = a^2\sqrt{3}$. L'aire de la partie blanche du triangle est l'aire de trois secteurs angulaires d'angle $\frac{\pi}{3}$ d'un disque de rayon a :

$$A_b = 3 \times \frac{1}{2}\frac{\pi}{3}a^2 = \frac{\pi a^2}{2}.$$

Ainsi :

$$\Phi = \frac{\pi a^2}{2}\frac{1}{a^2\sqrt{3}} = \frac{\pi}{2\sqrt{3}} \approx 0,91.$$

14- Dans ce cas :

$$\Phi = \frac{\text{aire des disques}}{\text{aire du carré}} = \frac{M^2 \times \pi(\frac{1}{2M})^2}{1} = \frac{\pi}{4} \approx 0,79.$$

15- Pour un cylindre, la pression varie linéairement (voir le début du problème) et donc :

$$\frac{dP}{dz} = \frac{P_1 - P_2}{\ell}.$$

On remplace dans le loi de Darcy et :

$$Q = A\frac{k}{\eta}\frac{P_1 - P_2}{\ell}.$$

16- Pour l'association en **parallèle**, le débit Q est la somme des débits Q_1 et Q_2. De plus le gradient de pression est identique ($\frac{dP}{dz} = \frac{P_1 - P_2}{\ell}$) et donc :

$$\begin{aligned} Q &= Q_1 + Q_2 = h_1 e\frac{k_1}{\eta}\frac{dP}{dz} + h_2 e\frac{k_2}{\eta}\frac{dP}{dz} = e(h_1k_1 + h_2k_2)\frac{1}{\eta}\frac{dP}{dz} \\ &= (h_1 + h_2)e\frac{h_1k_1 + h_2k_2}{h_1 + h_2}\frac{1}{\eta}\frac{dP}{dz}. \end{aligned}$$

Comme $A = (h_1 + h_2)e$, on identifie :

$$k_m = \frac{k_1h_1 + k_2h_2}{h_1 + h_2}.$$

Dans le cas de l'association en **série**, introduisons P_3, la pression intermédiaire entre les deux couches. Comme le débit est identique dans les deux couches, on a :

$$Q = A\frac{k_1}{\eta}\frac{P_1 - P_3}{\ell_1} = A\frac{k_2}{\eta}\frac{P_3 - P_2}{\ell_2}.$$

On tire de cette relation la pression intermédiaire P_3 :

$$P_3 = \frac{P_1\frac{k_1}{\ell_1} + P_2\frac{k_2}{\ell_2}}{\frac{k_1}{\ell_1} + \frac{k_2}{\ell_2}},$$

que l'on remplace dans l'une des expressions donnant le débit :

$$Q = A\frac{k_1}{\eta}\frac{1}{\dfrac{k_1}{\ell_1}+\dfrac{k_2}{\ell_2}}\frac{P_1(\dfrac{k_1}{\ell_1}+\dfrac{k_2}{\ell_2})-P_1\dfrac{k_1}{\ell_1}-P_2\dfrac{k_2}{\ell_2}}{\ell_1} = A\frac{1}{\eta}\frac{k_1k_2}{\ell_1\ell_2}\frac{P_1-P_2}{\dfrac{k_1}{\ell_1}+\dfrac{k_2}{\ell_2}}.$$

On cherche à mettre Q sous la forme : $Q = A\dfrac{k_m}{\eta}\dfrac{P_1-P_2}{\ell_1+\ell_2}$, et donc :

$$k_m = \frac{k_1k_2(\ell_1+\ell_2)}{k_1\ell_2+k_2\ell_1}.$$

REMARQUE : il est plus rapide d'utiliser une analogie électrique :

$$Q \leftrightarrow I, \quad P_1 - P_2 \leftrightarrow V_1 - V_2,$$

pour en déduire l'analogue de la résistance :

$$R = \frac{V_1-V_2}{I} \leftrightarrow \frac{P_1-P_2}{Q} = \frac{\eta\ell}{kA},$$

et enfin appliquer les lois d'association de résistances pour démontrer les formules précédentes.

17- L'écoulement considéré est radial donc : $\vec{v} = v(r,\theta,z)\vec{e}_r$. Le problème est invariant par rotation autour de $\vec{e}_z$, donc $\vec{v}$ ne dépend pas de θ. Enfin, le problème est invariant par translation parallèle à $\vec{e}_z$ donc $\vec{v}$ ne dépend pas de z. Au final : $\vec{v} = v(r)\vec{e}_r$. Utilisons alors la condition d'incompressibilité :

$$\operatorname{div}\vec{v} = 0, \quad \text{soit} \ : \quad \frac{1}{r}\frac{d(rv)}{dr} = 0.$$

Donc $r \times v = \text{cste}$, ce qui prouve bien que la vitesse est proportionnelle à $\dfrac{1}{r}$.

Calculons le débit volumique $Q(r)$ sur le cylindre $C(r)$ d'axe Oz, de rayon r et de hauteur h :

$$Q(r) = \iint_{C(r)} \vec{v}.d\vec{S} = \iint_{C(r)} (v(r)\vec{e}_r).(rdzd\theta\,\vec{e}_r) = v(r)2\pi rh.$$

Ainsi, $Q(r) = 2\pi h \times \text{cste} = Q$, le débit est indépendant de r. Utilisons alors la loi de Darcy entre deux cylindres de rayons respectifs r et $r + dr$:

$$Q = 2\pi rh\frac{k}{\eta}\frac{dP}{dr}, \quad \text{soit} \quad dP = \frac{\eta Q}{2\pi hk}\frac{dr}{r}.$$

Finalement, intégrons cette relation entre l'intérieur et l'extérieur :

$$P_e - P_i = \frac{\eta Q}{2\pi hk}\ln\frac{R_e}{R_i}.$$

18- D'après ce qui précède :

$$Q = \frac{2\pi hk(P_G - P_1)}{\eta\ln\dfrac{R}{a}}.$$

19- R_∞ est la somme des termes d'une suite géométrique :

$$R_\infty = \sum_{p=0}^{\infty} r_p = \sum_{p=0}^{\infty} r_0 \varepsilon^p = \frac{r_0}{1-\varepsilon}.$$

L'aire totale du système est :

$$A = \pi R_\infty^2 = \frac{\pi r_0^2}{(1-\varepsilon)^2} = \frac{A_0}{(1-\varepsilon)^2}.$$

L'aire totale des pores est :

$$A_r = \sum A_p = \sum_{p=0}^{\infty} \left(\frac{\pi^2}{4\nu}\right)^2 A_0 = \sum_{p=0}^{\infty} (\varepsilon^2 \nu)^p A_0 = \frac{A_0}{1-\nu\varepsilon^2}.$$

Par invariance par translation, pour calculer la porosité il suffit de faire le rapport des aires, donc :

$$\Phi = \frac{A_r}{A} = \frac{(1-\varepsilon)^2}{1-\nu\varepsilon^2}.$$

Application numérique : $\Phi_M = 0,93$.

20- Pour calculer $D_c(\nu)$, on utilise la formule donnée par l'énoncé.

> Remarque : il y a une petite erreur dans l'énoncé : il faut lire ε_p dans les formules proposées.

On a :

$$D_c(\nu) = -\lim_{p\to\infty} \frac{\ln N_p}{\ln \varepsilon_p} = -\lim_{p\to\infty} \frac{\ln 2 + p \ln \nu}{p \ln \dfrac{\pi}{2\nu}} = \frac{\ln \nu}{\ln \dfrac{2\nu}{\pi}}.$$

Le débit total est la somme des débits dans les tubes. Appliquons alors la loi de Poiseuille pour évaluer le débit q_p dans un demi-tube de rayon r_p :

$$q_p = \frac{1}{2} \frac{\pi r_p^4}{8\eta} \frac{dP}{dz}.$$

Comme il y a $N_p = 2\nu^p$ demi-tubes de rayons r_p, le débit total est :

$$Q = \sum_{p=0}^{\infty} 2\nu^p \frac{1}{2} \frac{\pi r_p^4}{8\eta} \frac{dP}{dz} = \frac{\pi r_0^4}{8\eta} \frac{dP}{dz} \sum_{p=0}^{\infty} \left(\nu (\frac{\pi}{2\nu})^4\right)^p = \frac{\pi r_0^4}{8\eta} \frac{dP}{dz} \frac{1}{1-\nu(\dfrac{\pi}{2\nu})^4}.$$

Pour trouver l'expression de k, introduisons l'aire apparente $A = \dfrac{\pi r_0^2}{(1-\dfrac{\pi}{2\nu})^2}$:

$$Q = A \frac{dP}{dz} \frac{r_0^2}{8\eta} \frac{(1-\dfrac{\pi}{2\nu})^2}{1-\nu(\dfrac{\pi}{2\nu})^4},$$

d'où l'on déduit l'expression de k :

$$k = \frac{r_0^2}{8} \frac{(1-\dfrac{\pi}{2\nu})^2}{1-\nu(\dfrac{\pi}{2\nu})^4} = \Phi \frac{r_0^2}{8} \frac{1-\nu(\dfrac{\pi}{2\nu})^2}{1-\nu(\dfrac{\pi}{2\nu})^4}.$$

Si $D_c = 1,4$ alors $\nu = 5$. L'application numérique donne : $k = 0,062 r_0^2$ alors que le résultat de la question 12 donne : $k = 0,125 a^2$.

21- Supposons la relation $\vec{V}_{\text{fil}} = -\frac{k}{\eta}\overrightarrow{\text{grad}}\,P$ vérifiée.

> REMARQUE : l'énoncé définit la norme de $\vec{V}_{\text{fil}}$ (le rapport $\frac{Q}{A}$) mais non la direction. Ce vecteur est dirigé suivant l'écoulement et donc suivant $\vec{u}_z$ dans l'exemple de l'élément cylindrique. On peut donc écrire : $\vec{V}_{\text{fil}} = \frac{Q}{A}\vec{u}_z$.

Remarquons ensuite que $\overrightarrow{\text{grad}}\,P = -\frac{dP}{dz}\vec{e}_z$, le signe $-$ provenant, comme nous l'avons déjà noté, de la convention de l'énoncé. Ainsi :

$$\vec{V}_{\text{fil}} = \frac{Q}{A}\vec{e}_z = \frac{k}{\eta}\frac{dP}{dz}\vec{e}_z,$$

on retrouve bien la loi de Darcy.

$\vec{V}_{\text{fil}}$ est bien entendu différente de la vitesse $\vec{v}$ d'un point du fluide. La différence fondamentale est que $\vec{V}_{\text{fil}}$ est uniforme et ne peut donc satisfaire la condition $\vec{v} = \vec{0}$ sur les bords (en tout point de contact avec la roche). En fait, $\vec{V}_{\text{fil}}$ peut être définie comme la valeur moyenne spatiale du champ de vitesse.

22- Considérons le système constitué par une portion de cylindre de section A et de longueur dz (comme décrit par l'énoncé). Par définition de la porosité, le volume occupé par le fluide à l'intérieur du système est $\Phi \times Adz$. Effectuons un bilan de matière entre deux instants très proches t et $t + dt$. La masse de fluide à l'intérieur du système est, à l'ordre le plus bas :

- $\rho(z,t)\Phi Adz$ à t,
- $\rho(z,t+dt)\Phi Adz$ à $t+dt$.

> REMARQUE : ρ n'est pas uniforme et il faudrait calculer la masse comme $\iiint \rho dV$, mais la différence avec l'expression précédente est un ordre deux négligeable.

La variation de la masse du fluide à l'intérieur du système pendant dt est donc : $\rho(z,t+dt)\Phi Adz - \rho(z,t)\Phi Adz = \frac{\partial \rho}{\partial t} dt \Phi Adz$.

La masse se conserve, cette variation provient donc de la matière échangée avec l'extérieur pendant dt, à l'ordre le plus bas :

- une masse $\rho(z,t)Q(z)dt = \rho(z,t)V_{\text{fil}}(z)Adt$ entre en z (définition du débit) ;
- une masse $\rho(z+dz,t)Q(z+dz)dt = \rho(z+dz,t)V_{\text{fil}}(z+dz)Adt$ sort en $z+dz$.

La quantité échangée avec l'extérieur pendant dt est donc : $-Adt\frac{\partial(\rho V_{\text{fil}})}{\partial z}dz$. En égalant la variation de la masse et la quantité de matière échangée pendant dt on obtient :

$$\frac{\partial \rho}{\partial t} dt \Phi Adz = -Adt\frac{\partial(\rho V_{\text{fil}})}{\partial z}dz.$$

Simplifions par $A\,dt\,dz$ et remarquons que, comme $\vec{V}_{\text{fil}} = V_{\text{fil}}\vec{u}_z$, on a $\frac{\partial(\rho V_{\text{fil}})}{\partial z} =$

$\text{div}\,(\rho\vec{V}_{\text{fil}})$; ainsi, la conservation de la matière s'exprime bien sous la forme :

$$\Phi\frac{\partial\rho}{\partial t} = -\text{div}\,(\rho\vec{V}_{\text{fil}}).$$

23- Les variables d'état décrivant le fluide sont ρ, P et T. Privilégions la masse volumique qui est donc une fonction de P et T, l'équation $\rho = \rho(P,T)$ étant l'équation d'état du fluide. La température est fixée à la valeur T (l'énoncé nous précise que la température dans le gisement est uniforme). Soit P_0 une pression pour laquelle la masse volumique est ρ_0. Effectuons alors un développement limité de la fonction $\rho(P,T)$ à l'ordre 1 :

$$\rho(P,T) \simeq \rho(P_0,T) + \left(\frac{\partial\rho}{\partial P}\right)_T (P - P_0).$$

On a bien sûr : $\rho(P_0,T) = \rho_0$. D'autre part, le coefficient de compressibilité isotherme est : $\chi_T = \dfrac{1}{\rho}\left(\dfrac{\partial\rho}{\partial P}\right)_T$. Ainsi, $\left(\dfrac{\partial\rho}{\partial P}\right)_T = \rho\chi_T \simeq \rho_0\chi_T$ à l'ordre le plus bas. En remplaçant dans la développement limité on trouve bien, qu'en première approximation, l'équation d'état du fluide est :

$$\rho = \rho_0\left[1 + \chi_T(P - P_0)\right].$$

Pour que cette équation soit valable, il faut que les variations de pressions soient petites et donc :

$$\chi_T\,\delta P = \chi_T(P - P_0) \ll 1.$$

24- On a : $\text{div}\,(\rho\vec{V}_{\text{fil}}) = \rho\text{div}\,(\vec{V}_{\text{fil}}) + \overrightarrow{\text{grad}}\,\rho.\vec{V}_{\text{fil}}$. Comme $\vec{V}_{\text{fil}} = -\dfrac{k}{\eta}\overrightarrow{\text{grad}}\,P$, on a :

$$\text{div}\,(\vec{V}_{\text{fil}}) = -\frac{k}{\eta}\Delta P.$$

De plus, en utilisant l'équation d'état du fluide :

$$\frac{\partial\rho}{\partial t} = \frac{\partial\left(\rho_0[1 + \chi_T(P - P_0)]\right)}{\partial t} = \rho_0\chi_T\frac{\partial P}{\partial t} \quad \text{et} \quad \overrightarrow{\text{grad}}\,\rho = \rho_0\chi_T\overrightarrow{\text{grad}}\,P.$$

On remplace dans l'équation de conservation de la masse :

$$\Phi\rho_0\chi_T\frac{\partial P}{\partial t} = \frac{k\rho}{\eta}\Delta P + \rho_0\chi_T\frac{k}{\eta}(\overrightarrow{\text{grad}}\,P)^2.$$

Nous rajoutons deux hypothèses supplémentaires :

- $\chi_T\left(\overrightarrow{\text{grad}}\,P\right)^2 \ll \Delta P$. Le deuxième terme est négligeable ;
- $\rho\Delta P \simeq \rho_0\Delta P$ qui est du même ordre d'approximation que celle utilisée à la question précédente.

> Remarque : il s'agit d'une linéarisation des équations similaire à celle utilisée pour établir l'équation de propagation des ondes sonores, et qui consiste à ne garder que les termes d'ordre le plus bas.

Finalement, on a bien :

$$\Delta P = \frac{1}{K}\frac{\partial P}{\partial t}, \quad \text{avec} \quad K = \frac{k}{\eta\,\Phi\,\chi_T}.$$

L'équation vérifiée par la pression est une équation de **diffusion**. Par analogie on peut donc nommer K le coefficient de diffusion de pression.

25- Application numérique : $K = 10^{-2}\ \mathrm{m}^2.s^{-1}$.

26- L'équation de diffusion est valable dans une approximation **quasi stationnaire**. C'est-à-dire que l'on suppose que la pression varie suffisamment lentement pour pouvoir utiliser la loi de Darcy.

ÉCOLE NATIONALE DES PONTS ET CHAUSSÉES,
ÉCOLES NATIONALES SUPÉRIEURES DE L'AÉRONAUTIQUE ET DE L'ESPACE,
DE TECHNIQUES AVANCÉES, DES TÉLÉCOMMUNICATIONS,
DES MINES DE PARIS, DES MINES DE SAINT-ÉTIENNE, DES MINES DE NANCY,
DES TÉLÉCOMMUNICATIONS DE BRETAGNE,
ÉCOLE POLYTECHNIQUE (FILIÈRE TSI)

CONCOURS D'ADMISSION 2006

PREMIERE ÉPREUVE DE PHYSIQUE

Filière MP

(Durée de l'épreuve : 3 heures)
L'usage de la calculette est autorisé

Sujet mis à disposition des concours : ENSAE (Statistique), ENSTIM, INT, TPE-EIVP, Cycle international
Les candidats sont priés de mentionner de façon apparente sur la première page de la copie :

PHYSIQUE I -MP

L'énoncé de cette épreuve comporte 9 pages.

- Si, au cours de l'épreuve, un candidat repère ce qui lui semble être une erreur d'énoncé, il le signale sur sa copie et poursuit sa composition en expliquant les raisons des initiatives qu'il est amené à prendre.
- Il ne faudra pas hésiter à formuler les commentaires (incluant des considérations numériques qui vous sembleront pertinents. Le barème tiendra compte de ces initiatives ainsi que des qualités de rédaction de la copie.

ONDES ÉLECTROMAGNÉTIQUES : MORCEAUX CHOISIS

L'épreuve est constituée de deux parties indépendantes ; elle concerne d'abord la propagation d'ondes électromagnétiques dans une fibre optique (domaine infrarouge proche), ensuite la production de rayonnement électromagnétique par une antenne ou par un réseau d'antennes (micro-ondes, de fréquences comprises entre 300 MHz et 300 GHz environ).

Dans tout le problème, exprimer signifie donner l'expression littérale et calculer signifie donner la valeur numérique.

Données générales :

ε_0 *permittivité diélectrique du vide,* $\varepsilon_0 \approx 8,84\times10^{-12}$ F.m^{-1}

μ_0 *perméabilité magnétique du vide,* $\mu_0 = 4\pi\times10^{-7}$ H.m^{-1} $\approx 1,26\times10^{-6}$ H.m^{-1}

c *vitesse de la lumière dans le vide,* $c \approx 3\times10^{8}$ m.s^{-1} $\left(\varepsilon_0\mu_0 c^2 = 1\right)$.

Préliminaire

❑ 1 – Quelle est, exprimée en longueur d'onde, la bande spectrale des micro-ondes ? Quel physicien fut le premier à produire expérimentalement et détecter des ondes électromagnétiques de fréquence de l'ordre du GHz, en 1887, confirmant ainsi la théorie de J. C. Maxwell ? À quel domaine de longueur d'ondes le rayonnement proche infrarouge appartient-il ?

I – Guidage par fibre optique

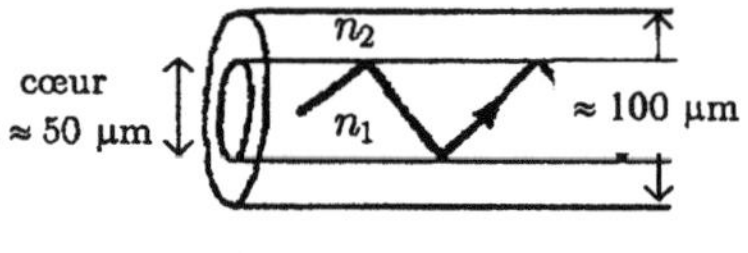

Fig. 1 - Guide d'ondes diélectrique.

On considère (Fig. 1) un guide d'ondes diélectrique constitué de deux cylindres concentriques de section circulaire, et constitués l'un et l'autre de matériau isolant (la silice). L'indice de réfraction de la partie centrale, appelée cœur, est noté n_1 (cet indice n'est pas nécessairement uniforme) ; l'indice de la partie périphérique, appelée gaine, est noté n_2, avec $n_2 < n_1$; l'indice de gaine est uniforme. Le milieu extérieur est l'air, assimilé au vide et donc d'indice égal à 1. On note f la fréquence des ondes, ω leur pulsation et $\lambda = \dfrac{c}{f}$ leur longueur d'onde dans le vide.

I – 1 Fibre optique à saut d'indice

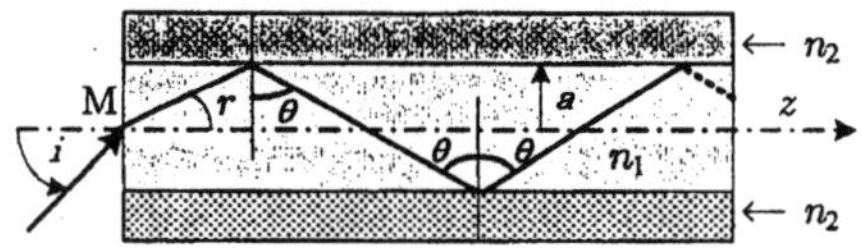

Fig. 2 - Fibre à saut d'indice. L'indice de cœur est noté n_1 et l'indice de gaine n_2.

Dans une fibre à saut d'indice, le cœur (de diamètre a) et la gaine sont des milieux homogènes : n_1 et n_2 sont uniformes. On note z la direction générale de propagation (Fig. 2).

❑ **2** – Montrer que le rayon lumineux est guidé dans le cœur (c'est-à-dire qu'il n'en sort pas) si θ est supérieur à une certaine valeur, θ_L, que l'on exprimera en fonction de n_1 et de n_2. Calculer θ_L pour une fibre d'indice de cœur $n_1 = 1{,}456$ entourée d'une gaine d'indice $n_2 = 1{,}410$.

❑ **3** – On note i l'angle d'entrée du rayon à l'extérieur de la fibre (Fig. 2). Exprimer, en fonction de $\Delta = n_1 - n_2$ $(\Delta << n_2)$ et n_1, la valeur maximale de i (notée $i_{\max}$) pour que le guidage soit assuré dans la fibre. Calculer $\sin(i_{\max})$ (appelée *ouverture numérique*).

Introduction aux questions 4 à 8

La condition $\theta > \theta_L$ est nécessaire mais non suffisante pour rendre compte du détail de la propagation dans la fibre. Anticipons sur les résultats de l'approche ondulatoire en introduisant, de manière empirique à ce stade, une phase associée aux rayons[1] : les ondes planes asso-

[1] Des travaux relativement récents justifient cette procédure, qui semble paradoxale.

ciées aux rayons totalement réfléchis interfèrent. Seuls certains angles d'inclinaison satisfont une condition de phase qui construit une interférence identique tout le long de l'axe de propagation ; ils correspondent aux modes guidés. Considérons (Fig. 3) la direction de propagation parallèle à AB et à CD et le plan d'onde (π) relatif à cette direction. Pour qu'il y ait propagation, il faut que les champs correspondant à cette direction soient en phase.

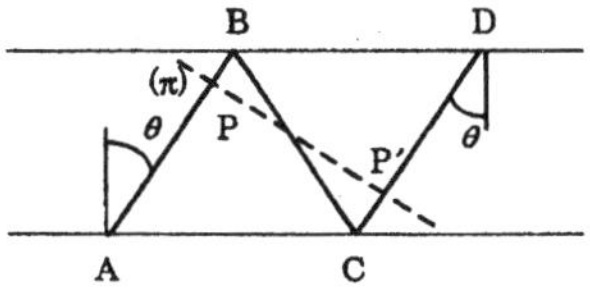

Fig. 3 – Rayons et plan d'onde.

❑ **4** – On ne tient pas compte de l'éventuel déphasage introduit par la réflexion sur l'interface cœur/gaine. Montrer alors que le déphasage φ entre l'amplitude de l'onde en P et l'onde en P′ s'exprime par $\varphi = 4\pi n_1 \dfrac{a}{\lambda_0}\cos(\theta)$.

❑ **5** – En déduire l'existence de modes de propagation, valeurs discrètes de θ notées θ_m où m est un entier, pour lesquelles la propagation est possible. Exprimer le nombre N_M de modes possibles, en fonction de n_1, n_2, a et λ. L'entier m est appelé l'ordre du mode.

❑ **6** – Le diamètre de cœur a étant donné, démontrer l'existence d'une fréquence de coupure pour le mode d'ordre m. Préciser le comportement fréquentiel du dispositif.

❑ **7** – Le mode fondamental correspond, par définition, à $m = 0$. Exprimer, puis calculer pour $\lambda = 1,5\times10^{-6}$ m la valeur maximale que peut prendre a pour que seul ce mode se propage. On dit alors que la fibre est *monomode*.

❑ **8** – Soit L la longueur de la fibre. Exprimer la différence ΔT de temps de parcours de l'entrée à la sortie, entre le trajet de durée minimale $(\theta = 0)$ et le trajet maximal $(\theta = \theta_L)$. Donner l'expression approchée de ΔT en fonction seulement de L, Δ et c. On convient que le débit maximal de la fibre, $R_{\max}^{\text{saut}}$, est l'inverse de ΔT. Calculer $R_{\max}^{\text{saut}}$ (bits par seconde).

Introduction à la partie I – 2

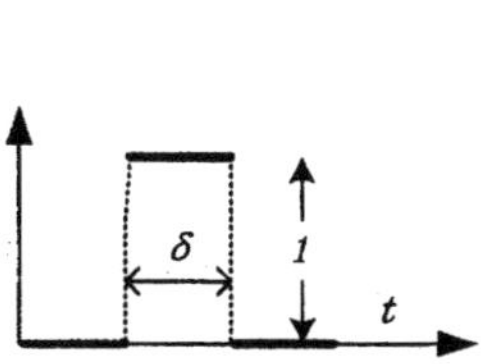

Fig. 4 - Le signal 010.

Dans les fibres optiques utilisées en télécommunications, un message (Fig. 4) est constitué d'une succession de signaux (on dit quelquefois impulsions) binaires (présence, [0] ou absence [1]) de durée égale, δ. Le débit numérique maximal, exprimé en signaux par seconde, est alors $R_{\max}^{\text{saut.ind}} = \dfrac{1}{\delta}$. Divers phénomènes distordent les impulsions qui se propagent, ce qui entrave la reconstitution de l'information. On améliore la situation en utilisant une fibre dite *à gradient d'indice*. L'indice de réfraction est continu à

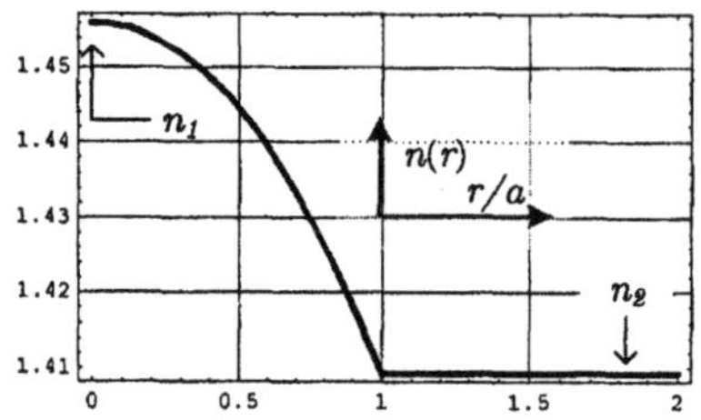

Fig. 5 – Un profil d'indice, $F(u) = u^2$.

l'intérieur de ce genre de fibre[1] ; il varie dans le cœur avec la distance r à l'axe Oz et il est constant dans la gaine $(r \geq a)$, avec la valeur n_2. L'indice dans le cœur (Fig. 5), est modélisé, pour $0 \leq r \leq a$, par $n(r) = n_1\sqrt{1 - \frac{n_1^2 - n_2^2}{n_1^2} F\left(\frac{r}{a}\right)}$, où F est monotone croissante sur $[0,1]$, avec $F(0) = 0$.

I – 2 Fibre optique à gradient d'indice

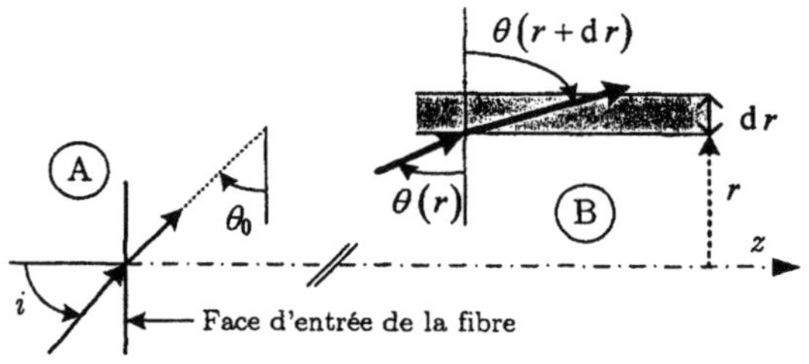

Fig. 6 – En A, représentation de l'angle externe d'entrée dans la fibre, i, et de l'angle interne, θ_0 ; en B, représentation de la loi de Descartes dans un plan méridien et pour deux dioptres plans situés en r et en r + dr.

❑ **9** – On admet que la loi de Descartes est applicable de proche en proche, c'est-à-dire que $n(r)\sin[\theta(r)]$ est constant.

Un rayon lumineux entre dans la fibre au centre de la face d'entrée, avec un angle externe d'incidence i ; il se dirige à l'intérieur de la fibre vers les r croissant avec un angle interne θ_0 au point ($z = 0^+$, $r = 0$), de sorte que $\sin(i) = n_1\cos(\theta_0)$. Montrer que ce rayon se propage dans un plan et que l'équation différentielle donnant sa trajectoire dans la fibre s'écrit

$$1 + \left(\frac{\mathrm{d}r}{\mathrm{d}z}\right)^2 = \frac{n^2(r)}{n_1^2 \sin^2\theta_o} \qquad [1].$$

❑ **10** – Quelle est la valeur de $F(1)$? Retrouver l'expression de l'ouverture numérique (*cf.* question 3), à partir de l'équation différentielle [1] et de l'expression générale de l'indice.

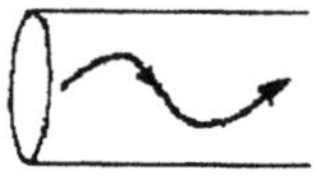

❑ **11** – En considérant le portrait de phase associé à [1], montrer que la trajectoire des rayons, $r(z)$, est une fonction périodique de z.

❑ **12** – Dans une fibre à gradient d'indice de longueur L, la différence de temps de parcours entre le trajet minimal et le trajet maximal est $\Delta T' = \frac{1}{2}n_1\left(\frac{n_1 - n_2}{n_1}\right)^2 \frac{L}{c}$. Déduire de cette rela-

[1] En réalité, il est constant par morceaux autour de l'axe de révolution.

tion le débit numérique maximal (*cf.* question 8). Exprimer et calculer $\dfrac{R_{max}^{grad.ind.}}{R_{max}^{saut}}$.

FIN DE CETTE PARTIE

II – Antennes rayonnantes

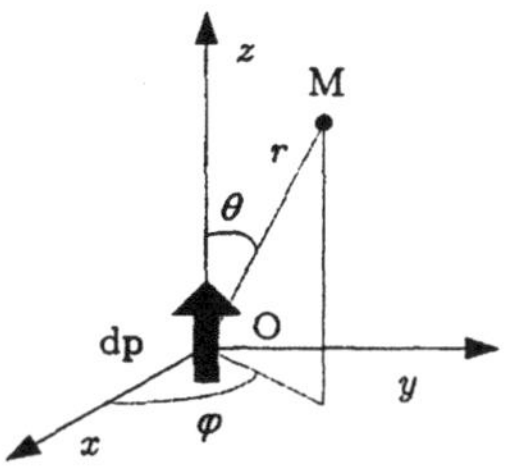

Fig. 7 - Dipole rayonnant.

Un dipôle élémentaire variable $d\vec{p}(t) = [dp(t)]\,\vec{u}_z$, placé en O, parallèle à Oz (Fig. 7), rayonne à grande distance un champ électromagnétique dont la composante électrique est notée

$$d\vec{E}(M,t) = \frac{1}{4\pi\varepsilon_o c^2}\frac{d\ddot{p}(t - r/c)}{r}\sin(\theta)\,\vec{u}_\theta,$$

avec $OM = r$ et $\overrightarrow{u_\theta}$ et $\overrightarrow{u_z}$ vecteurs unitaires associés aux coordonnées θ et z ; $d\ddot{p}$ désigne la dérivée seconde de dp par rapport au temps.

II – 1 Rayonnement à grande distance

❑ **13** – Définir la zone de rayonnement et rappeler les hypothèses conduisant à l'expression ci-dessus du champ rayonné.

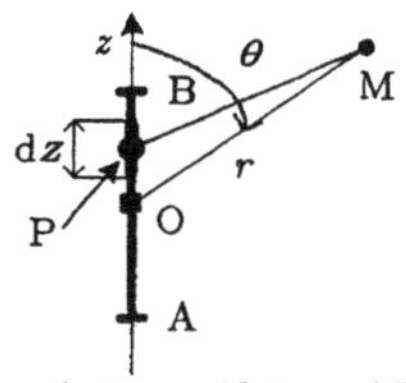

Fig. 8 - Antenne filaire ; AB = 2L. (dans le cas du problème, r >> L !).

❑ **14** – Une antenne (Fig. 8) est constituée d'une tige métallique rectiligne fine, de longueur $2L$, parcourue par le courant $I(z,t) = I_o\,f(z)\cos(\omega t)$, où la fonction f est indéterminée à ce stade. On note $I(z,t) = \Re e[\underline{I}(z,t)]$. Exprimer $d\dot{p}(t)$ dérivée temporelle du moment dipolaire élémentaire associé à l'élément dz d'antenne placé en P $(\overline{OP} = z)$, en fonction de $I(z,t)$ et de dz.

❑ **15** – On s'intéresse au champ rayonné à grande distance par cette antenne, avec notamment $r \gg L$. On adopte la notation complexe standard. Montrer que le déphasage entre le champ élémentaire $d\underline{\overrightarrow{E_P}}(M,t)$ produit en M par le dipôle $d\vec{p}$ placé en P, et le champ $d\underline{\overrightarrow{E_O}}(M,t)$ produit en M par le dipôle placé en O est, à l'ordre le plus bas en $\dfrac{z}{r}$, $\varphi = \dfrac{\omega}{c} z\cos\theta$.

❑ **16** – En déduire l'expression, sous forme d'une intégrale faisant intervenir $f(z)$, du champ $\vec{E}(M,t)$ produit à grande distance par l'antenne entière. Identifier ainsi une onde sphérique.

Introduction à la partie II – 2

On s'intéresse aux antennes demi-onde, ainsi nommées parce que leur longueur $2L$ est égale à la demi-longueur d'onde du rayonnement qu'elles émettent : $2L = \frac{1}{2}\lambda$, où $\lambda = 2\pi\frac{c}{\omega}$.

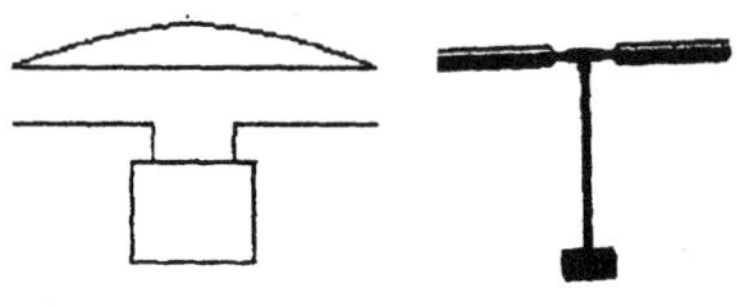

Fig. 9 – Antenne demi-onde : schéma et réalisation.

II – 2 Antenne dipolaire

❑ **17** –On choisit (*cf.* question 14)

$$f(z) = \cos\left(\pi\frac{z}{2L}\right) = \cos\left(2\pi\frac{z}{\lambda}\right).$$

Montrer que, dans ces conditions,

$$\vec{E}(M,t) = -\frac{1}{2\pi\varepsilon_0 c}\frac{I_0}{r}\frac{\cos\left[\frac{\pi}{2}\cos(\theta)\right]}{\sin(\theta)}\sin\left[\omega\left(t-\frac{r}{c}\right)\right]\vec{u}_\theta,$$

qui correspond, en notation complexe, à $\underline{\vec{E}}(M,t) = \frac{i}{2\pi\varepsilon_0 c}\frac{I_0}{r}\frac{\cos\left[\frac{\pi}{2}\cos(\theta)\right]}{\sin(\theta)}\exp\left[i\omega\left(t-\frac{r}{c}\right)\right]\vec{u}_\theta$.

❑ **18** – Rappeler la structure de l'onde rayonnée à grande distance et justifier de ce fait la relation $\vec{B}(M,t) = \frac{1}{c}\vec{u}_r \wedge \vec{E}(M,t)$, où $\vec{u}_r$ est le vecteur unitaire radial ($\vec{B}$ a son sens usuel). Donner l'expression du vecteur de Poynting $\vec{\Pi}$.

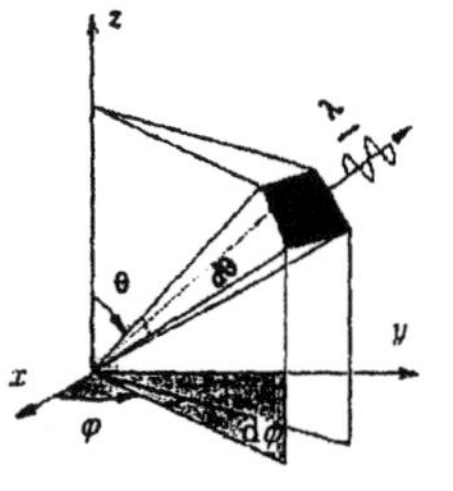

Fig. 10 - Aire élémentaire découpée sur une sphère.

❑ **19** – On rappelle que l'aire d'une portion de sphère de rayon r et d'extensions angulaires $(d\theta, d\varphi)$ autour de (θ, φ) (Fig. 10) est $dS = r^2\sin(\theta)\,d\theta\,d\varphi$; sachant que $\int_0^\pi \sin^3(\theta)\,d\theta = \frac{4}{3}$, établir l'expression suivante de la puissance moyenne totale rayonnée par l'antenne demi-onde

$$P_r = \frac{1}{4\pi\varepsilon_0}\frac{I_0^2}{c}\int_0^\pi \frac{\cos^2\left[\frac{\pi}{2}\cos(\theta)\right]}{\sin(\theta)}d\theta = \frac{A}{4\pi\varepsilon_0}\frac{I_0^2}{c}.$$

❑ **20** – Calculer l'intégrale $A = \int_0^\pi \frac{\cos^2\left[\frac{\pi}{2}\cos(\theta)\right]}{\sin(\theta)}d\theta$ à l'aide de votre calculette (ne pas chercher sa forme explicite) ; vérifier votre calcul en vous aidant de la Fig. 11, qui représente

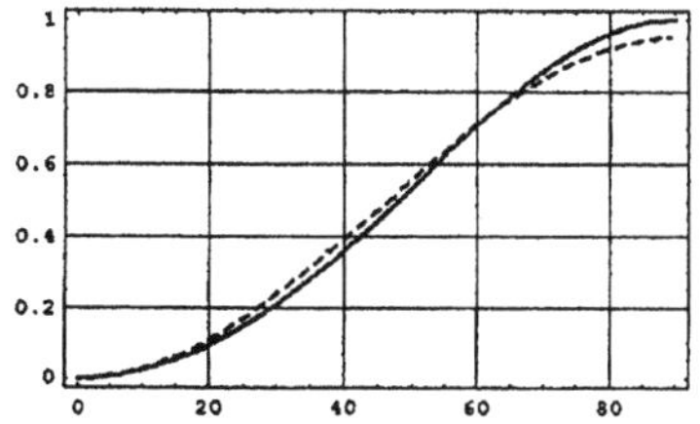

Fig. 11 - La fonction $\cos[\pi\cos(\theta)/2]$ *en trait plein et son approximation en pointillés. L'abscisse est en degrés.*

l'approximation $\cos\left[\frac{\pi}{2}\cos(\theta)\right] \approx 0{,}95\sin^2(\theta)$.

❑ **21** –Calculer la *résistance d'antenne*, $\Re$, définie par la relation $P_r = \frac{1}{2}\Re I_o^2$.

❑ **22** –On note $\langle \Pi \rangle_t$ la valeur moyenne dans le temps de l'amplitude du vecteur de Poynting (cette grandeur a sans doute été introduite à la question 19) et $\langle \Pi \rangle_{t,\max}$ sa valeur maximale par rapport aux variables angulaires. Le diagramme de rayonnement (on dit aussi bien l'indicatrice) est défini ici comme le graphe, en coordonnées polaires (ρ, θ) de la fonction $\rho(\theta) = \frac{\langle \Pi \rangle_t}{\langle \Pi \rangle_{t,\max}}$. Tracer sommairement le diagramme de rayonnement de l'antenne demi-onde. Vérifier que le maximum de puissance est émis dans le plan xOy normal à l'antenne.

II – 3 Réseaux d'antennes dipolaires

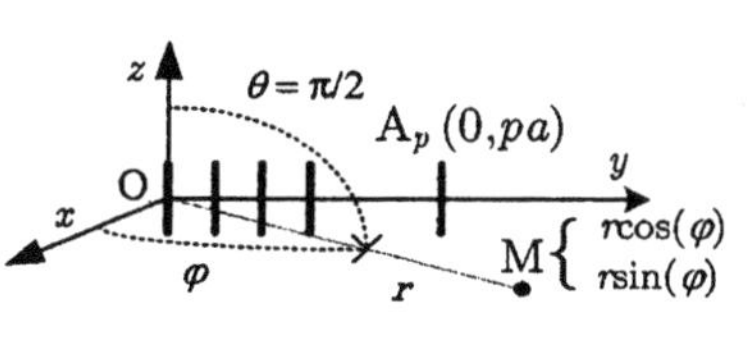

Fig. 12 - Réseau d'antennes demi-onde espacées de « a » sur Oy. Le récepteur est en M (r, φ)*, dans le plan xOy.*

On étudie un réseau de N antennes $A_0, A_1, \ldots, A_{N-1}$, identiques à l'antenne dipolaire de la partie II - 2 et centrées sur Oy aux points d'ordonnées $y_p = pa$, avec $0 \leq p \leq N-1$. Les courants alimentant chacune des antennes sont sinusoïdaux de pulsation ω ; ils se distinguent les uns des autres par leurs amplitudes et leurs déphasages respectifs. On s'intéresse au rayonnement dans le plan xOy $\left(\theta = \frac{\pi}{2}\right)$, dont les points M sont repérés par leurs coordonnées polaires (r, φ). On suppose réalisées les inégalités $r >> \lambda$ $(\lambda = 4L)$ et $r >> Na$.

Les parties II – 3 – 1 et II – 3 – 2 sont indépendantes.

- *II – 3 - 1 Modulation de phase*

Le système électronique d'alimentation fournit à A_p le courant $\underline{I_p} = I_0 \exp i(\omega t - p\psi)$, où I_0 et ψ sont des réels constants. Les puissances moyennes émises par chaque antenne sont donc identiques. On pose $K = \frac{\omega}{c}$ et $\Phi = \psi - Ka\sin(\varphi)$.

❑ **23** –Exprimer le champ $\overrightarrow{\underline{E_o}}$ rayonné par A_0 en $M(r, \varphi)$ dans le plan xOy, puis l'expression au premier ordre en $\frac{a}{r}$ du champ $\overrightarrow{E_p}$ rayonné au même point par A_p.

❑ **24** – En déduire le champ $\vec{E}$ total rayonné en M par le réseau, en fonction de $\overrightarrow{E_o}$, N et ψ. La Fig. 13 illustre quelques aspects du résultat.

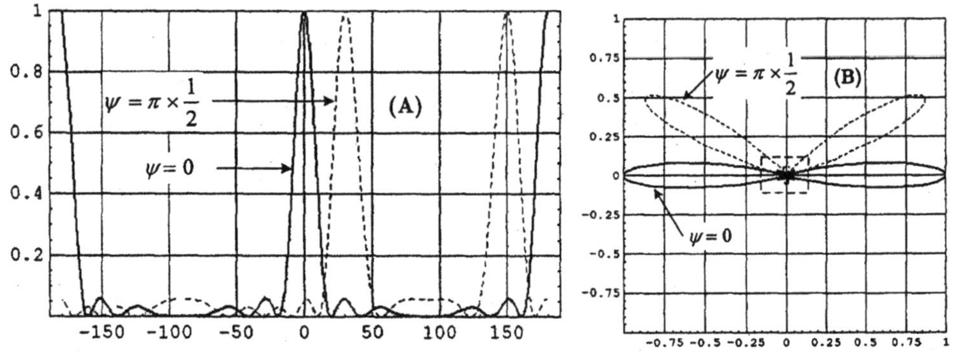

Fig. 13 – Quelques résultats relatifs à un réseau de six antennes espacées de $a = \frac{1}{2}\lambda$.

(A) Puissances moyennes (normalisées à l'unité) par unité d'angle solide dans le plan xOy, en fonction de φ (en degrés).

(B) Diagrammes de rayonnement correspondants.

(C) Agrandissement de la partie en pointillés de (B), pour $\psi = 0$.

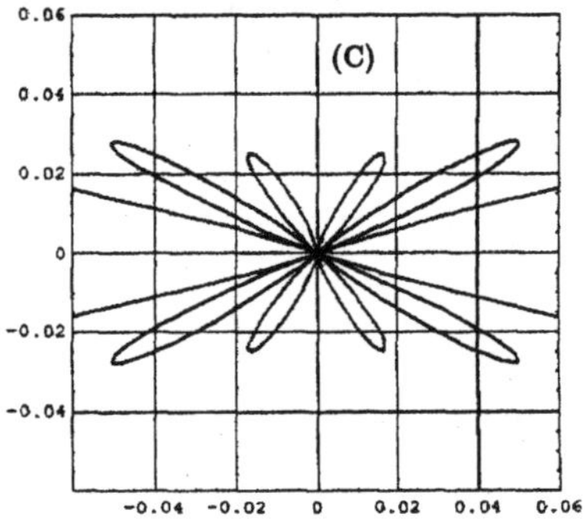

❑ **25** –Justifier que l'amplitude, $E(\Phi)$, de $\vec{E}$ n'a de sens que pour $\psi - Ka \leq \Phi \leq \psi + Ka$. Admettant que l'amplitude du champ est maximale lorsque $\sin\left(\frac{\Phi}{2}\right) = 0$, établir que ce maximum est atteint pour des angles polaires φ_m satisfaisant $\frac{\psi}{2\pi} - \frac{a}{\lambda}\sin(\varphi_m) = m$, où m est un nombre entier.

❑ **26** – Calculer l'amplitude maximale du champ ; comment la largeur du pic principal, qui correspond à $m = 0$ varie-t-il avec N ?

❑ **27** – Comment, dans le cas général, le diagramme de rayonnement se déforme-t-il avec N (nombre, nature et répartition des lobes ...) ? On pourra ne considérer que le cas $a = \frac{\lambda}{2}$

(espacement demi-onde). La Fig. 14 pourra guider vos réponses.

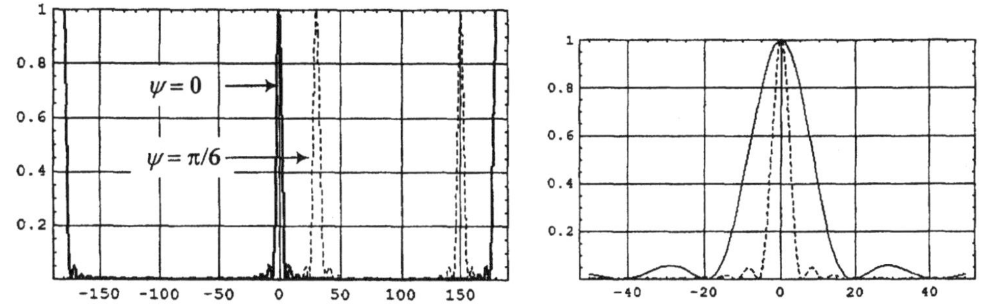

Fig. 14 – À gauche, puissances moyennes pour un réseau de 20 antennes en fonction de φ (en degrés). À droite vue agrandie au voisinage de $\varphi = 0$. Trait plein : $N = 6$ et traits pointillés $N=20$.

- *III – 3 - 2 Modulation d'amplitude : le réseau binomial*

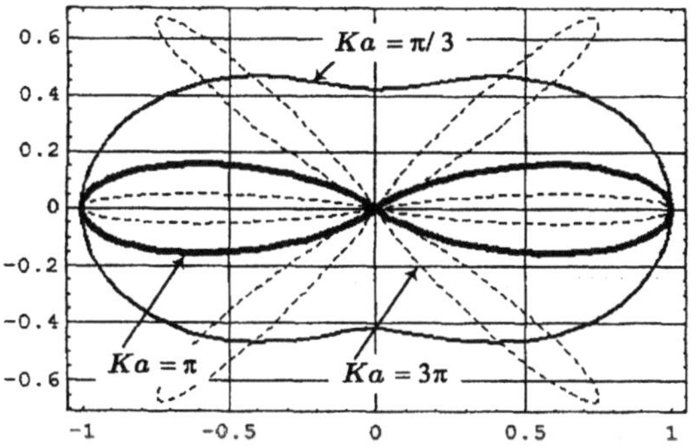

Fig. 15 – Indicatrice d'un réseau binomial de six antennes.

❑ **28** – Posons $z = \exp\left[iKa\sin(\varphi)\right]$ et considérons le polynôme $P_N(z) = (1+z)^N$ puis le carré du module $R_N(\varphi) = \left|P_N(z)\right|^2$. Montrer que, si le rapport $\frac{a}{\lambda}$ est suffisamment petit et que si le courant alimentant A_p est

$$\underline{I_p} = \frac{N!}{p!(N-p)!} I_0 \exp(i\omega t),$$

alors le diagramme de rayonnement est une fonction décroissante de φ pour $0 < \varphi < \frac{\pi}{2}$, qui ne s'annule pas sur cet intervalle.

❑ **29** – Selon quel(s) critère(s) préfèrera-t-on tel ou tel type de modulation ?

Fin de cette partie

Fin de l'épreuve

ONDES ÉLECTROMAGNÉTIQUES : MORCEAUX CHOISIS

Préliminaire

1. Typiquement, les micro-ondes (ou ondes hyperfréquences, ou ondes centimétriques) possèdent une longueur d'onde de l'ordre du **centimètre**. Traditionnellement, les micro-ondes sont contenues dans la bande entre 1 et 10 cm.

L'allemand Heinrich Rudolf HERTZ a confirmé expérimentalement la théorie de Maxwell.

Le proche infrarouge est contigu au domaine optique : il concerne les longueurs d'onde entre 0,8 et 2,5 μm.

I Guidage par fibre optique

2. Il s'agit ici du phénomène de **réflexion totale**. Quand la lumière passe d'un milieu 1 à un milieu 2 moins réfringent (d'indice inférieur), il se peut que la loi de Descartes $n_1 \sin\theta_1 = n_2 \sin\theta_2$ ne possède pas de solution. En effet, il se peut que

$$\sin\theta_2 = \frac{n_1}{n_2}\sin\theta_1 \geq 1,$$

équation n'ayant alors pas de solution en θ_2. La valeur de $\theta = \theta_1$ vérifiant $\frac{n_1}{n_2}\sin\theta_1 = 1$ est notée θ_L. Pour des angles d'incidence supérieurs à θ_L, la réfraction ne peut avoir lieu : la réflexion est totale.
Application numérique : $\theta_L = \text{Arcsin}\frac{n_2}{n_1} = 75,6°$.

3. On exprime la loi de Descartes à l'interface vide-fibre :

$$1 \sin i = n_1 \sin r,$$

avec $r = \frac{\pi}{2} - \theta_1$. À la limite,

$$\begin{aligned}\sin i_{\max} &= n_1 \sin(\frac{\pi}{2} - \theta_L) = n_1 \cos\theta_L \\ &= n_1\sqrt{1 - \frac{n_2^2}{n_1^2}} = \sqrt{n_1^2 - n_2^2} = \sqrt{n_1 + n_2}\sqrt{n_1 - n_2} \approx \sqrt{2n_1\Delta}.\end{aligned}$$

Application numérique : $\sin i_{\max} = 0,366$.

4. Le déphasage s'exprime en fonction de la différence de chemin optique δ par

$$\varphi = \frac{2\pi}{\lambda_0}\delta,$$

avec $\delta = \int n\, ds$ et λ_0 est la longueur d'onde du rayonnement considéré dans le vide. Ici,

$$\delta = (PP') = n_1(PB + BC + CP').$$

Il reste à exprimer géométriquement ces longueurs.

Commençons par rappeler que, d'après le théorème de Malus, les surfaces d'ondes (des plans ici) sont perpendiculaires aux rayons, soit $PP' \perp AB$ et CD.

Ensuite,

$$\cos\theta = \frac{a}{BC}.$$

Soit α l'angle entre IP et IB (voir la figure qui suit),

$$\alpha = \frac{\pi}{2} - 2\theta$$

car la somme des angles dans le triangle PIB vaut π. On déduit

$$\sin\alpha = \cos(2\theta) = \frac{PB}{BI} = \frac{CP'}{CI}.$$

Ainsi,

$$PB + CP' = (BI + IC)\cos(2\theta) = BC\cos(2\theta) = a\frac{\cos(2\theta)}{\cos\theta}.$$

Au total,

$$\delta = n_1\frac{a}{\cos\theta}(1+\cos(2\theta)) = n_1\frac{a}{\cos\theta}2\cos^2\theta = 2n_1 a\cos\theta.$$

Vu la relation entre le chemin optique et le déphasage, on aboutit à la relation voulue.

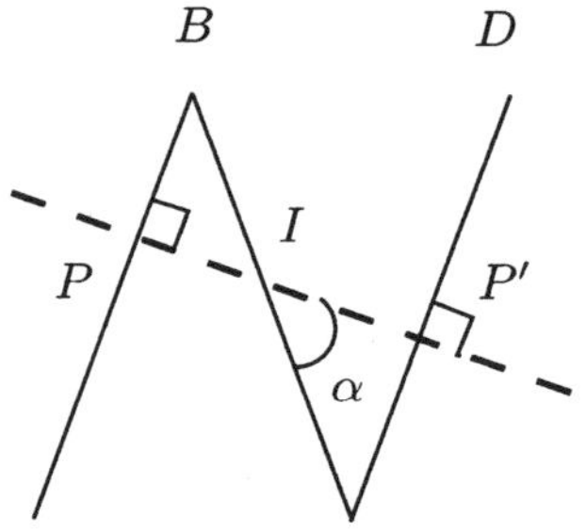

5. Si les différents champs correspondant à une même direction sont en phase, alors

$$\varphi = 2m\pi \ (m \in \mathbb{Z}), \quad \text{soit} \quad 4\pi n_1 \frac{a}{\lambda_0}\cos\theta_m = 2m\pi.$$

En effet, l'angle θ dépend de la valeur de l'entier m. On le note θ_m.

On cherche alors le nombre d'entiers m solutions de

$$m = 2n_1\frac{a}{\lambda_0}\cos\theta_m.$$

Comme $\theta_L \leq \theta_m \leq \frac{\pi}{2}$, $0 \leq \cos\theta_m \leq \cos\theta_L$ et

$$0 \leq m (= 2n_1\frac{a}{\lambda_0}\cos\theta_m) \leq 2n_1\frac{a}{\lambda_0}\cos\theta_L,$$

avec $\cos\theta_L = \sqrt{1-\sin^2\theta_L} = \sqrt{1-\frac{n_2^2}{n_1^2}}$.

On déduit alors aisément

$$N_M = E(2n_1\frac{a}{\lambda_0}\cos\theta_L) + 1 = E\left(2n_1\frac{a}{\lambda_0}\sqrt{1-\frac{n_2^2}{n_1^2}}\right) + 1,$$

où $E(x)$ désigne la partie entière de x.

6. À $m \geq 1$ fixé, l'équation $m = 2n_1\frac{a}{\lambda_0}\cos\theta_m$ n'a de solution que pour λ_0 assez faible. En effet, quand $\lambda_0 \to \infty$, le terme de droite tend inévitablement vers 0 (le cosinus est borné). Quand $\lambda_0 > 2n_1 a$, plus aucune valeur de $m \geq 1$ ne peut convenir. En termes fréquentiels, les solutions n'existent qu'à fréquences assez importantes. Le guide se comporte comme un filtre **passe-haut**.

> REMARQUE : le raisonnement précédent n'est pas valable pour le mode $m = 0$ qui existe pour toute fréquence.

7. On désire que le mode $m = 1$ n'existe pas. Ainsi, l'équation $1 = 2n_1\frac{a}{\lambda_0}\cos\theta_1$ ne peut avoir de solution. Conformément à la discussion de la question 6, cela est le cas si $2an_1 < \lambda_0$, soit

$$a < a_{\max} = \frac{\lambda_0}{2n_1}.$$

Application numérique : $a_{\max} = 5,15.10^{-7}$ m

8. Le trajet le plus rapide va en ligne droite ($\theta = \pi/2$ et non $\theta = 0$ comme l'indique l'énoncé). Le temps mis est

$$t_1 = \frac{L}{c/n_1} = n_1\frac{L}{c}$$

car la vitesse de l'onde est c/n_1 dans ce milieu.

Pour un trajet en zigzags inclinés d'un angle θ, la distance parcourue est plus grande. Ce n'est pas L, mais $L/\sin\theta$. En effet, sur la figure 3, entre A et C, l'onde parcourt $AB + BC = AC/\sin\theta$. Ainsi, pour le trajet le plus long,

$$t_2 = \frac{L/\sin\theta_L}{c/n_1} = n_1\frac{L}{c}\frac{1}{\sin\theta_L} = \frac{n_1^2}{n_2}\frac{L}{c}.$$

Alors,

$$\Delta T = n_1\frac{L}{c}(\frac{n_1}{n_2} - 1) = \frac{n_1}{n_2}\frac{L}{c}\Delta \approx \frac{L}{c}\Delta.$$

Application numérique : $R_{\max}^{\text{saut.ind}} = \frac{c}{L\Delta}$ ne peut être calculé car L n'est pas connu...

9. D'après les lois de Descartes, le rayon réfracté ou réfléchi appartient au plan d'incidence, c'est-à-dire au plan formé par le rayon incident et la normale au dioptre. Le rayon étant initialement contenu dans le plan de la feuille de la figure 6, il le reste par la suite car ce plan est le plan d'incidence à chaque réfraction/réflexion.

Exprimons le lien géométrique entre $\sin\theta$, dr et dz :

$$\sin\theta = \frac{dz}{\sqrt{dz^2 + dr^2}} = \frac{1}{\sqrt{1 + r'^2(z)}}.$$

Ainsi, la loi $n \sin\theta = \text{cte}$ mène à

$$n^2(r)\frac{1}{1 + r'^2} = \text{cte} = n_1^2 \sin^2\theta_0$$

en évaluant la constante en $z = 0^+$.

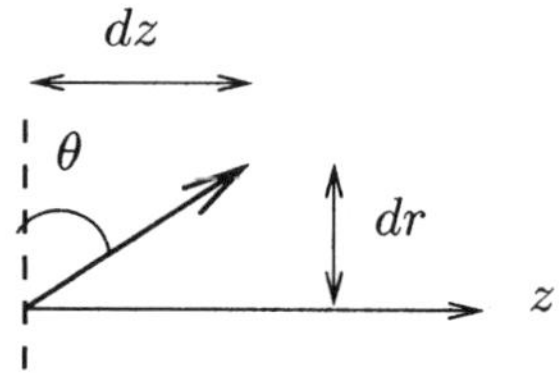

10. Comme $n(r = a) = n_2$, on déduit $F(1) = 1$.

Au point de la trajectoire où r est maximal, $r'(z) = 0$, alors

$$1 = \frac{n^2(r)}{n_1^2 \sin^2\theta_0}.$$

En cet endroit, $n(r) \geq n_2$, soit

$$1 \geq \frac{n_2^2}{n_1^2 \sin^2\theta_0}, \quad \text{ou} \quad \sin^2\theta_0 \geq \frac{n_2^2}{n_1^2}.$$

En conséquence,

$$\sin i = n_1 \cos\theta_0 = n_1\sqrt{1 - \sin^2\theta_0} \leq \sin i_{\max} = n_1\sqrt{1 - \frac{n_2^2}{n_1^2}} = \sqrt{n_1^2 - n_2^2}.$$

On retrouve bien l'expression de l'ouverture établie à la question 3.

11. Rappelons que le portait de phase correspond à la courbe r' en fonction de r :

$$r'^2 = \frac{n^2(r)}{n_1 \sin^2\theta_0} - 1.$$

L'allure est tracée à la courbe suivante. On notera la symétrie $r' \leftrightarrow -r'$ (par rapport à l'axe horizontal). Initialement, le rayon est en Q, sur l'axe (car alors $r = 0$), et $r' > 0$. r augmente jusqu'au point R de rebroussement. Alors, r diminue jusqu'à ce que le rayon coupe à nouveau l'axe de la fibre en S. Alors, la valeur de r' est **exactement opposée** à la valeur initiale : le rayon va passer sous l'axe de la fibre pour décrire une partie symétrique... la trajectoire est périodique.

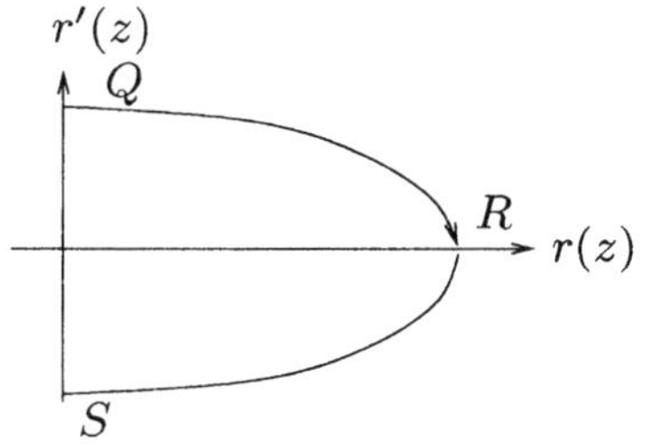

REMARQUE : il nous semble plus simple de dire que la trajectoire du rayon est identique à celle d'un mobile de masse unité, se déplaçant dans l'énergie potentielle effective $Ep_{\text{eff}} = -\dfrac{n^2(r)}{n_1^2 \sin^2 \theta_0}$. Cette énergie potentielle présente une cuvette, et le mobile oscille (de manière conservative) : la trajectoire est périodique.

12. On déduit immédiatement

$$R_{\text{max}}^{\text{grad.indice}} = \frac{1}{\Delta T'}.$$

Ainsi,

$$\frac{R_{\text{max}}^{\text{grad.indice}}}{R_{\text{max}}^{\text{saut.indice}}} = \frac{\Delta T}{\Delta T'} = \frac{(n_1 - n_2)n_1}{\dfrac{1}{2}(n_1 - n_2)^2} = \frac{2n_1}{n_1 - n_2}.$$

Application numérique : $\dfrac{R_{\text{max}}^{\text{grad.indice}}}{R_{\text{max}}^{\text{saut.indice}}} = 63.$

Le procédé à gradient d'indice permet d'obtenir un meilleur débit.

II. Antennes rayonnantes

13. La zone de rayonnement est définie par $r \gg \lambda$, où λ est la longueur d'onde du rayonnement.

RAPPEL : si le dipôle a une période T, la longueur d'onde du rayonnement émis est $\lambda = cT$.

Pour obtenir la forme proposée du champ rayonné, les approximations suivantes sont de plus nécessaires :

- $r \gg a$: approximation dipolaire (le dipôle est petit par rapport à la distance d'observation) ;
- $\lambda \gg a$: les charges oscillantes sont non relativistes.

14. Afin de simplifier le raisonnement, on note pour l'instant a (et non dz) l'extension spatiale du dipôle ainsi que p (et non dp) la valeur du moment dipolaire.

RAPPEL : Un dipôle $\vec{p} \parallel \vec{u}_z$ centré en O se modélise par une charge $-q$ immobile en O et une charge q d'abscisse $z(t)$. Alors, $p(t) = qz(t)$ et $\dot{p}(t) = qv(t)$.

La charge q du dipôle oscille dans un cylindre de hauteur a et de section s, alors $q = \rho s a$. Ainsi, si ρ est la charge volumique,

$$\dot{p} = qv = (\rho v)sa = (js)a = Ia.$$

En effet, la densité volumique de courant s'écrit $\vec{j} = \rho\vec{v}$.

En reprenant les notations de l'énoncé, on établit

$$d\dot{p} = I\,dz.$$

REMARQUE : Une démonstration plus correcte de l'expression précédente nécessiterait d'utiliser l'expression des potentiels retardés.

15. Écrivons le champ en employant l'expression donnée au début de la partie II :

$$d\underline{\vec{E}}_P(M,t) = \frac{1}{4\pi\varepsilon_0 c^2}\frac{I_0 f(z) i\omega \exp i\omega(t - \frac{PM}{c})dz}{PM}\sin\theta\vec{u}_\theta.$$

En effet, le dipôle élémentaire concerné est placé au point P et non en O (on effectue donc la substitution $O \leftrightarrow P$). Sa phase est

$$\varphi_P = \omega(t - \frac{PM}{c}).$$

En revanche, la phase du dipôle en O est

$$\varphi_O = \omega(t - \frac{OM}{c}).$$

La différence de phase vaut donc

$$\varphi = \varphi_P - \varphi_O = \frac{\omega}{c}(OM - PM).$$

Il faut évaluer PM en fonction de OM et θ. On utilise la relation d'Al Kashi dans le triangle OPM :

$$PM^2 = OM^2 + OP^2 - 2OP\,OM\ \cos\theta.$$

Alors,

$$PM = OM\sqrt{1 - \frac{2OP\cos\theta}{OM} + \frac{OP^2}{OM^2}}.$$

Comme $OP \leq L \ll (OM = r)$, on effectue un développement limité au premier ordre dans la racine carrée :

$$PM \simeq OM(1 - \frac{OP\cos\theta}{OM}).$$

On déduit

$$\varphi = \frac{\omega}{c}OP\cos\theta = \frac{\omega}{c}z\cos\theta.$$

RAPPEL : dans un triangle (quelconque), la relation d'Al Kashi s'écrit

$$a^2 = b^2 + c^2 - 2bc\cos\hat{A}.$$

16. Le champ en M est la somme des champs élémentaires :

$$\underline{\vec{E}}(M,t) = \int d\underline{\vec{E}}_P(M,t) = \frac{1}{4\pi\varepsilon_0 c^2}\int \frac{I_0 f(z) i\omega \exp i\omega(t - \frac{PM}{c})dz}{PM}\sin\theta\vec{u}_\theta.$$

On remplace PM par $OM = r$, sauf dans le terme de phase, en négligeant de même les dépendances de $\sin\theta$ et $\vec{u}_\theta$ en fonction du point P. Alors,

$$\underline{\vec{E}}(M,t) = \frac{i\omega}{4\pi\varepsilon_0 c^2 r} I_0 \int f(z)\exp i\left(\omega(t - \frac{r}{c}) + \varphi\right) dz \sin\theta\vec{u}_\theta$$
$$\underline{\vec{E}}(M,t) = \frac{i\omega}{4\pi\varepsilon_0 c^2 r} I_0 \exp i\omega(t - \frac{r}{c})\sin\theta\vec{u}_\theta \int f(z)\exp(i\varphi)dz$$
$$\underline{\vec{E}}(M,t) = \frac{i\omega}{4\pi\varepsilon_0 c^2 r} I_0 \exp i\omega(t - \frac{r}{c})\sin\theta\vec{u}_\theta \int_{-L}^{L} f(z)\exp(i\frac{\omega}{c}z\cos\theta)dz.$$

Le terme en dehors de l'intégrale est proportionnel à $\dfrac{\exp i\omega(t - \frac{r}{c})}{r}$. C'est une onde sphérique engendrée en O et se propageant radialement à partir de ce point.

> REMARQUE : Le champ total résultant n'est pas sphérique, notamment à cause du terme $\sin\theta$: l'amplitude de l'onde n'est pas constante sur une sphère.

17. Il faut calculer l'intégrale précédente pour la fonction f donnée :

$$D = \int_{-L}^{L} f(z)\exp(i\frac{\omega}{c}z\cos\theta)dz = \int_{-\lambda/4}^{\lambda/4}\cos(2\pi\frac{z}{\lambda})\exp(i\frac{2\pi}{\lambda}z\cos\theta)dz$$

car $k = \dfrac{\omega}{c} = \dfrac{2\pi}{\lambda}$. Seule la partie paire de la fonction exponentielle complexe contribue :

$$D = \int_{-\lambda/4}^{\lambda/4}\cos(2\pi\frac{z}{\lambda})\cos(\frac{2\pi}{\lambda}z\cos\theta)dz$$
$$D = \frac{1}{2}\int_{-\lambda/4}^{\lambda/4}\left(\cos(\frac{2\pi}{\lambda}z(1+\cos\theta)) + \cos(\frac{2\pi}{\lambda}z(1-\cos\theta))\right)dz$$
$$D = \frac{\lambda}{4\pi}\left(\frac{1}{1+\cos\theta}(2\sin\frac{\pi(1+\cos\theta)}{2}) + \frac{1}{1-\cos\theta}(2\sin\frac{\pi(1-\cos\theta)}{2})\right)$$
$$D = \frac{\lambda}{2\pi}\left(\frac{1}{1+\cos\theta}\cos\frac{\pi\cos\theta}{2} + \frac{1}{1-\cos\theta}\cos\frac{\pi\cos\theta}{2}\right)$$
$$D = \frac{\lambda}{\pi}\frac{1}{1-\cos^2\theta}\cos\frac{\pi\cos\theta}{2} = \frac{\lambda}{\pi}\frac{1}{\sin^2\theta}\cos\frac{\pi\cos\theta}{2}.$$

On déduit alors, vu que $\omega\lambda = ck\lambda = c2\pi$,

$$\underline{\vec{E}}(M,t) = \frac{i}{2\pi\varepsilon_0 cr} I_0 \frac{\cos(\frac{\pi\cos\theta}{2})}{\sin\theta}\exp i\omega(t - \frac{r}{c})\vec{u}_\theta.$$

En prenant la partie réelle, on obtient bien la relation désirée.

18. À grande distance, l'onde rayonnée par un dipôle élémentaire possède une structure **locale d'onde plane** et garde cette caractéristique lors de l'intégration. En conséquence, la relation entre les champs électrique et magnétique

$$\vec{B} = \frac{\vec{u} \wedge \vec{E}}{c}$$

valable pour les ondes planes progressives harmoniques dans le vide est utilisable ici. Alors,

$$\vec{B}(M,t) = -\frac{1}{2\pi\varepsilon_0 c^2 r} I_0 \frac{\cos(\frac{\pi\cos\theta}{2})}{\sin\theta} \sin\omega(t - \frac{r}{c})\vec{u}_\varphi.$$

Par définition, le vecteur de Poynting vaut

$$\vec{\Pi}(M,t) = \frac{\vec{E} \wedge \vec{B}}{\mu_0} = \frac{I_0^2}{4\pi^2\varepsilon_0 c r^2} \frac{\cos^2(\frac{\pi\cos\theta}{2})}{\sin^2\theta} \sin^2\omega(t - \frac{r}{c})\vec{u}_r$$

vu que $\mu_0\varepsilon_0 c^2 = 1$.

Remarque : Attention, ne surtout pas écrire le vecteur de Poynting instantané en notation complexe !

19. Le vecteur de Poynting moyenné dans le temps vaut

$$\langle\vec{\Pi}\rangle = \frac{I_0^2}{8\pi^2\varepsilon_0 c r^2} \frac{\cos^2(\frac{\pi\cos\theta}{2})}{\sin^2\theta} \vec{u}_r$$

car $\langle\sin^2(\ldots)\rangle = 1/2$.

Par définition du vecteur de Poynting,

$$P_r = \iint_{S_r} \langle\vec{\Pi}\rangle . d\vec{S},$$

où S_r est la sphère de rayon r et $d\vec{S} = dS\vec{u}_r$. Alors,

$$P_r = \frac{I_0^2}{8\pi^2\varepsilon_0 c} \int_0^\pi \frac{\cos^2(\frac{\pi\cos\theta}{2})}{\sin\theta} d\theta \int_0^{2\pi} d\varphi = \frac{I_0^2}{4\pi\varepsilon_0 c} \int_0^\pi \frac{\cos^2(\frac{\pi\cos\theta}{2})}{\sin\theta} d\theta.$$

20. Numériquement, $\displaystyle\int_0^\pi \frac{\cos^2(\frac{\pi\cos\theta}{2})}{\sin\theta} d\theta \simeq 1,22$.

Vu l'approximation proposée,

$$\int_0^\pi \frac{\cos^2(\frac{\pi\cos\theta}{2})}{\sin\theta} d\theta \simeq \int_0^\pi (0,95)^2 \sin^3\theta d\theta = (0,95)^2\frac{4}{3} \simeq 1,20.$$

Ces deux résultats sont bien cohérents.

21. Alors,

$$\mathcal{R} = \frac{1,22}{2\pi\varepsilon_0 c}.$$

Application numérique : $\mathcal{R} = 73,2\ \Omega$.

La puissance électrique perdue par l'antenne n'est pas dissipée par effet Joule mais rayonnée sous forme d'ondes électromagnétiques. La notion de résistance d'antenne est une analogie formelle concernant la puissance perdue par l'antenne.

22. D'après la question 19, la valeur moyenne de l'amplitude du vecteur de Poynting vaut

$$\langle \Pi \rangle_t = \frac{I_0^2}{8\pi^2\varepsilon_0 c r^2} \frac{\cos^2(\frac{\pi\cos\theta}{2})}{\sin^2\theta}.$$

On vérifie que le maximum est obtenu pour $\theta = \pi/2$, et $\langle \Pi \rangle_{t,\max} = \frac{I_0^2}{8\pi^2\varepsilon_0 c r^2}$. Le maximum de puissance est donc rayonné dans le plan xOy (comme pour un dipôle oscillant). L'allure du diagramme de rayonnement est tracée sur la figure qui suit. Aucune énergie n'est rayonnée dans la direction de l'antenne ($\theta = 0$ ou π) et le maximum est bien obtenu pour $\theta = \pi/2$.

> REMARQUE : le diagramme de rayonnement est quasiment identique à celui d'un simple dipôle oscillant.

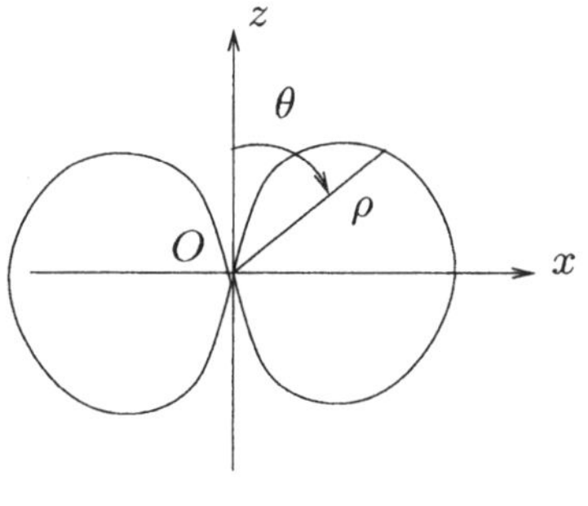

23. Pour le champ créé par l'antenne en A_0, c'est exactement celui donné par l'expression de l'énoncé (question 17), avec $\theta = \pi/2$:

$$\underline{\vec{E}}_0 = -\frac{i}{2\pi\varepsilon_0 c r} I_0 \exp i\omega(t - \frac{r}{c})\vec{u}_z$$

($\vec{u}_\theta(\theta = \pi/2) = -\vec{u}_z$). Pour $\underline{\vec{E}}_p$, l'expression est similaire à deux différences près :

- il faut retrancher $p\varphi$ à la phase, à cause du déphasage de l'intensité d'alimentation ;
- il faut remplacer $r = OM = A_0M$ par A_pM. On peut se contenter d'effectuer cette substitution dans le terme de phase (comme pour le calcul du champ rayonné par l'antenne). On utilise encore une fois la relation d'Al Kashi, dans le triangle OA_PM :

$$A_pM^2 = OA_p^2 + OM^2 - 2OM\,OA_p\cos(\overrightarrow{OM}, \overrightarrow{OA_p}) = p^2a^2 + r^2 - 2apr\sin\varphi$$

car $(\overrightarrow{OM}, \overrightarrow{OA_p}) = \dfrac{\pi}{2} - \varphi$. Ainsi,

$$A_pM = r\sqrt{1 - \frac{2ap}{r}\sin\varphi + \frac{p^2a^2}{r^2}} \simeq r(1 - \frac{ap}{r}\sin\varphi) = r - ap\sin\varphi.$$

Au final,

$$\underline{\vec{E}}_p = -\frac{i}{2\pi\varepsilon_0 cr} I_0 \exp i\omega(t - \frac{r - ap\sin\varphi}{c} - p\psi)\vec{u}_z = \underline{\vec{E}}_0 \exp i(p(Ka\sin\varphi - \psi))$$

$$\underline{\vec{E}}_p = \underline{\vec{E}}_0 \exp(-ip\Phi).$$

Le déphasage induit en un point M fixé est proportionnel à p, numéro de l'antenne et dépend de ψ (et du choix du point M).

24. Les différents champs sont cohérents, on somme les amplitudes des champs électriques :

$$\underline{\vec{E}} = \sum_{p=0}^{N-1} \underline{\vec{E}}_p = \underline{\vec{E}}_0 \sum_{p=0}^{N-1} \exp(-ip\Phi).$$

On reconnaît la somme des termes d'une suite géométrique :

$$\underline{\vec{E}} = \underline{\vec{E}}_0 \frac{1 - \exp(-iN\Phi)}{1 - \exp(-i\Phi)}.$$

REMARQUE : l'expression ne comporte plus ψ, mais Φ !

25. Comme $-1 \leq \sin\varphi \leq 1$, on déduit immédiatement l'encadrement voulu pour les valeurs de Φ.

Le maximum est atteint quand $\dfrac{\Phi}{2} = m\pi$, soit

$$\frac{\psi}{2\pi} - \frac{a}{\lambda}\sin(\varphi_m) = m.$$

26. On étudie la valeur du champ pour l'un des m précédents, par exemple $m = 0$. L'expression du champ est indéterminée, on regarde

$$\lim_{\Phi\to 0} \frac{1 - \exp(-iN\Phi)}{1 - \exp(-i\Phi)} = \lim_{\Phi\to 0} \frac{1 - (1 - iN\Phi)}{1 - (1 - i\Phi)} = N.$$

En effet, $\exp(x) = 1 + x + o(x)$ en 0.

Alors, la valeur maximale du champ est $N\vec{E}_0$. L'interprétation est très simple : les champs des N antennes en phase s'additionnent constructivement.

La partie de droite de la figure 14 suggère que le pic principal est plus fin pour N important. Plus quantitativement, on regarde la première annulation du champ, autour de $\Phi = 0$. Elle a lieu pour

$$1 - \exp(-iN\Phi) = 0,$$

soit $\Phi = 2\pi/N$. La largeur du pic diminue quand N augmente.

Le fait d'utiliser un grand nombre d'antennes augmente la **directionnalité** du dispositif. Les directions d'émission (ou réception) sont sélectionnées très précisément.

27. Les lobes principaux sont donnés par la relation établie en question 25. Dans le cas $\psi = 0$, cela donne

$$\frac{a}{\lambda}\sin\varphi = -m, \quad \text{soit} \quad \sin\varphi = -2m.$$

La seule solution est $m = 0$ et $\varphi = 0$ ou π. Seuls deux lobes principaux existent, indépendamment du nombre d'antennes.

Remarque : ce raisonnement n'est pas valable pour toutes les valeurs de ψ. Il le reste pour $\psi = \pi/2$.

Entre deux lobes principaux existent $N - 2$ lobes secondaires comme on peut le constater sur la partie du bas de la figure 13 avec $N = 6$. Le nombre total de lobes secondaires vaut donc $2N - 4$.

Remarque : par exemple, pour des interférences à deux ondes, on sait très bien qu'il n'existe pas de maximum secondaire entre deux maxima principaux : $N - 2 = 0$ si $N = 2$.

L'importance des lobes secondaires par rapport aux lobes principaux diminue quand N augmente.

Enfin, quand N augmente, les lobes principaux deviennent de plus en plus fins (ce résultat a été montré en question 26).

Remarque : le choix de ψ permet de fixer la direction des lobes principaux : on peut ainsi choisir dans quelle direction émettre (ou recevoir) la majorité du signal sans changer la position des antennes !

28. Ainsi, le champ rayonné par l'antenne p est

$$\underline{\vec{E}}_p = -\frac{i}{2\pi\varepsilon_0 cr}\frac{N!}{p!(N-p)!}I_0 \exp i\omega(t - \frac{r - ap\sin\varphi}{c})\vec{u}_z = \underline{\vec{E}}_0 \frac{N!}{p!(N-p)!}z^p.$$

Alors, le champ total vaut (en supposant qu'on emploie $N + 1$ antennes...)

$$\underline{\vec{E}} = \sum_{p=0}^{N}\underline{\vec{E}}_p = \underline{\vec{E}}_0 \sum_{p=0}^{N}\frac{N!}{p!(N-p)!}z^p = \underline{\vec{E}}_0(1+z)^N.$$

On étudie alors

$$R_N(\varphi) = |1 + \exp(iKa\sin\varphi)|^2 = 4\cos^2(\frac{Ka\sin\varphi}{2}).$$

Si Ka (c'est-à-dire a/λ à une constante près) est suffisamment faible, $Ka\sin\varphi/2$ (fonction croissante de φ) reste comprise entre 0 et $\pi/2$, zone sur laquelle le cosinus est décroissant. Alors, l'intensité rayonnée décroît avec φ.

Remarque : pour être précis, il faut $Ka < \pi$.

C'est ce qu'on constate sur la figure 15 pour $Ka = \pi/3$, contrairement à 3π.

29. Le choix de la modulation dépend des directions d'émission souhaitées. Un réseau binômial (par exemple avec $Ka = \pi/3$) permet d'émettre dans une large gamme de directions alors que le réseau simple pointe précisément dans deux directions (commandées par ψ).

ÉCOLE NATIONALE DES PONTS ET CHAUSSÉES,
ÉCOLES NATIONALES SUPÉRIEURES DE L'AÉRONAUTIQUE ET DE L'ESPACE,
DE TECHNIQUES AVANCÉES, DES TÉLÉCOMMUNICATIONS,
DES MINES DE PARIS, DES MINES DE SAINT-ÉTIENNE, DES MINES DE NANCY,
DES TÉLÉCOMMUNICATIONS DE BRETAGNE,
ÉCOLE POLYTECHNIQUE (FILIÈRE TSI)

CONCOURS D'ADMISSION 2006

SECONDE ÉPREUVE DE PHYSIQUE

Filière MP

(Durée de l'épreuve : 3 heures)
L'usage de la calculette est autorisé

Sujet mis à disposition des concours : ENSAE (Statistique), ENSTIM, INT, TPE-EIVP, Cycle international
Les candidats sont priés de mentionner de façon apparente sur la première page de la copie :

PHYSIQUE II -MP

L'énoncé de cette épreuve comporte 9 pages.

- Si, au cours de l'épreuve, un candidat repère ce qui lui semble être une erreur d'énoncé, il le signale sur sa copie et poursuit sa composition en expliquant les raisons des initiatives qu'il est amené à prendre.
- Il ne faudra pas hésiter à formuler les commentaires (incluant des considérations numériques) qui vous sembleront pertinents. Le barème tiendra compte de ces initiatives ainsi que des qualités de rédaction de la copie.
- Notations : le vecteur unitaire de la coordonnée c est noté $\vec{e}_c$; la norme du vecteur $\vec{V}$ est notée $\left|\vec{V}\right|$.

Redécouvrons la planète Neptune !

Problème direct, problème inverse et problèmes d'interprétation

La découverte de Neptune fournit à l'histoire des sciences un exemple remarquable d'histoire et de méthode scientifiques. La trajectoire de la planète Uranus, observée par Herschel en 1781, ne suit pas les lois de Newton même lorsque l'on tient compte, pour la calculer, de l'influence des six autres planètes du système solaire connues en ce temps-là (cette influence est nommée *perturbation*). Le Verrier et Adams postulent alors l'existence d'une huitième planète, que l'on nommera plus tard *Neptune*. Leurs prévisions, confrontées aux observations astronomiques, fournissent les paramètres orbitaux de Neptune. La planète sera observée, effectivement, en 1846.

Le problème comprend trois parties, corrélées entre elles par le sens ; les résultats essentiels sont souvent donnés. La première partie établit quelques résultats de la mécanique du point dans un champ gravitationnel, la deuxième partie étudie de manière *perturbative* (c'est-à-dire à l'ordre le plus bas par rapport à un petit paramètre) un aspect du problème à trois corps en interaction gravitationnelle ; la troisième partie étudie un *problème inverse*, dans le sens où l'on s'y propose de déterminer les caractéristiques d'une planète (Neptune) à partir des anomalies de trajectoire qu'elle produit sur une autre planète (Uranus).

Dans tout le problème, *exprimer* signifie donner l'expression littérale et *calculer* signifie donner la valeur numérique.

I – Mise en place de l'étude

Observations et données

Compte tenu de l'influence gravitationnelle du Soleil et de celle des planètes connues avant l'observation de Neptune, la trajectoire d'Uranus peut être considérée avec une excellente

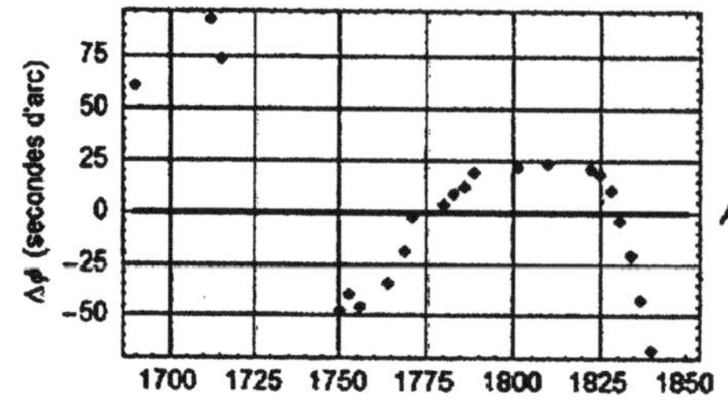

Fig. 1 Anomalie de longitude de la planète Uranus

approximation comme circulaire uniforme, de rayon R_U et de période $T_U = \dfrac{2\pi}{\Omega_U}$. La grandeur $\phi_U = \Omega_U t$ serait dans ce cas (à une constante près, définissant l'origine des temps) la *longitude héliocentrique* de Neptune, c'est-à-dire l'angle entre une direction fixe dans le plan de la trajectoire (plan de l'écliptique) et la demi-droite joignant les centres respectifs du Soleil et d'Uranus. L'observation révèle un écart systématique, noté $\Delta\phi$, entre ce ϕ_U calculé et la position réelle de la planète. La Fig. 1 montre les données de l'époque ; l'écart résiduel semble être une fonction oscillante du temps, avec une période d'une centaine d'années ; il semble aussi qu'à cette variation se superpose une décroissance vaguement linéaire ; enfin, l'ordre de grandeur de l'écart résiduel est de l'ordre de quelques dizaines de secondes d'angle.

Pour rendre compte de ces observations, on considère le système à trois corps suivant, supposé isolé : S (Soleil), U (Uranus) et N (Neptune) ; l'influence des autres planètes est englobée dans les paramètres orbitaux de la trajectoire circulaire dont on vient de parler.

On exprimera les masses en masses solaires $\left(M_S \approx 2\times10^{30}\ \text{kg}\right)$, les distances en unités astronomiques UA (1 UA $\approx 1,5\times10^{11}$ m, demi-grand axe de l'orbite terrestre) et les temps en années $\left(\approx 3\times10^{7}\ \text{s}\right)$. La constante de gravitation est notée G. On utilisera les valeurs numériques suivantes :

Rayon de l'orbite d'Uranus	$R_U = 19{,}19$ UA	Masse d'Uranus	$m_U = 4{,}373\times10^{-5} M_S$
Rayon de l'orbite de Neptune	$R_N = 30{,}08$ UA	Masse de Neptune	$m_N = 5{,}178\times10^{-5} M_S$

I – 1 Particule dans un champ gravitationnel

❑ **1** – On considère la trajectoire circulaire (rayon R, période T) d'une particule de masse m dans le champ de gravitation d'une particule de masse M ; l'ensemble des deux particules est isolé. Rappeler la troisième loi de Kepler ; exprimer le rapport $C = \dfrac{T^2}{R^3}$ en fonction de G et de M ; vérifier que, dans le système d'unités convenu, $C = 1$.

❑ **2** – Montrer que, dans le système d'unités convenu, la valeur numérique de G est $G = 4\pi^2$.

❑ **3** – On modélise le mouvement de Neptune comme un mouvement circulaire uniforme centré autour du Soleil et situé dans le plan de l'écliptique. La période orbitale de Neptune est T_N, sa fréquence angulaire orbitale (ou pulsation) est notée $\Omega_N = \dfrac{2\pi}{T_N}$. Calculer les périodes T_U et T_N d'Uranus et Neptune en années, et leurs fréquences angulaires Ω_U et Ω_N en années^{-1}. Vérifier que l'ordre de grandeur de la *fréquence de battement* $\Omega = \Omega_U - \Omega_N$ est 0,0367 année^{-1} et que la valeur du rapport $r = \dfrac{\Omega_U}{\Omega}$ est très proche d'un nombre entier.

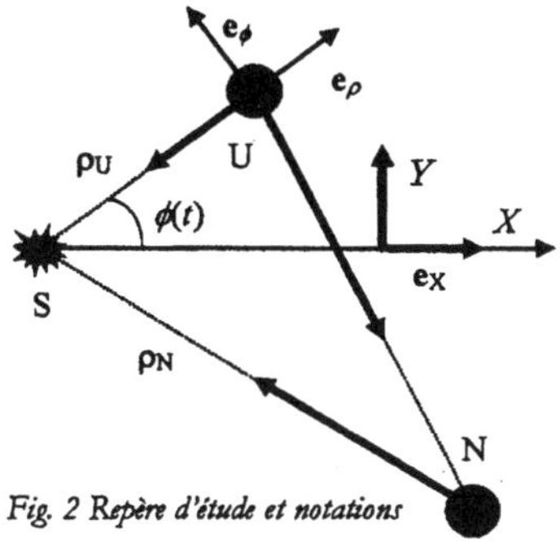

Fig. 2 Repère d'étude et notations

Notations pour les questions suivantes

Soit $(S,\vec{e}_X,\vec{e}_Y)$ un repère orthonormé du plan de l'écliptique, avec le Soleil pour origine (Fig. 2) ; on note $\vec{e}_Z$ la direction orthogonale au plan de l'écliptique formant un trièdre $(S,\vec{e}_X,\vec{e}_Y,\vec{e}_Z)$ orthonormal direct en translation par rapport au référentiel galiléen de Copernic. Le dernier alignement Soleil-Uranus-Neptune (conjonction) a eu lieu en 1822 ; cette année sera prise comme l'origine des temps. En $t=0$, le Soleil, Uranus et Neptune sont alignés ; le vecteur $\vec{e}_X$ désigne le vecteur unitaire portant à cette date le vecteur $\overrightarrow{SU}$. On note dans $(S,\vec{e}_X,\vec{e}_Y,\vec{e}_Z)$ la longitude héliocentrique d'Uranus $\phi(t)=\widehat{SX,SU}$ et on note $\Delta\phi_N(t)$ la correction due à Neptune. On a donc $\phi(t)=\Omega_U t+\Delta\phi_N(t)$.

❑ **4** – Le référentiel lié au repère $(S,\vec{e}_X,\vec{e}_Y,\vec{e}_Z)$ est-il galiléen ?

❑ **5** – Une origine arbitraire étant fixée, on définit les positions respectives de S par le vecteur $\vec{r}_S$, de Uranus par $\vec{r}_U$ et de Neptune par $\vec{r}_N$. Exprimer, dans un référentiel galiléen $\mathcal{R}$, le principe fondamental de la dynamique successivement pour le Soleil, pour Uranus et pour Neptune.

❑ **6** – On pose $\vec{\rho}_N=\vec{r}_N-\vec{r}_S$, $\vec{\rho}_U=\vec{r}_U-\vec{r}_S$, et $Gm_N\left(\dfrac{\vec{\rho}_N-\vec{\rho}_U}{|\vec{\rho}_N-\vec{\rho}_U|^3}-\dfrac{\vec{\rho}_N}{|\vec{\rho}_N|^3}\right)=\vec{f}$. Montrer que

$$\frac{\mathrm{d}^2\overrightarrow{\rho_U}}{\mathrm{d}t^2}+G(M_S+m_U)\frac{\vec{\rho}_U}{|\vec{\rho}_U|^3}=\vec{f}.$$

❑ **7** – Dans le repère mobile $(S,\vec{e}_\rho,\vec{e}_\phi,\vec{e}_Z)$, les coordonnées polaires d'Uranus sont notées $[\rho_U(t),\phi(t)]$ et l'on a $\overrightarrow{SU}=\rho_U\vec{e}_\rho$. Le mouvement non perturbé d'Uranus correspond à $\vec{f}=\vec{0}$ $(m_N=0)$. Les grandeurs non perturbées seront dorénavant repérées par le symbole (0) en exposant. Les coordonnées polaires d'Uranus dans ce mouvement non perturbé sont donc notées $[\rho_U^{(0)}(t),\phi^{(0)}(t)]$, avec $\phi^{(0)}(t)=\Omega_U t$. Justifier que $\rho_U^{(0)}(t)\approx R_U$.

I-2 Perturbation d'une orbite képlérienne

Soit une orbite képlérienne circulaire. L'excentricité de la trajectoire est nulle $\left(e^{(0)}=0\right)$, le demi grand axe est égal au rayon de la trajectoire $\left(a^{(0)}=R\right)$ et la fréquence angulaire est notée ω On considère une orbite képlérienne voisine, version perturbée de cette orbite circulaire. L'orbite perturbée est une ellipse de demi grand axe $a^{(1)}=R+\Delta a$ et d'excentricité $e^{(1)}=e^{(0)}+\Delta e=\Delta e$. Cette orbite peut être vue comme résultant de la composition de deux classes indépendantes de perturbations :

- Classe I : l'orbite reste circulaire, mais avec un rayon différent : $a=R+\Delta a$, $e=0$.

- Classe II : l'orbite devient elliptique, le grand axe reste inchangé : $a = R$, $e = \Delta e \neq 0$.

Avec des notations standard, le mouvement perturbé est décrit en coordonnées polaires par $\rho(t) = R + u(t)$ et $\phi(t) = \omega t + \frac{\upsilon(t)}{R}$, ce qui définit les fonctions u et υ. La pulsation instantanée du mouvement est $\frac{\mathrm{d}\phi}{\mathrm{d}t} = \omega + \frac{1}{R}\frac{\mathrm{d}\upsilon}{\mathrm{d}t} = \omega + \Delta\omega(t)$.

❑ **8** – Pour une orbite perturbée de classe I (orbite circulaire), $u(t) = \Delta a$ est constant. Déduire de la troisième loi- loi de Kepler $\left[a^3\omega^2 = \mathrm{C^{te}}\right]$ que $\frac{\mathrm{d}\upsilon}{\mathrm{d}t} = -\frac{3}{2}\omega\Delta a$.

❑ **9** – Justifier que, pour la perturbation de classe II, la période du mouvement ne change pas ; déduire de la loi des aires $\left[\rho^2\left(\frac{d\phi}{dt}\right) = \mathrm{C^{te}}\right]$ que, à l'ordre le plus bas, $\frac{\mathrm{d}\upsilon}{\mathrm{d}t} = -2\omega u$.

II – Étude du problème direct

On affirme dans cette partie l'existence de Neptune et on détermine comment cette planète affecte la trajectoire d'Uranus. On se réfère donc, à partir de maintenant à l'équation du mouvement de la question 6.

II-1. Équations perturbatives aux ordres les plus bas

❑ **10** – Dans quelle mesure la force $\vec{f}$ peut-elle être évaluée (a priori tout au moins) à partir du mouvement non perturbé des planètes Uranus et Neptune ? On admettra dans la suite l'expression

$$\vec{f} = Gm_N\left(\frac{\vec{\rho}_N^{(0)} - \vec{\rho}_U^{(0)}}{\left|\vec{\rho}_N^{(0)} - \vec{\rho}_U\right|^3} - \frac{\vec{\rho}_N^{(0)}}{\left|\vec{\rho}_N^{(0)}\right|^3}\right).$$

❑ **11** – Dans le repère mobile $(S, \vec{e}_\rho, \vec{e}_\phi, \vec{e}_z)$, le mouvement non perturbé d'Uranus est décrit par le vecteur $\overrightarrow{SU} = \rho_U^{(0)}\vec{e}_\rho = R_U\vec{e}_\rho$. Exprimer, dans ce repère, les composantes de $\vec{\rho}_N^{(0)}$ et de $\vec{\rho}_N^{(0)} - \vec{\rho}_U^{(0)}$ en fonction de R_U, R_N et $\Omega = \Omega_U - \Omega_N$.

En déduire les expressions des composantes de $\vec{f}$: $\vec{f} = f_\rho\vec{e}_\rho + f_\phi\vec{e}_\phi$, sous la forme $f_\rho = \varepsilon F_\rho$ et $f_\phi = \varepsilon F_\phi$, avec

$$F_\rho = \frac{(\cos\Omega t - k)}{(1 - 2k\cos\Omega t + k^2)^{3/2}} - \cos\Omega t \text{ et}$$

$$F_\phi = -\frac{\sin(\Omega t)}{(1 - 2k\cos\Omega t + k^2)^{3/2}} + \sin(\Omega t).$$

Exprimer ε et k en fonction de G, m_N, R_U et R_N.

Numériquement (voir Fig. 3) $\varepsilon \approx 2{,}26 \times 10^{-6}$ UA.(année)$^{-2}$ et $k \approx 0{,}638$.

❑ **12** – En comparant les ordres de grandeur respectifs de $\left|\vec{f}\right|$ et de $\frac{GM_S}{\rho_U^2}$, vérifier la légitimité de l'approximation faite sur $\vec{f}$ à la question 10.

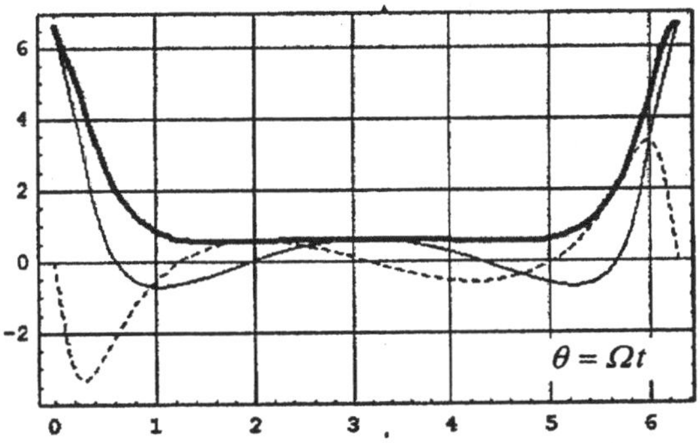

Fig. 3. Forces réduites en fonction de la phase Ωt. Les « F » sont de l'ordre de l'unité, ce qui montre que ε calibre effectivement la force $|f|$.

❑ **13** – On pose $\rho_U(t) = \rho_U^{(0)}(t) + u(t)$ et $\phi(t) = \phi^{(0)}(t) + \frac{\upsilon(t)}{R_U}$. Montrer que u et υ obéissent au système différentiel linéarisé suivant, noté [C-13] (C pour complet et 13 pour numéro de la question) :

$$\begin{aligned} \ddot{u} - 2\Omega_U\dot{\upsilon} - 3\Omega_U^2 u &= \varepsilon F_\rho \\ \ddot{\upsilon} + 2\Omega_U\dot{u} &= \varepsilon F_\phi \end{aligned} \qquad \text{[C-13]}$$

II-2. Étude de la solution forcée

❑ **14** – Justifier les développements $F_\rho = \sum_{n=0}^{\infty} a_n \cos n\Omega t$ et $F_\phi = \sum_{n=1}^{\infty} b_n \sin n\Omega t$. Pourquoi la solution forcée du système [C-13] est-elle développable en série de Fourier ?

❑**15** – On pose $u(t) = \varepsilon \sum_n u_n \cos n\Omega t$ et $\upsilon(t) = \varepsilon \sum_n \upsilon_n \sin n\Omega t$. Justifier les parités respectives des fonctions u et υ. Le calcul conduit à l'identification

$$u_0 = -\frac{a_0}{3\Omega_U^2}, \; u_n = \frac{(n\Omega a_n - 2\Omega_U b_n)}{n\Omega(\Omega_U^2 - n^2\Omega^2)} \text{ et } \upsilon_n = \frac{-2n\Omega_U\Omega a_n + (3\Omega_U^2 + n^2\Omega^2)b_n}{n^2\Omega^2(\Omega_U^2 - n^2\Omega^2)}.$$

Retrouver l'expression de u_0 en procédant à un moyennage judicieux du système [C-13]. Les valeurs numériques de Ω_U et de Ω_N ont été calculées à la question 3. Pour quelle valeur de n, notée r, y a-t-il quasi résonance, c'est-à-dire quasi nullité des dénominateurs ? Dans la suite, on se limitera aux polynômes trigonométriques

$$u(t) = \varepsilon u_0 + \varepsilon u_r \cos(r\Omega t), \qquad \upsilon(t) = \varepsilon \upsilon_r \sin(r\Omega t).$$

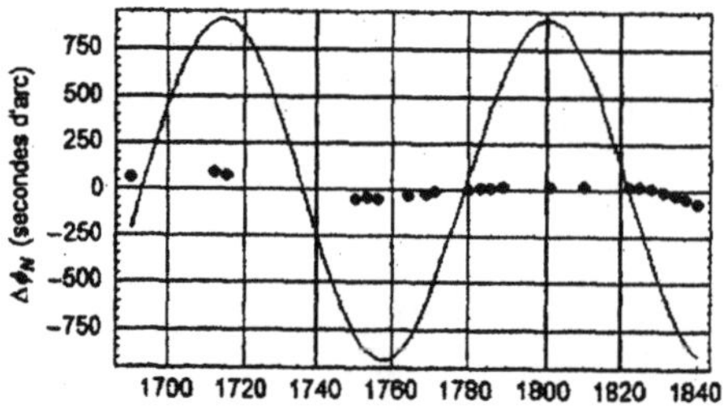

Fig. 4. Confrontation des données expérimentales à la solution obtenue à la question 16. Il convient donc de revenir sur la résolution du système C-13.

❑ **16** – Le calcul donne $a_2 = 1{,}50$ et $b_2 = -1{,}18$. Déduire de la question 15 que $\Delta\phi_N(t) = -\gamma \sin(2\Omega t)$; calculer γ en seconde d'arc. La Fig. 4 confronte le résultat de ce calcul et les données expérimentales. C'est évidemment très mauvais ; sans doute parce qu'il n'a pas été tenu compte de la solution homogène de [C-13]. Il faut donc revenir sur la résolution de ce système et apprécier le rôle de cette solution homogène ; c'est l'objet de la partie II-3.

II-3. Étude de la solution complète

❑ **17**– Le système homogène associé à [C-13] peut se réécrire sous la forme du système [H-17] :

$$\ddot{u} - 2\Omega_U \dot{\upsilon} - 3\Omega_U^2 u = 0$$
$$\ddot{\upsilon} + 2\Omega_U \dot{u} = 0 \Leftrightarrow \dot{\upsilon} + 2\Omega_U u = 2\Omega_U A, \qquad \text{[H-17]}$$

où A est une constante d'intégration. Établir que les solutions de ce système sont la somme

- d'une solution, dite de fréquence angulaire nulle $\left\{u^{(0)}, \upsilon^{(0)}\right\}$, faisant intervenir une constante d'intégration B
- et d'une solution dite de fréquence angulaire Ω_U, faisant intervenir deux autres constantes d'intégration, α et β.

La solution homogène fait ainsi apparaître ainsi quatre constantes d'intégration, A, B, α et β et l'on a :

$$\{u, \upsilon\} = \left\{u^{(0)} + u^{(\Omega_U)}, \upsilon^{(0)} + \upsilon^{(\Omega_U)}\right\}, \text{ avec}$$

$$u^{(0)} = 4A \qquad u^{(\Omega_U)}(t) = \alpha \sin(\Omega_U t) + \beta \cos(\Omega_U t)$$
$$\upsilon^{(0)}(t) = -6A\Omega_U t + B \qquad \upsilon^{(\Omega_U)}(t) = -2\beta \sin(\Omega_U t) + 2\alpha \cos(\Omega_U t).$$

II-4. Retour sur les lois de Képler

❑ **18** – Supposons que le mouvement d'Uranus dans le référentiel $(S, \vec{e}_\rho, \vec{e}_\phi, \vec{e}_z)$ soit circulaire de rayon $a = R_U + \Delta R_U$, où ΔR_U est un terme perturbatif constant ; la perturbation dans ce cas est de classe I, selon la nomenclature introduite au paragraphe I-2. L'équation différentielle liant $\dot{\upsilon}$ à u est alors (*cf.* la première équation de [H-17]) $2\dot{\upsilon} + 3\Omega_U u = 0$.

En s'appuyant sur les considérations de la question 8, interpréter la solution de fréquence angulaire nulle de [H-17].

❑ **19** – On s'intéresse maintenant à une perturbation de classe II ; le mouvement perturbé est décrit par $\left\{u^{(\Omega_U)}, \upsilon^{(\Omega_U)}\right\}$; il obéit aux lois de Kepler. Montrer qu'il résulte de la troisième loi de Kepler que la période du mouvement perturbé est égale à la période du mouvement non perturbé, ce dernier étant circulaire uniforme ; on justifie ainsi que la fréquence angulaire de la solution périodique soit Ω_U.

II-5. Retour sur le moment cinétique

☐ **20** – Vérifier que la solution $\left\{u^{(\Omega_U)}, \upsilon^{(\Omega_U)}\right\}$ vérifie l'équation différentielle suivante [L-20]

$$\dot{\upsilon}^{(1)} + 2\Omega_U u^{(1)} = 0. \qquad \text{[L-20]}$$

Mettre cette observation en perspective du résultat de la question 9.

II-6. Considérations numériques

☐ **21** – Expliquer pourquoi il est plus aisé de tester expérimentalement la solution $\upsilon(t)$ que la solution $u(t)$.

☐ **22** – La solution générale du système [C-13] donne l'expression suivante pour $\Delta\phi_N(t)$

$$\Delta\phi_N(t) = -\gamma \sin 2\Omega t + \frac{1}{R_U}\left(-6A\Omega_U t + B - 2\beta \sin\Omega_U t + 2\alpha\cos\Omega_U t\right)$$

$$= \underbrace{-\gamma \sin 2\Omega t}_{\text{Perturbation due à Neptune}} + \underbrace{\beta_1\Omega_U t + \beta_2}_{\text{Solution affine de l'équation homogène}} + \underbrace{\beta_3 \sin\Omega_U t + \beta_4 \cos\Omega_U t}_{\text{Solution périodique de l'équation homogène}}$$

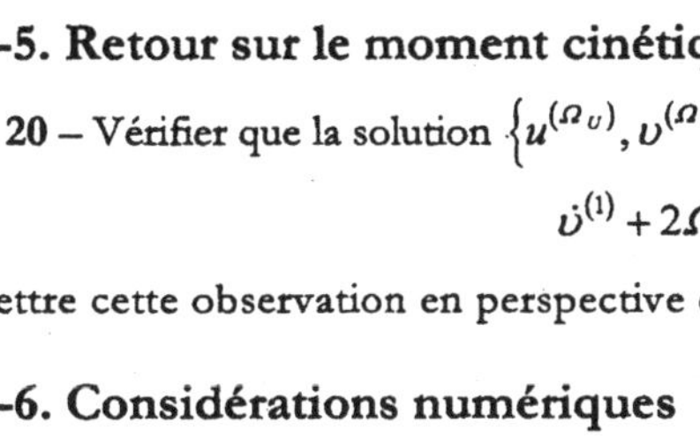

Fig. 5. Meilleur ajustement pour la correction de longitude d'Uranus :
$\beta_1 \approx -4{,}12''$, $\beta_2 \approx -23{,}6''$, $\beta_3 \approx 867''$, $\beta_1 \approx -4{,}12''$ et $\beta_4 \approx 45{,}5''$.

Les quatre paramètres inconnus A, B, α et β (ou $\beta_1, \beta_2, \beta_3$ et β_4) se déduisent des données expérimentales. Plutôt que de considérer les valeurs des fonctions cherchées et de leurs dérivées à un instant donné, nous allons adopter une méthode d'obtention globale des paramètres, en considérant la mesure quadratique d'erreur D_M, définie sur M points par

$$D_M^2 = \frac{1}{M}\sum_{k=1}^{M}\left[\Delta\phi_N^{calculé}(t_k) - \Delta\phi_N^{mesuré}(t_k)\right]^2.$$

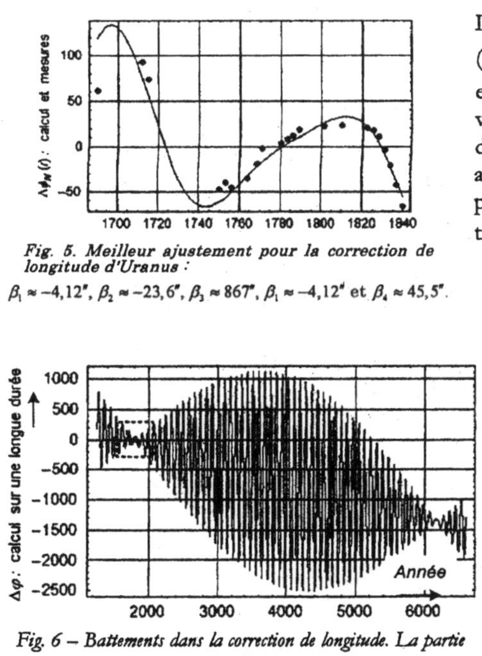

Fig. 6 – Battements dans la correction de longitude. La partie en gras, encadrée en pointillés, correspond aux données accessibles entre les années 1690 et 1840 (cf. Fig. 5).

Pourquoi cet estimateur donne-t-il des résultats préférables à ceux que donnerait l'ajustement en un point ? Donner, sans développer les calculs, le principe d'obtention des paramètres inconnus. Commenter le résultat du calcul, représenté Fig. 5 (et qui, pour information, correspond à la valeur minimale $D_M^* = 17{,}2''$) ; en particulier, comparer l'ordre de grandeur des oscillations de $\Delta\phi_N^{exp}(\tau)$ à l'amplitude γ.

☐ **23** – Les fréquences angulaires 2Ω et Ω_U dans l'expression de $\Delta\phi_N(t)$ sont quasiment commensurables ; elles font donc apparaître le phénomène de battement (Fig. 6), de fréquence angulaire $\Omega_b = \Omega_U - 2\Omega$.

Calculer la période T_b associée à Ω_b. Est-il possible, pour une durée d'observation T très inférieure à T_b, de séparer les composantes oscillatoires de fréquence angulaire 2Ω et Ω_U ?

III – Esquisse du problème inverse

Jusqu'ici, nous avons supposé l'existence de la planète perturbatrice (Neptune) et nous avons étudié la manière dont sa présence affecte la trajectoire d'Uranus. Dans la réalité, il en est allé tout autrement. L'affirmation de l'existence de Neptune est un tour de force de physique théorique. Pour en avoir une idée, nous considérons le modèle simplifié suivant :

Si l'on ne tenait pas compte de la perturbation apportée par la planète Neptune, on trouverait que la trajectoire non perturbée d'Uranus autour du Soleil serait circulaire (orbite képlérienne de grand axe $a = R_U$ d'excentricité $e = 0$; fréquence angulaire Ω_U, $\phi(t) = \phi^{(0)}(t) = \Omega_U t$). Cette trajectoire calculée tient compte des solutions du système homogène (H-17) ; elle n'est évidemment pas observable.

La trajectoire observée *semble* képlérienne, de grand axe a et d'excentricité $e << 1$; son équation polaire est

$$\rho = \frac{a\left(1-e^2\right)}{1+e\cos(\phi)} \underset{\substack{\text{au premier} \\ \text{ordre en } e}}{\approx} a\left[1-e\cos(\phi)\right].$$

Elle vérifie $\rho^2 \dfrac{\mathrm{d}\phi}{\mathrm{d}t} = R_U^2 \Omega_U$.

Les parties III-1 et III-2 ci-après sont traitables indépendamment l'une de l'autre.

III-1. Premier traquenard de l'ajustement : masquage de l'effet prépondérant

❑ **24** – Établir que, au premier ordre en e,

$$\phi(t) = \phi^{(1)}(t) = \Omega_U t + 2e\sin(\Omega_U t).$$

Avant la découverte de Neptune, il s'agissait seulement d'ajuster e aux données expérimentales.

❑ **25** – Il résulte de ce modèle (et du calcul de la question 22) que la seule correction à considérer est, dans le cadre de ce modèle, celle qui est due à Neptune :

$$\Delta\phi_N(t) = \phi(t) - \Omega_U t \approx \underbrace{-\gamma\sin 2\Omega t}_{\text{Perturbation due à Neptune}} \approx -\gamma\sin\Omega_U t.$$

Justifier maintenant l'affirmation suivante :

La trajectoire perturbée ressemble à une orbite képlérienne, avec l'excentricité (incorrecte !) $e = -\dfrac{1}{2}\gamma$ $\left(\approx -2\times 10^{-3}\right)$. *La vraie correction* $\left(\gamma \approx 900''\right)$ *est relativement importante ; il se trouve que, lorsque l'on considère une orbite képlérienne incorrecte, la correction résiduelle est plutôt faible (cf.* question 16*). L'influence de Neptune peut donc être masquée par une valeur incorrecte de l'excentricité d'Uranus.*

❑ **26** – Avec quelle précision faut-il mesurer l'excentricité d'Uranus pour être sûr que ses anomalies de trajectoire soient liées à la présence d'un corps étranger ?

❑ **27** – On suppose que les paramètres orbitaux de Neptune — planète dont on affirme l'existence — sont inconnus. On se propose de déterminer ces derniers à partir des données expérimentales. Il faut d'abord déterminer les quatre β de la question 22. Quels sont les autres paramètres à introduire ? interviennent-ils linéairement dans l'expression de l'anomalie de longitude ?

III-2. Deuxième traquenard de l'ajustement : ambiguïté

❑ **28** – Supposons résolus tous les problèmes ; la solution perturbative, limitée à l'harmonique 2, a été optimisée (question 22) ; toutes les valeurs numériques sont connues :

$$\Delta\phi_N(t) = \frac{\upsilon(t)}{R_U} = \underbrace{-\gamma \sin 2\Omega t}_{\text{Perturbation due à Neptune}} + \underbrace{\beta_1 \Omega_U t + \beta_2}_{\text{Solution affine de l'équation homogène}} + \underbrace{\beta_3 \sin \Omega_U t + \beta_4 \cos \Omega_U t.}_{\text{Solution périodique de l'équation homogène}}$$

Plaçons Neptune sur son orbite. Déplaçons-la maintenant de 180°, c'est-à-dire plaçons là diamétralement opposée par rapport à sa position initiale. Cela change-t-il quelque chose à la solution ? Voyez-vous une méthode pour résoudre cette ambiguïté ?

FIN DU PROBLÈME

FIN DE L'ÉPREUVE

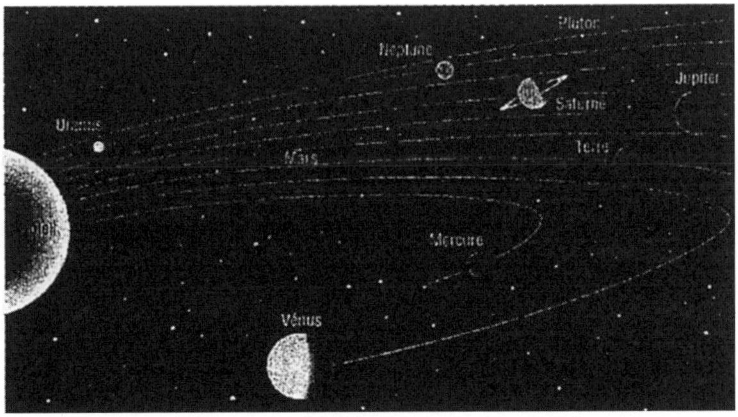

Source : http://www.cnes.fr/html/_107_519_.php

REDÉCOUVRONS LA PLANÈTE NEPTUNE

Problème direct, problème inverse et problèmes d'interprétation

I - Mise en place de l'étude

1. La troisième loi de Kepler s'énonce :

$$\frac{T^2}{R^3} = \frac{4\pi^2}{GM},$$

soit $C = 4\pi^2/(GM)$.

On évalue la constante dans le système d'unités choisi : $T = 1$ année et $R = 1$ UA. Ainsi,

$$C = 1 \text{ année}^2.\text{UA}^{-3}.$$

Contrairement à ce que propose l'énoncé, la constante est dimensionnée.

> RAPPEL : cette loi se démontre à partir de la relation fondamentale de la dynamique pour la particule de masse m :
>
> $$m\frac{d\vec{v}}{dt} = -\frac{GMm}{R^2}\vec{u}_r.$$
>
> En coordonnées cylindriques, pour une trajectoire circulaire uniforme (du fait de la loi des aires), $\vec{a} = -\frac{v^2}{R}\vec{u}_r$. Ainsi,
>
> $$\frac{v^2}{R} = \frac{GMm}{R^2}.$$
>
> Comme $v = 2\pi R/T$, on obtient
>
> $$\frac{T^2}{R^3} = \frac{4\pi^2}{GM}.$$
>
> La loi reste valable pour les orbites elliptiques en remplaçant R par le demi grand axe a.

2. Comme $C = 4\pi^2/(GM)$ et $C = 1$ (on oubliera désormais les unités, comme le fait l'énoncé), on déduit

$$G = \frac{4\pi^2}{M} = 4\pi^2$$

vu que $M = 1$ dans ce système d'unités.

3. Application numérique : $T_U = \sqrt{R_U^3} = 84,06$ années, $T_N = 165,0$ années, $\Omega_U = \frac{2\pi}{T_U} = 7,475.10^{-2}$ année^{-1}, $\Omega_N = 3,808.10^{-2}$ année^{-1}, $\Omega = \Omega_U - \Omega_N = 3,667.10^{-2}$ année^{-1}. Par conséquent, $r = 2,038$, proche de 2.

4. Le point S n'est pas en translation rectiligne uniforme dans un référentiel galiléen. En effet, le Soleil est soumis à l'action des planètes (ainsi que des autres étoiles). Par conséquent, le référentiel lié au repère $(S, \vec{e}_X, \vec{e}_Y, \vec{e}_Z)$ n'est **pas galiléen.**

Remarque : si les vecteurs $\vec{e}_X$, $\vec{e}_Y$, $\vec{e}_Z$ pointent bien vers des étoiles lointaines, le référentiel peut néanmoins être considéré comme quasiment galiléen pour de nombreux problèmes.

5. Le Soleil est soumis à l'action d'Uranus et Neptune : le principe fondamental de la dynamique appliqué au Soleil dans le référentiel galiléen $\mathcal{R}$ donne

$$M_S \frac{d^2\vec{r}_S}{dt^2} = -\frac{GM_S m_U}{|\vec{r}_S - \vec{r}_U|^3}(\vec{r}_U - \vec{r}_S) - \frac{GM_S m_N}{|\vec{r}_S - \vec{r}_N|^3}(\vec{r}_N - \vec{r}_S).$$

Similairement, pour Uranus et Neptune,

$$\begin{aligned} m_U \frac{d^2\vec{r}_U}{dt^2} &= -\frac{GM_S m_U}{|\vec{r}_S - \vec{r}_U|^3}(\vec{r}_S - \vec{r}_U) - \frac{Gm_U m_N}{|\vec{r}_U - \vec{r}_N|^3}(\vec{r}_N - \vec{r}_U) \\ m_N \frac{d^2\vec{r}_N}{dt^2} &= -\frac{GM_S m_N}{|\vec{r}_S - \vec{r}_N|^3}(\vec{r}_S - \vec{r}_N) - \frac{Gm_U m_N}{|\vec{r}_U - \vec{r}_N|^3}(\vec{r}_U - \vec{r}_N). \end{aligned}$$

6. On retranche les relations fondamentales de la dynamique pour Uranus et le Soleil, divisées par les masses des astres respectifs :

$$\frac{d^2\vec{\rho}_U}{dt^2} = -G(M_S + m_U)\frac{\vec{\rho}_U}{|\rho_U|^3} + \vec{f}.$$

7. Dans le cas non perturbé, l'équation du mouvement d'Uranus s'écrit

$$\frac{d^2\vec{\rho}_U}{dt^2} + G(M_S + m_U)\frac{\vec{\rho}_U}{|\rho_U|^3} = \vec{0}.$$

La seule force à laquelle Uranus est soumise est l'action du Soleil. Son orbite est donc une ellipse, dont le foyer est le centre de masse du système Soleil-Uranus. L'énoncé assimile cette orbite à un cercle. De plus, le centre de masse de ce système est quasiment confondu avec le centre du Soleil. On peut donc confondre le rayon de l'orbite solution de l'équation du mouvement avec R_U, distance moyenne Soleil-Uranus.

8. Les orbites non perturbée et non perturbée suivent la loi de Kepler : $a^3\omega^2 = \text{cte}$. On considère la dérivée logarithmique :

$$3\ln a + 2\ln\omega = \ln \text{cte}, \quad \text{soit} \quad 3\frac{\Delta a}{a} + 2\frac{\Delta\omega}{\omega} = 0.$$

On déduit, à l'ordre le plus bas non nul,

$$\frac{3}{2}\frac{\Delta a}{R} = -\frac{\Delta\omega}{\omega} = -\frac{1}{R}\frac{\dot{v}}{\omega}.$$

On aboutit finalement à

$$\dot{v} = -\frac{3}{2}\omega\Delta a.$$

9. Le demi grand axe est inchangé, donc il en est de même pour la période d'après la troisième loi de Kepler.

On considère la dérivée logarithmique de la loi des aires :

$$2\ln\rho + \ln\dot{\Phi} = \ln \mathrm{cte}, \quad \text{d'où} \quad 2\frac{\Delta\rho}{\rho} + \frac{\Delta\dot{\Phi}}{\dot{\Phi}} = 0.$$

Pour cette perturbation, $\Delta\rho = u$, $\dot{\Phi} \simeq \omega$ et $\Delta\dot{\Phi} = \dfrac{\dot{v}}{R}$. On déduit immédiatement

$$\dot{v} = -2\omega u.$$

II. Étude du problème direct

10. Pour connaître exactement la force d'attraction gravitationnelle entre Uranus et Neptune, il faut connaître exactement les positions d'Uranus et Neptune. On peut alors essayer de résoudre exactement les équations (couplées et non linéaires) de leurs mouvements ou adopter une approche **perturbative**. Dans ce cas, pour évaluer la force supplémentaire due à la présence de Neptune (ainsi que son effet sur la trajectoire d'Uranus), on utilisera dans l'expression de cette force les positions non perturbées d'Uranus et Neptune.

> REMARQUE : on peut réitérer ce procédé jusqu'à ce que la méthode converge : une fois la perturbation de l'orbite d'Uranus calculée, on recalcule plus précisément la force exercée par Neptune et on évalue à nouveau son effet... on s'arrête lorsque la précision désirée est atteinte.

11. Initialement, les trois astres sont alignés. Uranus est en orbite à Ω_U et Neptune à Ω_N. Ainsi, l'angle entre $\overrightarrow{SU}$ et $\overrightarrow{SN}$ (N : position de Neptune) est $(\Omega_N - \Omega_U)t$. Ainsi,

$$\vec{\rho}_N^{(0)} = \overrightarrow{SN} = R_N(\cos(\Omega t)\vec{e}_\rho - \sin(\Omega t)\vec{e}_\Phi).$$

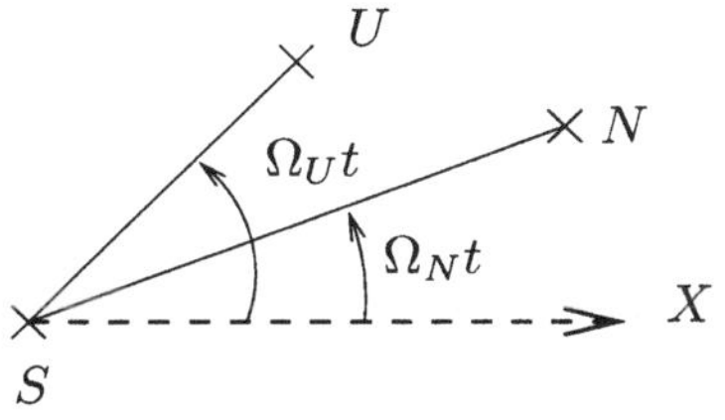

Par simple soustraction,

$$\vec{\rho}_N^{(0)} - \vec{\rho}_U^{(0)} = (R_N\cos(\Omega t) - R_U)\vec{e}_\rho - R_N\sin(\Omega t)\vec{e}_\Phi.$$

On évalue alors la force perturbatrice :

$$\vec{f} = Gm_N\left(\frac{(R_N\cos(\Omega t) - R_U)\vec{e}_\rho - R_N\sin(\Omega t)\vec{e}_\Phi}{(R_N^2 + R_U^2 - 2R_UR_N\cos(\Omega t))^{3/2}} - \frac{R_N(\cos(\Omega t)\vec{e}_\rho - \sin(\Omega t)\vec{e}_\Phi)}{R_N^3}\right).$$

On pose alors

$$\varepsilon = \frac{Gm_N}{R_N^2}.$$

Ainsi,

$$F_\rho = \frac{\cos(\Omega t) - k}{(1+k^2-2k\cos(\Omega t))^{3/2}} - \cos(\Omega t) \quad F_\Phi = -\frac{\sin(\Omega t)}{(1+k^2-2k\cos(\Omega t))^{3/2}} + \sin(\Omega t)$$

avec $k = R_U/R_N$.

12. Application numérique : $\dfrac{GM_S}{\rho_U^2} \approx \dfrac{4\pi^2}{19^3} \approx 6.10^{-3}$ UA.année^{-2} alors que $|\vec{f}| \lesssim \varepsilon(\dfrac{1+k}{(1-k)^3}+1) \approx 26\varepsilon \approx 6.10^{-5}$ UA.année^{-2} pour chaque composante. Le terme perturbatif est 100 fois moins important que le terme principal (en majorant largement). On peut, sur de longues périodes, se contenter d'un traitement perturbatif comme suggéré à la question 10.

13. On utilise l'équation du mouvement de la question 6, sachant que

$$\frac{d^2\vec{\rho}_U}{dt^2} = (\ddot{\rho}_U - \rho_U\dot{\Phi}^2)\vec{e}_\rho + (2\dot{\rho}_U\dot{\Phi} + \rho_U\ddot{\Phi})\vec{e}_\Phi$$

(accélération en coordonnées cylindriques). À l'ordre 1 en perturbation, on obtient

$$\begin{aligned}\frac{d^2\vec{\rho}_U}{dt^2} &= (\ddot{\rho}_U^{(0)} - \rho_U^{(0)}\dot{\Phi}^{(0)2})\vec{e}_\rho + (2\dot{\rho}_U^{(0)}\dot{\Phi}^{(0)} + \rho_U^{(0)}\ddot{\Phi}^{(0)})\vec{e}_\Phi \\ &+(\ddot{u} - \rho_U^{(0)}2\dot{\Phi}^{(0)}\frac{\dot{v}}{R} - u\dot{\Phi}^{(0)2})\vec{e}_\rho + (2\dot{u}\dot{\Phi}^{(0)} + 2\dot{\rho}_U^{(0)}\frac{\dot{v}}{R} + u\ddot{\Phi}^{(0)} + \rho_U^{(0)}\frac{\ddot{v}}{R})\vec{e}_\Phi.\end{aligned}$$

La première ligne correspond à l'ordre 0 et la seconde à l'ordre 1.

Similairement, le deuxième terme de l'équation du mouvement (question 6) s'écrit à l'ordre 1

$$\begin{aligned}G(M_S+m_U)\frac{\vec{\rho}_U}{|\vec{\rho}_U|^3} &= G(M_S+m_U)\frac{\rho_U^{(0)}+u}{(\rho_U^{(0)}+u)^3}\vec{e}_\rho \\ &= G(M_S+m_U)(\frac{1}{\rho_U^{(0)2}} + \frac{u}{\rho_U^{(0)3}} - 3\frac{u}{\rho_U^{(0)3}})\vec{e}_\rho.\end{aligned}$$

REMARQUE : il s'agit dans les calculs précedents d'écrire les différents termes avec précaution et de les regrouper par ordre de grandeur.

Sachant que $\rho_U^{(0)} = R_U$, $\dot{\Phi}^{(0)} = \Omega_U$ (constants, donc de dérivée nulle) et $\Omega_U^2 R_U^3 = GM_S$ (rappelons que $m_U \ll M_S$), on déduit en égalant les termes d'ordre 1 :

$$\ddot{u} - 2\Omega_u\dot{v} - u\Omega_U^2 - 2u\Omega_U^2 = \varepsilon F_\rho \quad \text{et} \quad 2\dot{u}\Omega_U + \ddot{v} = \varepsilon F_\Phi.$$

14. F_ρ et F_Φ sont périodiques. Elles s'écrivent donc sous forme de série de Fourier, c'est-à-dire comme somme de sinus et cosinus de pulsations multiples de la pulsation Ω de $\vec{F}$.

De plus, F_ρ (F_Φ) est paire (impaire) : elle ne contient que des cosinus (sinus) dans son développement de Fourier.

Si on prend pour excitation (F_ρ et F_Φ) seulement le terme d'ordre n (en $n\Omega$), la solution forcée oscillera aussi à la pulsation $n\Omega$. Par linéarité, la solution s'écrit comme somme de sinus et cosinus de pulsations $n\Omega$: elle se développe en série de Fourier.

15. Si on dérive la première équation [C-13] par rapport au temps et élimine $\ddot{v}$, alors

$$\dddot{u} + \Omega_U^2 \dot{u} = \varepsilon(\dot{F}_\rho + 2\Omega_U F_\Phi).$$

$\dddot{u}$ et $\dot{u}$ sont de même parité alors que $\dot{F}_\rho$ et F_Φ sont impaires. Ainsi, $\dot{u}$ est impaire et u est paire. Elle ne comporte que des cosinus dans sa série de Fourier. On montre similairement que v est impaire.

On prend judicieusement la moyenne de la première équation de [C-13] :

$$0 - 0 - 3\Omega_U^2 \varepsilon u_0 = \varepsilon a_0.$$

En effet, la valeur moyenne de $\cos(n\Omega t)$ est nulle si $n \neq 0$ et celle de $\sin(n\Omega t)$ est toujours nulle. On obtient directement

$$u_0 = -\frac{a_0}{3\Omega_U^2}.$$

On a établi à la question 3 : $\Omega_U \simeq 2\Omega$. Il y a donc quasi résonance pour $n = 2$. Cela signifie qu'une perturbation même faible aura des conséquences très importantes.

16. On exprime la partie oscillante de l'écart de Φ par rapport à $\Phi^{(0)}$:

$$\Delta\Phi_N(t) = \frac{v(t)}{R_U} = \varepsilon\frac{v_2 \sin(2\Omega t)}{R_U} = \frac{\varepsilon}{R_U}\frac{-4\Omega_U\Omega a_2 + (3\Omega_U^2 + 4\Omega^2)b_2}{4\Omega^2(\Omega_U^2 - 4\Omega^2)}\sin(2\Omega t).$$

Comme $a_2 > 0$ et $b_2 < 0$, l'expression est de la forme voulue avec $\gamma > 0$.

Application numérique : $\gamma = 4,5.10^{-3}$ rad $= 0,26° = 920''$

Le résultat est bien cohérent avec l'amplitude de la sinusoïde de la figure 4.

17. On reporte la seconde expression (intégrée) dans la première :

$$\ddot{u} - 4\Omega_U^2(A - u) - 3\Omega_U^2 u = 0,$$

soit

$$\ddot{u} + \Omega_U^2 u = 4\Omega_U^2 A.$$

Par conséquent, $u(t)$ est la somme d'un terme constant ($u^{(0)} = 4A$) et d'un sinus et d'un cosinus de pulsation Ω_U :

$$u(t) = 4A + \alpha\sin(\Omega_U t) + \beta\cos(\Omega_U t).$$

Alors,

$$\dot{v} = 2\Omega_U(A - u) = 2\Omega_U(-3A - \beta\cos(\Omega_U t) - \alpha\sin(\Omega_U t),$$

soit

$$v(t) = -6A\Omega_U t + B - 2\beta\sin(\Omega_U t) + 2\alpha\cos(\Omega_U t).$$

18. L'équation différentielle entre $\dot{v}$ et u est exactement celle établie à la question 8 pour une perturbation de classe I. La solution de fréquence angulaire nulle correspond donc à un changement de rayon, l'orbite restant circulaire.

REMARQUE : l'orbite non perturbée n'est pas circulaire dans le référentiel proposé par l'énoncé, mais dans $(S, \vec{e}_\rho, \vec{e}_\varphi, \vec{e}_Z)$!

19. Pour cette perturbation de classe II, on a montré en question 9 que la période est inchangée (demi grand axe constant).

20. Pour cette solution, on a bien

$$\frac{dv^{(\Omega_U)}}{dt} = -2\Omega_U u^{(\Omega_U)},$$

comme l'équation établie à la question 9. C'est logique pour une perturbation de classe II. On identifie là aussi la pulsation non perturbée à Ω_U.

21. Par des observations astronomiques (lunette ou télescope), il est difficile de déterminer des distances, et encore bien plus des variations assez infimes de distances (c'est-à-dire u). En revanche, les mesures d'angle (donc de v à un facteur proportionnel près) sont tout à fait réalisables, notamment en se repérant par rapport aux étoiles (fixes).

22. L'ajustement en un point ne permet pas de déterminer quatre constantes ! En utilisant quatre points de la courbe, on obtiendrait les valeurs des quatre constantes. Cependant, cette détermination serait affectée par les **erreurs de mesure** inhérentes à toute mesure physique. Par exemple, si un tel ajustement était réalisé à l'aide des quatre premières valeurs, on affecterait aux paramètres β_i des valeurs bien différentes de celles annoncées.

Il est donc bien plus fructueux d'utiliser tous les points, en regardant par exemple la somme des carrés des écarts entre les valeurs calculées et celles mesurées (méthode des moindres carrés).

Dans le principe, on part de valeurs quelconques plus ou moins réalistes et on calcule la quantité D_M^2. Par variation des quantités β_i, on étudie si D_M^2 augmente ou diminue. Le problème se ramène à celui de la minimisation d'une fonction. il est par exemple possible d'utiliser la méthode du gradient conjugué, dont les principes vont largment au-delà de ce corrigé.

23. Application numérique : $\Omega_b = \Omega_U - 2\Omega = 1,410.10^{-3}$ année^{-1}. Ensuite, $T_b = \dfrac{2\pi}{\Omega_b} = 4456$ années. C'est ce qui est observé sur la figure 5 : cette période représente la durée entre deux annulations d'oscillations (entre la zone encadrée aux alentours de 1700 et la zone vers 6200).

Pour mettre en évidence les battements (variations de l'amplitude de l'enveloppe), il faut des durées à peu près de l'ordre de T_b, soit au moins 1000 années.

III. Esquisse du problème inverse

24. On utilise la loi des aires :

$$\rho^2\dot{\Phi} = R_U^2\Omega_U.$$

Alors,

$$a^2(1 - e\cos\Phi)^2\dot{\Phi} \simeq a^2(1 - 2e\cos\Phi)\dot{\Phi} = R_U^2\Omega_U.$$

Comme $a = R_U$, et $e \ll 1$,

$$\dot{\Phi} \simeq \Omega_U(1 + 2e\cos\Phi) \simeq \Omega_U(1 + 2e\cos\Phi^{(0)}) = \Omega_U(1 + 2e\cos(\Omega_U t)).$$

On intègre :

$$\Phi(t) = \Omega_U t + 2e\sin(\Omega_U t) + \text{cte}.$$

Comme à $t = 0$, $\Phi(t) = 0$, on déduit cte $= 0$.

REMARQUE : la notation de l'énoncé $\Phi(t) = \Phi^{(1)}(t)$ semble assez douteuse.

25. Clairement, la perturbation est identique à une orbite képlérienne, avec $e = -\gamma/2$. La correction totale étant assez faible, elle peut être confondue avec une valeur incorrecte de l'excentricité d'Uranus. En fait, comme on l'a montré plus haut, la correction due à Neptune est très importante, mais masquée par d'autres termes.

26. Il faut ainsi mesurer l'excentricité à mieux que 10^{-3} près. Sinon, on on confondra la présence d'une autre planète avec une mauvais évaluation des problèmes de trajectoires.

27. On a aussi besoin de la masse de Neptune, ainsi que de sa distance moyenne au Soleil. La masse intervient de manière linéaire, contrairement à la distance (voir par exemple l'expression de la force perturbative due à Neptune).

28. L'angle repérant Uranus est $\Omega_U t$. La position angulaire de Neptune par rapport à Uranus est $-\Omega t$. La déplacer de 180° revient a changer $-\Omega t \leftrightarrow -\Omega t + \pi$. Vu la forme de la perturbation due à Neptune (plus précisément la présence d'un facteur 2) cela n'a aucun effet.

Dans le terme perturbatif dû à Neptune, on n'a considéré que le terme résonant $n = 2$. En réalité, ce terme est la somme de sinusoïdes oscillants à $n\Omega$, avec $n \in N$. Dans ce cas, le déplacement de Neptune provoque bien un effet.

A 2006 PHYS. I PC

ÉCOLE NATIONALE DES PONTS ET CHAUSSÉES,
ÉCOLES NATIONALES SUPÉRIEURES DE L'AÉRONAUTIQUE ET DE L'ESPACE,
DE TECHNIQUES AVANCÉES, DES TÉLÉCOMMUNICATIONS,
DES MINES DE PARIS, DES MINES DE SAINT-ÉTIENNE, DES MINES DE NANCY,
DES TÉLÉCOMMUNICATIONS DE BRETAGNE,
ÉCOLE POLYTECHNIQUE (FILIÈRE TSI)

CONCOURS D'ADMISSION 2006

PREMIERE ÉPREUVE DE PHYSIQUE

Filière PC

(Durée de l'épreuve : 3 heures)
L'usage de la calculette est autorisé

Sujet mis à disposition des concours : ENSTIM, INT, TPE-EIVP, Cycle international
Les candidats sont priés de mentionner de façon apparente sur la première page de la copie :

PHYSIQUE I -PC

L'énoncé de cette épreuve comporte 11 pages.

• Si, au cours de l'épreuve, un candidat repère ce qui lui semble être une erreur d'énoncé, il le signale sur sa copie et poursuit sa composition en expliquant les raisons des initiatives qu'il est amené à prendre.

• Tout résultat fourni dans l'énoncé peut être utilisé pour les questions ultérieures, même s'il n'a pas été démontré.

• Il ne faudra pas hésiter à formuler les commentaires (incluant des considérations numériques) qui vous sembleront pertinents, même lorsque l'énoncé ne le demande pas explicitement. Le barème tiendra compte de ces initiatives ainsi que des qualités de rédaction de la copie.

Notations : vecteur → **A** (gras) ; norme du vecteur **V** → *V* (italique) ; vecteur unitaire → **â**.

PROPAGATION D'ONDES DANS LES FLUIDES

Ce problème est dédié à la propagation d'ondes acoustiques dans les fluides. La première partie porte sur la propagation d'ondes dans des tuyaux à section circulaires dits élastiques, c'est-à-dire tels que le rayon varie avec la pression. Le modèle qui peut alors s'en déduire est bien adapté à l'étude du système artériel car il permet de mettre en évidence un lien entre certains dysfonctionnements des artères et certaines pathologies cardiaques. La seconde partie porte sur la propagation d'ondes à la surface de l'eau (cas dans lequel entre, par exemple, la propagation d'un raz de marée ou « tsunami »).

Bien que certains résultats demandés présentent une grande similarité, les deux parties de l'épreuve peuvent se traiter séparément.

ONDES DANS LES FLUIDES

PARTIE I – Ondes acoustiques dans un tuyau élastique

On considère un tuyau de section circulaire et d'axe Ox rempli d'un fluide (figure 1). Au repos, le fluide a une masse volumique ρ_0 et une pression intérieure P_0 identique à la pression extérieure (cette dernière sera supposée constante tout au long de cette partie). A l'équilibre, on suppose que le champ des vitesses est nul et que la section du tuyau est uniforme et notée A_0.

On s'intéresse à la propagation de perturbations acoustiques de petites amplitudes suivant l'axe Ox, ce qui permet de se limiter à une théorie linéaire. Les champs de vitesse, de pression, et de masse volumique s'expriment alors sous la forme :

$$\mathbf{u}(x,t) = u(x,t)\ \hat{\mathbf{u}}_x$$
$$P(x,t) = P_0 + p(x,t)$$
$$\rho(x,t) = \rho_0 + \rho_1(x,t)$$

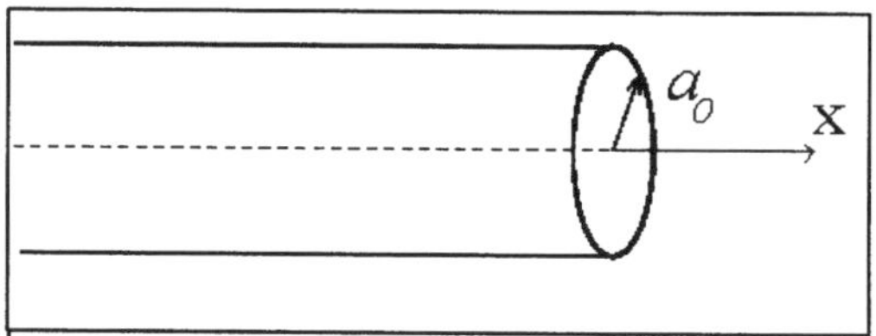

Figure 1 : tuyau de rayon a_0 et de section

où $\hat{\mathbf{u}}_x$ est le vecteur unitaire selon la direction Ox. $u(x,t)$ est appelé la vitesse acoustique, et $p(x,t)$ est la surpression par rapport à P_0. Le fluide étant supposé parfait, on considère que ces grandeurs sont uniformes sur une section du tuyau et que la compressibilité isentropique du fluide χ_S est donnée par la relation :

$$\chi_S = \frac{1}{\rho}\left(\frac{\partial \rho}{\partial P}\right)_S$$

Dans ce problème, χ_S sera nommée compressibilité, et sera supposée constante.

I.1 : Ondes acoustiques dans un tuyau rigide

On se place tout d'abord dans le cas où la section du tuyau ne dépend pas de la surpression.

❑ **1** – Ecrire l'équation d'Euler linéarisée et en déduire une première équation différentielle entre la vitesse acoustique $u(x,t)$ et la surpression $p(x,t)$.

❑ **2** – Ecrire l'équation générale de conservation de la masse et montrer qu'elle se réduit ici, en se limitant toujours au 1er ordre, à l'équation différentielle:

$$\frac{\partial \rho_1(x,t)}{\partial t} + \rho_0 \frac{\partial u(x,t)}{\partial x} = 0$$

❑ **3** – Montrer enfin que la surpression $p(x, t)$ et la vitesse $u(x,t)$ obéissent à une équation de type d'Alembert. En déduire l'expression de la célérité c de l'onde sonore, que l'on exprimera en fonction de χ_S et de ρ_0.

Calculer la valeur de c pour l'eau de mer : $\rho_0 =$ 1050 kg.m^{-3} et $\chi_S = 5{,}2.10^{-10}$ Pa^{-1}

Physique I année 2006; filière PC

❑ **4** – Soit un tuyau dans lequel se propage une onde acoustique progressive monochromatique de longueur d'onde λ dans le sens des x croissants. La célérité de l'onde acoustique est c. La surpression associée est notée $p_e(x,t) = f\left(t - \frac{x}{c}\right)$. On suppose qu'au point x=0, une certaine partie de l'onde est réémise en direction des x négatifs : la surpression associée à cette onde réfléchie est notée $p_r(x,t) = g\left(t + \frac{x}{c}\right)$. On suppose aussi qu'au point x=0 on a $p_r = r\, p_e$ avec $r \in [-1\,;+1]$. Exprimer alors la pression totale pour les valeurs de x négatives et montrer qu'il apparaît des ventres de pression pour des valeurs de x que l'on caractérisera. Expliciter ces valeurs dans les cas particuliers $r = +1$ et $r = -1$.

I.2 : onde acoustique dans un tuyau élastique

Sous l'effet d'une augmentation de la pression interne, le rayon du tuyau, et donc son aire A, peuvent varier d'une manière qui ne dépend que de la pression et que l'on supposera isentropique. On peut alors décrire ce phénomène par un paramètre D_S, appelé distensibilité (isentropique) du tuyau qui s'exprime comme :

$$D_S = \frac{1}{A}\left(\frac{\partial A}{\partial P}\right)_S$$

Dans ce problème, pour un tuyau donné, la distensibilité sera supposée constante.

On suppose aussi que cette variation de l'aire du tuyau est suffisamment faible pour conserver les hypothèses de linéarité de la partie précédente. De plus, on suppose qu'en tout point la dérivée temporelle du rayon est beaucoup plus petite que la vitesse acoustique $u(x,t)$ calculée dans le cas d'un tuyau rigide. L'aire du tuyau à l'équilibre sera noté A_0.

❑ **5** – Montrer que l'équation de conservation de la masse permet d'écrire la relation :

$$\frac{\partial}{\partial x}\left(\rho(x,t)\,u(x,t)\,A(x,t)\right) + \frac{\partial}{\partial t}\left(\rho(x,t)\,A(x,t)\right) = 0$$

qui, sous nos hypothèses, peut s'écrire :

$$\rho_0 A_0 \frac{\partial u(x,t)}{\partial x} + \frac{\partial\left(\rho(x,t)\,A(x,t)\right)}{\partial t} = 0$$

En déduire la relation:

$$(\chi_S + D_S)\frac{\partial p(x,t)}{\partial t} + \frac{\partial u(x,t)}{\partial x} = 0$$

❑ **6** – Montrer que la surpression $p(x,t)$ et la vitesse acoustique $u(x,t)$ obéissent à une équation d'onde de type d'Alembert avec une célérité c que l'on exprimera en fonction de χ_S, D_S et ρ_0. En comparant avec le résultat de la question 3, discuter des effets de la distensibilité d'un tuyau sur la propagation acoustique. En particulier, ce modèle permet-il d'aborder la propagation dans les fluides incompressibles ?

❑ **7** – On cherche à exprimer la distensibilité du tuyau en fonction de ses caractéristiques mécaniques et géométriques. On suppose que le tuyau est un cylindre creux dont la paroi a une épaisseur h petite devant le rayon intérieur a_0 (figure 2).

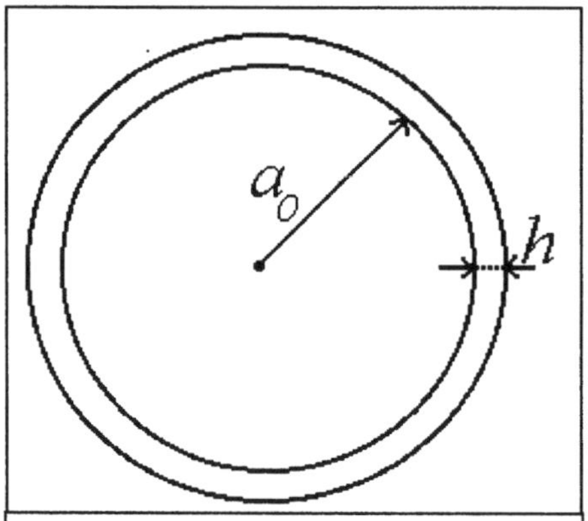

Figure 2 : tuyau de section circulaire de rayon a_0 et d'épaisseur h.

On admettra que la distensibilité D_S d'un tel tuyau est liée au module d'Young E du matériau composant le tuyau par la relation :

$$D_S = \frac{a_0}{E\,h}$$

Montrer que, pour des fluides incompressibles, on retrouve la formule, dite de Moens-Korteweg:

$$c^2 = \frac{E\,h}{a_0 \rho_0}$$

❑ **8** – Pour un tube en acier, le module d'Young vaut $E = 10^{11}$ Pa, alors que pour un tuyau en caoutchouc, E vaut typiquement 10^6 Pa. Calculer les distensibilités pour un tube en acier et un autre en caoutchouc, tous deux de rayon 1 cm et d'épaisseur 2 mm.

En déduire la célérité des ondes dans les deux cas quand le tube est rempli d'eau de mer et comparer avec la célérité obtenue à la question 3. Quel est, dans chaque cas, le facteur prédominant (compressibilité ou distensibilité) ? Dans quel cas la formule de Moens-Korteweg est-elle valide ?

❑ **9** Montrer que, pour une onde progressive dans le sens des x croissants, on peut définir une grandeur Y telle que le débit volumique $J(x,t)$ soit relié à la surpression $p(x,t)$ par la relation :

$$J\left(t - \frac{x}{c}\right) = Y\, p\left(t - \frac{x}{c}\right).$$

Donner une première expression de Y en fonction de ρ_0, χ_S, c et A_0. Montrer que l'on en déduit l'expression suivante :

$$Y = \frac{A_0}{\rho_0\, c}.$$

Dans ce problème, Y sera appelée admittance acoustique (Noter qu'on définit ici une admittance acoustique comme une expression reliant le débit –et non la vitesse– à la surpression).

Calculer cette admittance acoustique pour les deux exemples de la question 8.

Physique I année 2006; filière PC

I.3 : Analyse quantitative d'un changement de tuyau

On étudie maintenant l'influence d'une modification, en x=0, des propriétés du tuyau. Celle-ci peut être un changement de la section ou de l'épaisseur du tuyau ou un changement dans ses propriétés mécaniques (module d'Young). Ces modifications peuvent conduire à un changement dans les valeurs de l'admittance acoustique Y et de la célérité c.

On supposera que les modifications de propriétés étudiées dans ce problème permettront d'admettre qu'à la traversée d'un raccordement il y a continuité de la surpression et du débit volumique:

$$\lim_{x \to 0^-} p(x) = \lim_{x \to 0^+} p(x)$$
$$\lim_{x \to 0^-} J(x) = \lim_{x \to 0^+} J(x)$$

❑ **10** – Comment expliquer qu'il n'y ait pas continuité de la force $p.A$ à la traversée de la discontinuité ?

Pour simplifier les notations, on considérera que le tuyau est constitué de deux tubes : le tube 1 pour les x négatifs, de célérité c_1 et d'admittance acoustique Y_1, et le tube 2 pour les x positifs, de célérité c_2 et d'admittance acoustique Y_2.

❑ **11** – Une onde progressive harmonique se propage dans le sens des x croissants dans le tube 1. La surpression associée est notée $p_e(x,t) = f\left(t - \dfrac{x}{c_1}\right)$. En x=0 vont apparaître une onde réfléchie $p_r(x,t) = g\left(t + \dfrac{x}{c_1}\right)$ et une onde transmise $p_t(x,t) = h\left(t - \dfrac{x}{c_2}\right)$. Exprimer, en fonction de f et des admittances Y_1 et Y_2, les fonction g et h. Donner l'expression du coefficient de réflexion $r = \left.\dfrac{g}{f}\right|_{x=0}$.

A quelle condition sur Y_1 et Y_2 n'y a-t-il pas d'onde réfléchie ?

❑ **12** – Rappeler l'expression du vecteur densité surfacique de puissance acoustique en fonction de la surpression p et de la vitesse u. En déduire l'expression de la puissance $\mathcal{P}$ à travers un tuyau en fonction de la surpression et de l'admittance.

On note $\mathcal{P}_i$ et $\mathcal{P}_r$ les puissances mesurées au voisinage de l'origine et associées aux ondes incidente et réfléchie respectivement.

Exprimer le coefficient de réflexion en puissance $R = \dfrac{\mathcal{P}_r}{\mathcal{P}_i}$ en fonction de Y_1 et Y_2.

En prenant les valeurs des admittances acoustiques trouvées à la question 9, calculer R. Au vu de ce résultat, expliquez ce qui se passe en pratique lorsque l'on raccorde un tuyau d'arrosage (en caoutchouc) à un tuyau rigide (tuyau en cuivre, ou raccords « rapides » en plastique rigide).

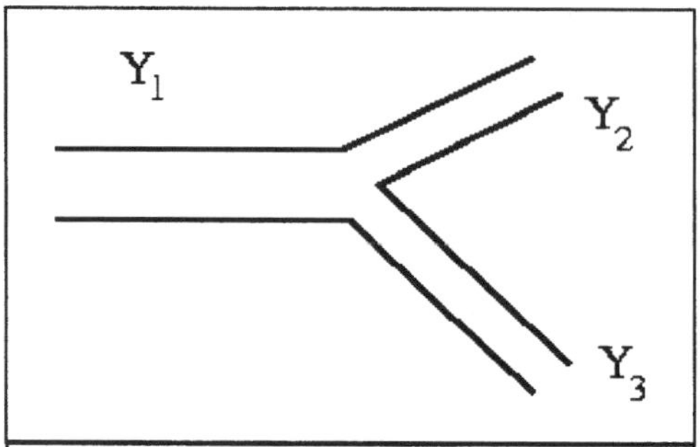

Figure 3 : bifurcation

❑ **13** – On considère le cas d'un branchement multiple (figure 3). Dans le cas le plus général, le tube 1, de célérité c_1 et d'admittance acoustique Y_1, est relié au tube 2, de célérité c_2 et d'admittance acoustique Y_2, et au tube 3 de célérité c_3 et d'admittance acoustique Y_3. On recherche alors l'expression de la surpression réfléchie :

$$p_r(x,t) = g\left(t + \frac{x}{c_1}\right)$$

et celles des surpressions transmises :

$$p_{t,k}(x,t) = h_k\left(t - \frac{x}{c_k}\right) \quad k \in \{2,3\}.$$

On se place dans un cas simple où les tubes 2 et 3 sont identiques (même section, même célérité) : de plus, on admettra qu'ils ont même débit volumique. Déterminer alors la surpression réfléchie et les surpressions transmises dans chaque tuyau en fonction de l'onde incidente, des célérités (c_1 et c_2) et des admittances (Y_1 et Y_2).

Que doivent vérifier ces grandeurs pour qu'il n'y ait aucune onde réfléchie ?

I.4 : Application à la circulation sanguine

Dans un modèle très simplifié, on peut considérer que les vaisseaux sanguins entrent dans le modèle étudié dans la section précédente (I.3), et plus particulièrement les artères. On considérera dans ce problème une artère particulière : l'aorte. Elle est reliée d'un coté au cœur, que l'on considérera comme une source de pression, et de l'autre coté au réseau artériel périphérique.

L'aorte est correctement modélisée par un tuyau élastique de section circulaire analogue à celui étudié dans la partie I.2 (rayon a_0=1cm, épaisseur h=2 mm) et on considérera que son module d'Young E vaut typiquement 10^6 Pa. Le sang sera simplement modélisé comme un fluide parfait ayant les même propriétés que l'eau de mer.

Le modèle proposé ici est un cas extrêmement simplifié du système sanguin : en effet, il ne traite pas de la circulation sanguine. Dans le présent problème, le cœur n'est vu que comme source de pression. En réalité, sa fonction première est d'éjecter à peu près toutes les secondes un volume de sang de l'ordre du décilitre avec une vitesse de l'ordre de 1 $m.s^{-1}$.

Cependant, même en ignorant cet aspect essentiel du système circulatoire sanguin, l'analyse des ondes acoustiques dans les artères montre qu'il peut exister des réflexions parasites liées à certaines pathologies. Ces réflexions parasites vont alors créer des surpressions au niveau du cœur : le muscle cardiaque aura alors un effort supplémentaire à fournir pour s'affranchir de ces surpressions, ce qui est à l'origine de certaines maladies telles que l'hypertrophie cardiaque.

❑ **14** – En supposant que la surpression acoustique engendrée par le cœur est de 5.10^3 Pa, calculez l'accroissement relatif du rayon de l'artère.

Physique I année 2006; filière PC

❑ **15** – Une application importante en médecine est celle de la bifurcation iliaque où l'aorte se sépare en deux artères iliaques plus petites. Pour simplifier, on considère que les deux artères iliaques sont identiques, de même section $A_{iliaque}$, de même célérité $c_{iliaque}$: dans ces deux artères iliaques, le débit sera supposé identique. De même, on note A_{aorte} et c_{aorte} les mêmes grandeurs pour l'aorte. La bifurcation est située à l'origine (x=0).

En utilisant les résultats de la question 13, montrer que le coefficient de réflexion $r = \left.\frac{g}{f}\right|_{x=0}$ s'écrit : $r = \frac{1-\eta}{1+\eta}$ avec $\eta = \frac{2\,A_{iliaque}}{A_{aorte}} \frac{c_{aorte}}{c_{iliaque}}$

Commenter le résultat et montrer comment il se peut que les paramètres des artères iliaques et de l'aorte (rayon, épaisseur) permettent d'avoir une valeur du paramètre η la plus proche de l'unité possible (la nature est bien faite).

L'artériosclérose est une pathologie du système vasculaire très répandue. A la suite d'une dégénérescence du tissu artériel apparaît une calcification de la paroi artérielle, que l'on appellera plaque : à cette étape du processus, le rayon de l'artère est inchangé. Cette modification peut dans un second temps évoluer vers la sténose : la plaque s'épaissit à l'intérieur du conduit, réduisant alors son rayon.

❑ **16** – On considère dans cette question une artère idéale (et donc infinie) constituée de deux portions : artère saine pour les x négatifs, et artère avec plaques pour les x positifs. Dans cette question, on supposera que la géométrie de la partie de l'artère atteinte d'artériosclérose est inchangée, seul son module d'Young s'accroît pour atteindre 10^8 Pa. Le rayon de l'artère (tant pour les x positifs que pour les x négatifs) est de 1cm.

Calculer la célérité de l'onde acoustique pour les deux portions de l'artère. Calculer, pour une surpression de 5.10^3 Pa, la variation de rayon de l'artère avec plaques : commenter le résultat. En utilisant les résultats de la question 11, calculer la portion d'onde qui sera réfléchie vers les x négatifs. En utilisant les résultats de la question 4, tracer l'allure de la pression et l'allure du rayon de l'artère pour les x négatifs pour une onde harmonique de fréquence f=5 Hz.

❑ **17** – On considère maintenant, pour les x positifs, une sténose due à une plaque épaisse : la partie de l'artère correspondant aux x positifs a un rayon réduit de moitié et on considère que l'artère sténosée a toujours un module d'Young égal à 10^8 Pa. Calculer la célérité de l'onde acoustique pour les deux portions de l'artère. En utilisant les résultats de la question 11, calculer la portion d'onde qui sera réfléchie vers les x négatifs. En utilisant les résultats de la question 4, tracer l'allure de la pression et l'allure du rayon de l'artère pour les x négatifs pour une fréquence f=5 Hz.

❑ **18** – Les pics de pression provoqués par une plaque sont à l'origine d'une autre pathologie : l'anévrisme. Sous les effets de ces pics, le tissu artériel perd presque totalement son élasticité. L'artère a alors un rayon beaucoup plus grand et voit aussi son module d'Young s'accroître sévèrement. Etudier le cas où, pour les x positifs, le rayon de l'artère a doublé et a un module d'Young égal à 10^9 Pa.

FIN DE LA PREMIERE PARTIE

ONDES DANS LES FLUIDES

PARTIE II– Ondes de grande longueur d'onde à la surface de l'eau

De manière surprenante, le formalisme précédent s'applique aussi aux ondes de surface de grande longueur d'onde à la surface libre de l'eau d'un canal sous l'effet du champ de pesanteur.

Soit un canal placé dans un repère galiléen tel que l'axe Oz définisse la verticale. Le champ de pesanteur **g** est défini selon Oz et on prendra dans cette partie g=10 m.s^{-2}.

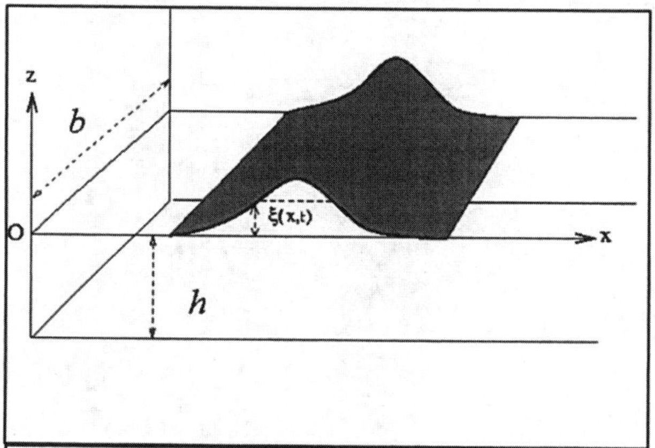

Figure 4 : Canal « idéal » rempli d'un fluide incompressible où se propage une onde acoustique en

Le canal est supposé tout d'abord idéal (dimension infinie selon l'axe Ox). Soit A_0 sa section droite à l'équilibre et b sa largeur (selon Oy). La profondeur à l'équilibre est h et on a bien évidemment $A_0 = bh$.

On s'intéresse à une perturbation de la surface $\xi(x,t)$ (mesurée suivant l'axe Oz) que l'on supposera indépendante de y. La vitesse du fluide est supposée telle que sa composante selon Oz est négligeable vis à vis de sa composante selon Ox. On posera donc :

$$\mathbf{u} = u(x,t).\hat{\mathbf{u}}_x.$$

Dans toute cette partie, le fluide sera supposé parfait, incompressible, de masse volumique ρ_0 invariable et l'on ne fera donc plus la distinction entre ρ et ρ_0.

❑ **19** –A partir de l'équation d'Euler, justifier que la pression au sein du fluide varie suivant l'axe Oz de la même manière qu'en hydrostatique.

En déduire que si la surface est perturbée de $\xi(x,t)$, la surpression (par rapport à la distribution d'équilibre) est uniforme à la cote x et vaut $\rho\, g\, \xi(x,t)$.

Comme dans la partie I.2, on définit la distensibilité (isentropique) D_S par la relation

$$D_S = \frac{1}{A}\left(\frac{\partial A}{\partial P}\right)_S$$

Montrer que l'on a ici la relation

$$D_S = \frac{1}{\rho\, g\, h}$$

Commentez les cas limites $h \to 0$ et $h \to \propto$.

Physique I année 2006; filière PC

❑ **20** – Montrer que l'équation de conservation de la masse permet, moyennant certaines approximations, d'écrire au premier ordre l'expression

$$D_S \frac{\partial p(x,t)}{\partial t} + \frac{\partial u(x,t)}{\partial x} = 0$$

Montrer que la célérité des ondes c s'exprime comme :

$$c = \sqrt{hg}$$

De même, comme à la question 9, on définit l'admittance caractéristique qui relie la surpression et le débit pour une onde progressive par :

$$J\left(t - \frac{x}{c}\right) = Y\, p\left(t - \frac{x}{c}\right)$$

Montrer qu'elle peut s'exprimer en fonction de b, h, ρ et g. Retrouver alors la relation:

$$Y = \frac{A_0}{\rho\, c}$$

❑ **21** – On pourrait s'inquiéter de la cohérence de nos hypothèses. L'existence d'une distensibilité suppose bien évidemment l'existence d'une composante de la vitesse selon Oz, composante que nous avons négligée jusqu'ici. On va donc dans cette question poser les hypothèses permettant de considérer que ce déplacement vertical a un caractère négligeable.

Pour cela, montrer que pour une onde progressive se propageant suivant Ox, la relation entre l'amplitude ξ et la vitesse acoustique $u(x,t)$ établie précédemment s'écrit:

$$\xi(x,t) = \frac{h}{c} u(x,t)$$

Pour une onde sinusoïdale de fréquence f, et de longueur d'onde λ, montrer que la vitesse correspondante $\partial\xi/\partial t$ est négligeable devant $u(x,t)$ si $h \ll \lambda$.

Ce modèle grossier va être appliqué à l'étude de phénomène géophysique comme l'évolution d'un régime de vague en profondeur variable ou au passage d'un détroit, ou bien l'évolution d'un raz de marée (tsunami) sur l'Océan.

❑ **22** –On autorise maintenant la section du canal à varier en largeur et en profondeur suffisamment lentement pour que l'on puisse ignorer l'existence d'ondes réfléchies. On admettra la conservation du flux d'énergie.

Montrer que l'amplitude Z de l'onde varie en fonction de la profondeur h et de la largeur b suivant la relation de proportionnalité (que l'on appellera ici loi de Green) :

$$Z \propto \frac{1}{b^{\frac{1}{2}}\, h^{\frac{1}{4}}}.$$

❑ **23** – Le tremblement de Terre de Sumatra du 26 décembre 2004 avait son épicentre situé sur l'Océan Indien : le tsunami qui en a résulté fut l'un des plus violents connus. Sur la côte, à Banda Aceh, l'amplitude a dépassé les 30 m. A l'aide de la loi de Green établie à la question 22, calculer l'amplitude pour un fond de 10 m en supposant que l'amplitude au milieu de l'Océan Indien était de 3 m en un point où la profondeur est de 4000m. Le résultat est-il réaliste ? Est-il effectivement modélisable par l'approche proposée ?

En reprenant les résultats de la question 20, on va montrer que le modèle proposé est compatible avec les mesures de vitesse reprises dans le tableau I.

Profondeur de l'Océan en m	Vitesse en km/h	Longueur d'onde en km
7000	943	282
4000	713	213
2000	504	151
200	159	48
50	79	23
10	38	10,6

Tableau I : vitesse d'un tsunami et longueur d'onde correspondante en fonction de la bathymétrie

Tracer la longueur d'onde du tsunami en fonction de sa vitesse : montrer que la loi vérifiée par la longueur d'onde est linéaire, excepté pour certaines valeurs de la profondeur. Pouvez-vous donner des raisons pour laquelle le modèle étudié ne s'applique plus ?

Les mesures ont montré qu'il a fallu environ 100 minutes pour que le tsunami, parti de Sumatra, atteigne le Sri Lanka situé à 2000 km. Commentez cette observation à partir des informations du tableau I.

❑ **24** – Le modèle étudié ici n'est donc valide que pour des profondeurs suffisamment grandes. On admettra qu'un autre modèle permettant une description plus correcte des vagues est décrit par un potentiel des vitesses $\Phi(x, z, t)$:

$$\Phi(x,z,t) = \Phi_0 \cosh(k(z+h))\cos(\omega t - kx) \text{ avec } \omega^2 = g\,k\tanh(kh)$$

(dans cette question sinh, cosh et tanh représentent le sinus hyperbolique, le cosinus hyperbolique et la tangente hyperbolique) et on admettra que la vitesse acoustique s'écrit alors $\mathbf{v} = \mathbf{grad}(\Phi)$, et, qu'au premier ordre, on peut écrire :

$$\frac{\partial \xi}{\partial t} = \left.\frac{\partial \Phi}{\partial z}\right|_{z=0}$$

Rappeler la définition de la vitesse de phase v_φ et celle de la vitesse de groupe v_g.

Montrer que la vitesse de phase s'écrit :

$$v_\varphi = \sqrt{\frac{g}{k}\tanh(kh)}$$

et que la vitesse de groupe peut s'exprimer sous la forme :

$$v_g = \frac{v_\varphi}{2}\left(1 + \frac{kh}{\sinh(kh)\cosh(kh)}\right)$$

❑ **25** – Dans le cas d'une longueur d'onde grande vis-à-vis de la profondeur ($k\,h \ll 1$) , que deviennent les expressions de la relation de dispersion, de la vitesse de phase et de la vitesse de groupe ? Montrer que l'on retrouve, pour la vitesse de phase, le résultat de la question 20.

Quelle est alors la relation entre vitesse de phase et vitesse de groupe ? Comment appelle-t-on un milieu qui admet une relation de dispersion de ce type ?

❑ **26** – Inversement, si la longueur d'onde devient petite vis-à-vis de la profondeur, quelle est alors la relation entre vitesse de phase et vitesse de groupe ?

Cette analyse est-elle applicable au comportement d'un tsunami au voisinage des côtes ? Quelle est en réalité la vraie raison des écarts au modèle au voisinage des côtes ?

. FIN DE LA SECONDE PARTIE

FIN DE L'ÉPREUVE

PROPAGATION D'ONDES DANS LES FLUIDES

PARTIE I – Ondes acoustiques dans un tuyau élastique

I.1 : Ondes acoustiques dans un tuyau rigide

1. L'équation d'Euler linéarisée est :

$$\rho_0 \frac{\partial \vec{u}}{\partial t} = -\overrightarrow{\text{grad}}\, p.$$

RAPPEL : commençons par écrire l'équation d'Euler :

$$\rho \left(\frac{\partial \vec{u}}{\partial t} + (\vec{u}.\overrightarrow{\text{grad}}\,)\vec{u} \right) = -\overrightarrow{\text{grad}}\, P.$$

L'influence de la pesanteur est négligée puisque l'on a supposé la pression à l'équilibre uniforme (sinon on aurait une équation de type $\overrightarrow{\text{grad}}\, P_0 = \rho \vec{g}$). Ensuite, la linéarisation consiste à ne garder que les termes d'ordre 1 :

- $\rho \dfrac{\partial \vec{u}}{\partial t} \approx \rho_0 \dfrac{\partial \vec{u}}{\partial t}$, car $\rho_1 \dfrac{\partial \vec{u}}{\partial t}$ est d'ordre 2 ;
- $(\vec{u}.\overrightarrow{\text{grad}}\,)\vec{u}$ est négligeable car d'ordre 2 ;
- $\overrightarrow{\text{grad}}\, P = \overrightarrow{\text{grad}}\,(P_0 + p) = \overrightarrow{\text{grad}}\, p$.

En projetant sur $\hat{\mathbf{u}}_x$:

$$\rho_0 \frac{\partial u}{\partial t} = -\frac{\partial p}{\partial x}.$$

2. L'équation de conservation de la masse est :

$$\frac{\partial \rho}{\partial t} + \text{div}\,(\rho \vec{u}) = 0.$$

On linéarise :

- $\dfrac{\partial \rho}{\partial t} = \dfrac{\partial \rho_1}{\partial t}$ car ρ_0 est constante ;
- $\text{div}\,(\rho \vec{u}) = \text{div}\,(\rho_0 \vec{u} + \rho_1 \vec{u}) \approx \text{div}\,(\rho_0 \vec{u}) = \rho_0 \dfrac{\partial u}{\partial x}$, car $\rho_1 \vec{u}$ est un ordre 2.

On trouve bien l'équation :

$$\frac{\partial \rho_1}{\partial t} + \rho_0 \frac{\partial u}{\partial x} = 0.$$

3. La propagation d'une onde sonore est isentropique (le fluide est parfait et le phénomène est rapide de sorte que les transferts thermiques sont négligeables). On considère l'équation d'état du fluide $\rho(P, S)$ et on fait un développement limité autour de l'état d'équilibre (en considérant $S =$cste) :

$$\rho(P, S) \approx \rho(P_0, S) + (P - P_0) \left(\frac{\partial \rho}{\partial P} \right)_S = \rho_0 + p \rho \chi_S.$$

Ainsi : $\rho_1 = p \rho \chi_S \approx \rho_0 \chi_S\, p$ à l'ordre 1. L'équation d'Euler et la conservation de la masse donnent alors :

$$\begin{cases} \rho_0 \dfrac{\partial u}{\partial t} = -\dfrac{\partial p}{\partial x} \quad [1], \\[2ex] \chi_s \dfrac{\partial p}{\partial t} = -\dfrac{\partial u}{\partial x} \quad [2]. \end{cases}$$

$\frac{\partial[1]}{\partial t} - \frac{1}{\chi_s}\frac{\partial[2]}{\partial x}$ donne :

$$\frac{\partial^2 u}{\partial x^2} - \rho_0 \chi_S \frac{\partial^2 u}{\partial t^2} = 0\ ;$$

$\frac{1}{\rho_0}\frac{\partial[1]}{\partial x} - \frac{\partial[2]}{\partial t}$ donne :

$$\frac{\partial^2 p}{\partial x^2} - \rho_0 \chi_S \frac{\partial^2 p}{\partial t^2} = 0.$$

p et u obéissent à la même équation de d'Alembert de type $\frac{\partial^2}{\partial x^2} - \frac{1}{c^2}\frac{\partial^2}{\partial t^2} = 0$, d'où l'on tire l'expression de la célérité :

$$c = \frac{1}{\sqrt{\rho_0 \chi_S}}.$$

Application numérique : pour l'eau de mer $c = 1,4.10^3$ m.s^{-1}.

4. L'onde est monochromatique, on peut donc l'exprimer sous la forme :

$$f(t - \frac{x}{c}) = A\cos(\omega t - kx + \varphi),$$

avec $\omega = \frac{2\pi c}{\lambda}$, $k = \frac{2\pi}{\lambda}$, A et φ deux constantes. La condition $p_r = rp_e$ pour $x = 0$ implique .

$$\forall t, \quad g(t) = rf(t), \quad \text{donc} \quad g(t) = rA\cos(\omega t + \varphi).$$

La pression totale P pour $x < 0$ est donc :

$$P = P_0 + p_e + p_r = P_0 + A\left(\cos(\omega t - kx + \varphi) + r\cos(\omega t + kx + \varphi)\right).$$

RAPPEL : un ventre est la position pour laquelle l'amplitude est maximale (pour tout t) et caractérise l'onde **stationnaire**.

REMARQUE : dans le cas étudié, il est facile de voir que ce phénomène ne sera observable que si $r = \pm 1$. En effet, un ventre est caractérisé par un extremum par rapport à x de l'onde. Donc :

$$\frac{\partial P}{\partial x} = 0 = Ak(\sin(\omega t - kx + \varphi) - r\sin(\omega t + kx + \varphi)).$$

Ainsi, on doit avoir pour tout t : $\sin(\omega t - kx + \varphi) = r\sin(\omega t + kx + \varphi)$. Le terme de gauche varie entre -1 et 1, donc celui de droite aussi. Alors, forcément, $|r| = 1$.

Dans le cas $r = 1$ on peut récrire la pression en utilisant la formule $\cos p + \cos q = 2\cos(\frac{p+q}{2})\cos(\frac{p-q}{2})$:

$$P = P_0 + 2A\cos(\omega t + \varphi)\cos(kx),$$

ce qui donne la position des ventres (correspondant à $\cos(kx) = \pm 1$) :

$$x = n\frac{\pi}{k} = n\frac{\lambda}{2}, \quad \text{avec} \quad n \in \mathbb{Z}.$$

On vérifie ce que l'on attendait : $x = 0$ est un ventre.

Dans le cas $r = -1$ on utilise la formule $\cos p - \cos q = -2\sin(\frac{p+q}{2})\sin(\frac{p-q}{2})$:

$$P = P_0 + 2A\sin(\omega t + \varphi)\sin(kx),$$

ce qui donne la position des ventres (correspondant à $\sin(kx) = \pm 1$) :

$$x = (n + \frac{1}{2})\frac{\pi}{k} = (n + \frac{1}{2})\frac{\lambda}{2}, \quad \text{avec} \quad n \in \mathbb{Z}.$$

Dans ce cas $x = 0$ est un nœud et on vérifie que la premier ventre se trouve à une distance de $\frac{\lambda}{4}$.

I.2 : Onde acoustique dans un tuyau élastique

5. Effectuons un bilan de matière sur un élément du tuyau de longueur dx, situé entre les abscisses x et $x + dx$, pendant un temps dt (entre t et $t + dt$). La masse à l'intérieur de l'élément vaut (à l'ordre le plus bas) :

- $\rho(x,t) \times A(x,t)dx$ à t ;
- $\rho(x,t+dt) \times A(x,t+dt)dx$ à $t + dt$.

La masse varie donc de

$$d^2m = (\rho(x,t+dt)A(x,t+dt) - \rho(x,t)A(x,t))\,dx = \frac{\partial(\rho A)}{\partial t}dxdt.$$

La masse se conserve, cette variation doit donc être égale à la différence de la quantité de matière qui entre dans le système moins celle qui sort. On utilise pour évaluer ces quantités le débit massique $\rho A u$ (toujours à l'ordre le plus bas) :

- $\rho(x,t)A(x,t)u(x,t) \times dt$ entre dans le système en x ;
- $\rho(x+dx,t)A(x+dx,t)u(x+dx,t) \times dt$ sort du système en $x + dx$.

Ainsi :

$$\frac{\partial(\rho A)}{\partial t}dxdt = dt(\rho(x,t)A(x,t)u(x,t) - \rho(x+dx,t)A(x+dx,t)u(x+dx,t)),$$

ce qui démontre l'équation : $\frac{\partial}{\partial x}(\rho u A) + \frac{\partial}{\partial t}(\rho A) = 0$. Ensuite, il s'agit de linéariser cette équation. On écrit alors $A = A_0 + A_1$, ce qui implique qu'à l'ordre 1 $\rho A u \approx \rho_0 A_0 u$ et $\rho A \approx \rho_0 A_0 + \rho_1 A_0 + \rho_0 A_1$. On en déduit immédiatement :

$$\rho_0 A_0 \frac{\partial u}{\partial x} + \frac{\partial(\rho A)}{\partial t} = 0 = \rho_0 A_0 \frac{\partial u}{\partial x} + A_0 \frac{\partial \rho_1}{\partial t} + \rho_0 \frac{\partial A_1}{\partial t}.$$

À partie de χ_S, nous avons démontré à la question 3 la relation : $\rho_1 \approx \rho_0 \chi_S\, p$. On démontre de la même façon, à partir de D_S :

$$A_1 \approx A_0 D_S\, p.$$

On remplace alors dans l'équation précédente :

$$\rho_0 A_0 \frac{\partial u}{\partial x} + A_0 \frac{(\rho_0 \chi_S\, p)}{\partial t} + \rho_0 \frac{\partial(A_0 D_S p)}{\partial t} = 0.$$

En simplifiant par $\rho_0 A_0$ on démontre bien :

$$(\chi_S + D_S)\frac{\partial p}{\partial t} + \frac{\partial u}{\partial x} = 0 \quad [2'].$$

6. La seule différence avec la question 3 est que χ_S est remplacé par $\chi_S + D_S$. Ainsi, p et u obéissent à une équation de type d'Alembert avec une célérité :

$$c = \frac{1}{\sqrt{\rho_0(\chi_S + D_S)}}.$$

La distensibilité diminue donc la vitesse de propagation de l'onde sonore. La compressibilité dans un fluide incompressible est nulle $\chi_S = 0$. Sans le modèle de la distensibilité on trouverait une vitesse de propagation infinie, ce qui est bien évidemment impossible. Ce modèle permet donc d'aborder la propagation dans un fluide incompressible, auquel cas la célérité est :

$$c = \frac{1}{\sqrt{\rho_0 D_S}}.$$

7. Il suffit de remplacer $D_S = \frac{a_0}{Eh}$ dans la formule précédente et d'élever au carré :

$$c^2 = \frac{Eh}{a_0\rho_0}.$$

8. Application numérique : pour l'acier $D_S = 5.10^{-11}$ Pa^{-1} $\leq \frac{1}{10}\chi_S$, pour le caoutchouc $D_S = 5.10^{-6}$ Pa^{-1} $\gg \chi_S$.

La célérité dans le tube en acier vaut donc : $c = 1,3.10^3$ m.s^{-1}, valeur très proche de celle trouvée à la question 3. Dans ce cas l'effet dominant est la compressibilité de l'eau de mer.

La célérité dans le tube en caoutchouc est : $c = 13,8$ m.s^{-1}, valeur beaucoup plus faible que celle trouvée à la question 3. Dans le cas du tube en caoutchouc la distensibilité du tube est le facteur dominant. C'est dans ce cas que la formule de Moens-Korteweg s'applique.

9. Dans le cas d'une onde progressive on a $p(x,t) = p(t - \frac{x}{x})$ et donc :

$$\frac{\partial p}{\partial t} = p'(t - \frac{x}{c}), \quad \text{et,} \quad \frac{\partial p}{\partial x} = -\frac{1}{c}p'(t - \frac{x}{c}).$$

On peut bien entendu faire de même pour la vitesse. L'équation [2'] démontrée à la question 5 devient :

$$(\chi_S + D_S)p'(t - \frac{x}{c}) = \frac{1}{c}u'(t - \frac{x}{c}),$$

qui devient, après intégration :

$$u(t - \frac{x}{c}) = c(\chi_S + D_S)p(t - \frac{x}{c}).$$

Notons que la constante d'intégration est nulle, puisqu'à l'équilibre $u = 0$ et $p = 0$. Le débit volumique est : $J = Au$, et à l'ordre le plus bas on a :

$$J(t - \frac{x}{c}) \approx A_0 u(t - \frac{x}{c}) = A_0 c(\chi_S + D_S) p(t - \frac{x}{c}), \quad \text{d'où} \quad Y = A_0 c(\chi_S + D_S).$$

Utilisons enfin $\chi_S + D_S = \dfrac{1}{\rho_0 c^2}$ et on a bien :

$$Y = \frac{A_0}{\rho_0 c}.$$

> REMARQUE : on peut démontrer directement cette relation en utilisant l'équation d'Euler.

Application numérique : $Y = 2,3.10^{-10}$ m^3.s^{-1}.Pa^{-1} pour le tube en acier et $Y = 2,2.10^{-8}$ m^3.s^{-1}.Pa^{-1} pour le tube en caoutchouc.

I.3 : Analyse quantitative d'un changement de tuyau

10. La force ne peut être discontinue que si la section A est discontinue. Dans un tel cas la discontinuité de la force pA est normale. En effet, comme schématisé ci-après, le fluide à droite de la discontinuité de section subit une force supplémentaire de la part du tuyau.

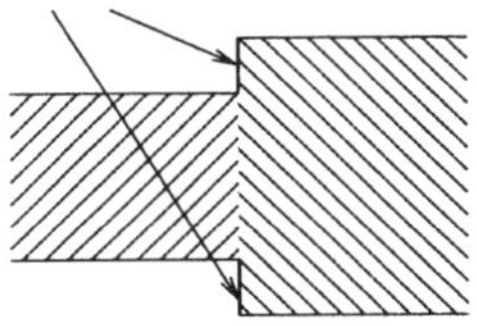

11. De la même façon qu'à la question 9, on démontre que pour une onde régressive :

$$J(t + \frac{x}{c}) = -Yp(t + \frac{x}{c}).$$

Utilisons alors les deux relations de continuité :

$$\begin{cases} p(x = 0^-) = p(x = 0^+), & \text{soit} \quad f(t) + g(t) = h(t) \ ; \\ J(x = 0^-) = J(x = 0^+), & \text{soit} \quad Y_1(f(t) - g(t)) = Y_2 h(t). \end{cases}$$

On en déduit l'expression des fonctions g et h :

$$g = \frac{Y_1 - Y_2}{Y_1 + Y_2} f, \quad \text{et} \quad h = \frac{2Y_1}{Y_1 + Y_2} f \ ;$$

et le coefficient de réflexion :

$$r = \frac{Y_1 - Y_2}{Y_1 + Y_2}.$$

On trouve ainsi la condition naturelle pour qu'il n'y ait pas d'onde réfléchie : $Y_1 = Y_2$, c'est-à-dire il n'y pas de discontinuité qui perturbe la propagation de l'onde.

12. Le vecteur densité surfacique de puissance acoustique est :

$$\vec{\Pi} = p\vec{u}.$$

Le flux de $\vec{\Pi}$ à travers une section du tuyau représente la puissance $\mathcal{P}$. Ainsi :

$$\mathcal{P} = \iint_A \vec{\Pi}.\vec{dS} = pAu = pJ = Yp^2.$$

Pour une onde régressive $\mathcal{P} = -Yp^2$. Le coefficient de réflexion en puissance est :

$$R = \frac{|-Y_1 g^2|}{Y_1 f^2} = r^2 = \left(\frac{Y_1 - Y_2}{Y_1 + Y_2}\right)^2.$$

Application numérique : $R = 0,96$ de l'acier vers le caoutchouc. Dans un tel cas la plus grande part de la puissance sonore est réfléchie.

13. L'onde incidente est toujours décrite par $p_i = f(t - \frac{x}{c})$. Les tubes 2 et 3 sont identiques donc $h_2 = h_3 = h$. De même qu'à la question 11 nous allons utiliser les propriétés de continuité en $x = 0$:

- de la pression : $f + g = h$;
- du débit volumique : $Y_1(f - g) = 2Y_2 h$ (il y a deux tubes en sortie).

On en déduit :

$$g = \frac{Y_1 - 2Y_2}{Y_1 + 2Y_2} f, \quad \text{et} \quad h = \frac{2Y_1}{Y_1 + 2Y_2} f.$$

La condition pour qu'il n'y ait pas d'onde réfléchie est :

$$Y_1 = 2Y_2, \quad \text{soit} \quad \frac{A_{0,1}}{c_1} = \frac{2A_{0,2}}{c_2}.$$

I.4 : Application à la circulation sanguine

14. La distensibilité de l'artère vaut : $D_S = 5.10^{-6}$ Pa^{-1}. On utilise alors $A_1 = A_0 D_S p$ pour calculer l'accroissement de section résultant de la surpression p. Soit a_1 l'accroissement du rayon de l'artère.

L'aire hachurée sur le schéma ci-contre est A_1. À L'ordre le plus bas, on a (traduction de la formule $dS = 2\pi r dr$) :

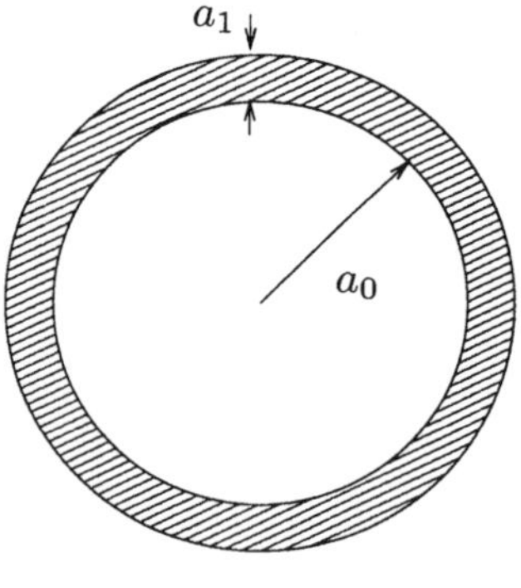

$$A_1 = 2\pi a_0 \times a_1.$$

Ainsi :

$$a_1 = \frac{A_1}{2\pi a_0} = \frac{A_0 D_S p}{2\pi a_0} = \frac{1}{2} a_0 D_S p.$$

Application numérique : $a_1 = 0,125$ mm.

15. D'après la question 13 : $g = \dfrac{Y_{\text{aorte}} - 2Y_{\text{iliaque}}}{Y_{\text{aorte}} + 2Y_{\text{iliaque}}} f$. On utilise alors $Y = \dfrac{A_0}{\rho_0 c}$ et donc :

$$r = \frac{\dfrac{A_{\text{aorte}}}{\rho_0 c_{\text{aorte}}} - 2\dfrac{A_{\text{iliaque}}}{\rho_0 c_{\text{iliaque}}}}{\dfrac{A_{\text{aorte}}}{\rho_0 c_{\text{aorte}}} + 2\dfrac{A_{\text{iliaque}}}{\rho_0 c_{\text{iliaque}}}} = \frac{1 - \dfrac{2A_{\text{iliaque}}}{A_{\text{aorte}}}\dfrac{c_{\text{aorte}}}{c_{\text{iliaque}}}}{1 + \dfrac{2A_{\text{iliaque}}}{A_{\text{aorte}}}\dfrac{c_{\text{aorte}}}{c_{\text{iliaque}}}} = \frac{1-\eta}{1+\eta}.$$

Le module d'Young est le même pour les artères aorte et iliaques. Exprimons alors le paramètre η en fonction des grandeurs caractéristiques des artères. La formule de Moens-Korteweg s'applique et $c = \sqrt{\dfrac{Eh}{a\rho_0}}$ et :

$$\eta = 2\frac{\pi a_{\text{iliaque}}^{5/2}\sqrt{\rho_0}}{\sqrt{Eh_{\text{iliaque}}}}\frac{\sqrt{Eh_{\text{aorte}}}}{\pi a_{\text{aorte}}^{5/2}\sqrt{\rho_0}} = 2\left(\frac{a_{\text{iliaque}}}{a_{\text{aorte}}}\right)^{5/2}\sqrt{\frac{h_{\text{aorte}}}{h_{\text{iliaque}}}}.$$

Cette dernière relation nous montre donc comment le rayon et l'épaisseur des artères iliaques peuvent correspondre à un coefficient η proche de 1 pour limiter la réflexion.

16. Dans la suite, nous supposerons que les artères ont une épaisseur $h = 2$ mm. Commençons par calculer les distensibilités : pour $x < 0$, $D_S^- = 5.10^{-6}$ Pa^{-1} et pour $x > 0$, $D_S^+ = 5.10^{-8}$ Pa^{-1}. On en déduit les célérités :

$$c^- = 13,8 \text{ m.s}^{-1}, \quad \text{et} \quad c^+ = 137 \text{ m.s}^{-1} ;$$

et la variation de rayon de l'artère avec plaques : $a_1^+ = 1,25$ μm. Le rayon de l'artère malade ne varie pratiquement plus, ce qui perturbe la propagation de l'onde. Le coefficient de réflexion est :

$$r = \frac{Y^+ - Y^-}{Y^+ + Y^-} = \frac{\dfrac{1}{c^-} - \dfrac{1}{c^+}}{\dfrac{1}{c^-} + \dfrac{1}{c^+}} = 0,82 ;$$

la plus grande partie de l'onde est réfléchie. Comme $A_1 = A_0 D_S p = 2\pi a_0 a_1$, la variation du rayon de l'artère est directement proportionnelle à p. Dans ce cas, l'allure de p et a_1 est, pour un instant t fixé, une superposition de deux sinusoïdes, et l'allure est intermédiaire entre celle d'une onde progressive et celle d'une onde stationnaire.

17. La distensibilité de l'artère sténosée vaut : $D_S = 2,5.10^{-8}$ Pa^{-1}. On en déduit la célérité : $c = 193$ m.s^{-1}. Calculons L'admittance acoustique de l'artère sténosée :

$$Y = \frac{A}{\rho_0 c} = \frac{\pi\left(\dfrac{a_0}{2}\right)^2}{\rho_0 c} = 3,9.10^{-10} \text{ m}^3.\text{s}^{-1}.\text{Pa}^{-1}.$$

Au final : $r = 0,97$. On est très proche de $r = 1$. La surpression pour $x < 0$ est une onde stationnaire de longueur d'onde $\lambda = \dfrac{c}{f} = 2,8$ m. L'allure de p et a_1 est représentée ci-après pour différents instants :

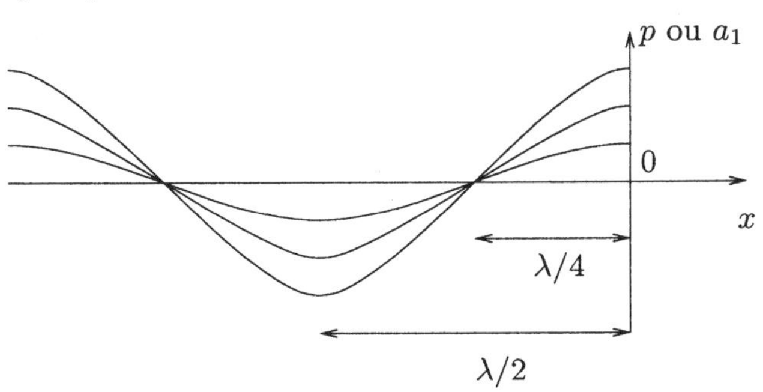

18. La distensibilité de l'artère vaut : $D_S = 10^{-8}$ Pa^{-1}. La célérité est : $c =$ 300 m.s^{-1}. L'admittance de l'artère a pour valeur : $Y = 4,0.10^{-9}$ m^3.s^{-1}.Pa^{-1}. Le coefficient de réflexion devient alors : $r = 0,69$.

PARTIE II – Ondes de grande longueur d'onde à la surface de l'eau

19. L'équation d'Euler est :

$$\rho\left(\frac{\partial \vec{u}}{\partial t} + (\vec{u}.\overrightarrow{\text{grad}})\vec{u}\right) = -\overrightarrow{\text{grad}}\,P + \rho\vec{g}.$$

Comme $\vec{u} = u(x,t)\hat{\mathbf{u}}_x$ le terme de gauche n'a pas de composante suivant $\hat{\mathbf{u}}_z$. La projection de l'équation d'Euler suivant $\hat{\mathbf{u}}_z$ donne :

$$\frac{\partial P}{\partial z} = -\rho g.$$

La variation de P suivant z suit donc bien la même loi que celle de l'hydrostatique. On appelle P_a la pression de l'air. À l'équilibre, on a $P(z=0) = P_a$ et donc :

$$P_{\text{eq}} = P_a - \rho g z.$$

Si la surface est perturbée alors $P(z = \xi(x,t)) = P_a$ et donc :

$$P = P_a - \rho g z + \rho g \xi(x,t).$$

On a donc :

$$P - P_{\text{eq}} = \rho g \xi(x,t),$$

la surpression est bien uniforme à la cote x.

On a $A = A_0 + A_1 = bh + b\xi$ donc $A_1 = b\xi$; $P = P_{\text{eq}} + p$ donc $p = \rho g \xi$. Comme $D_S = \dfrac{A_1}{A_0 p}$, on a bien :

$$D_S = \frac{1}{\rho g h}.$$

Si $h \to 0$ alors $D_S \to \infty$, ce qui s'explique car la surface A est nulle et la moindre augmentation de surface est donc infinie en comparaison.

Si $h \to \infty$ alors $D_S \to 0$, la surface A est infinie et toute variation relative de surface est nulle.

20. L'équation de la conservation de la masse a été démontrée à la question 5 :

$$\frac{\partial}{\partial x}(\rho u A) + \frac{\partial}{\partial t}(\rho A) = 0.$$

À l'ordre le plus bas $uA \approx A_0 u$ et pour le fluide incompressible $\rho =$ cste, l'équation de conservation devient :

$$A_0 \frac{\partial u}{\partial x} + \frac{\partial A}{\partial t} = 0.$$

De plus, $\dfrac{\partial A}{\partial t} = \dfrac{\partial A_1}{\partial t}$ (car $A_0 =$ cste) et $A_1 = D_S A_0 p$, ce qui donne bien :

$$D_S \frac{\partial p}{\partial t} + A_0 \frac{\partial u}{\partial x} = 0.$$

Il s'agit à présent de linéariser l'équation d'Euler. Le terme $(\vec{u}.\overrightarrow{\text{grad}})\vec{u}$ est négligeable car d'ordre 2. D'autre part comme $P = P_0 + p$, $\overrightarrow{\text{grad}}\, P = \overrightarrow{\text{grad}}\, P_0 + \overrightarrow{\text{grad}}\, p$. Comme P_0 est la pression à l'équilibre, $\overrightarrow{\text{grad}}\, P_0 = \rho\vec{g}$, et l'équation d'Euler linéarisée a la même forme :

$$\rho\frac{\partial u}{\partial t} = -\frac{\partial p}{\partial x}.$$

Ainsi, les équations sont identiques à celles de l'étude dans un tuyau élastique, en remplaçant χ_S par 0.

Donc :

$$c = \frac{1}{\sqrt{\rho D_S}} = \sqrt{gh}.$$

De même pour l'admittance :

$$Y = A_0 c D_S = bh\sqrt{gh}\frac{1}{\rho g h} = \frac{bh}{\rho\sqrt{gh}} = \frac{A_0}{\rho c}.$$

21. On a $J = A_0 u$ et $p = \rho g \xi$. La relation $J = Yp$ devient donc : $A_0 u = \dfrac{A_0}{\rho c}\rho g \xi$, soit :

$$\xi = \frac{c}{g}u = \frac{\sqrt{gh}}{g}u = \frac{h}{\sqrt{gh}}u = \frac{h}{c}u.$$

Pour une onde sinusoïdale $u = U_0\cos(\omega t - kx + \varphi)$, avec $\omega = \dfrac{2\pi c}{\lambda}$ et $k = \dfrac{2\pi}{\lambda}$. Ainsi :

$$\frac{\partial \xi}{\partial t} = -\frac{h}{c}\omega U_0 \sin(\omega t - kx + \varphi) = -2\pi\frac{h}{\lambda}U_0\sin(\omega t - kx + \varphi).$$

Ainsi supposer $\dfrac{\partial \xi}{\partial t}$ négligeable devant u revient à supposer : $h \ll \lambda$.

22. Comme le flux d'énergie se conserve, YZ^2 =cste et comme $Y = \dfrac{b\sqrt{h}}{\rho\sqrt{g}}$, $b\sqrt{h}Z^2 =$ cste et donc :

$$Z \propto \frac{1}{b^{1/2}h^{1/4}}.$$

23. En supposant la largeur b identique, la loi de Green nous indique :

$$Z_{10} = Z_{4000} \times \left(\frac{4000}{10}\right)^{\frac{1}{4}}.$$

Application numérique : $Z_{10} = 13,4$ m. Le résultat semble réaliste avec une hauteur de 30 m sur la côte, mais l'amplitude est alors plus grande que h, ce qui nous indique que la modélisation proposée (ξ est une perturbation) n'est plus valable. La courbe de λ en fonction de c est tracée ci-après :

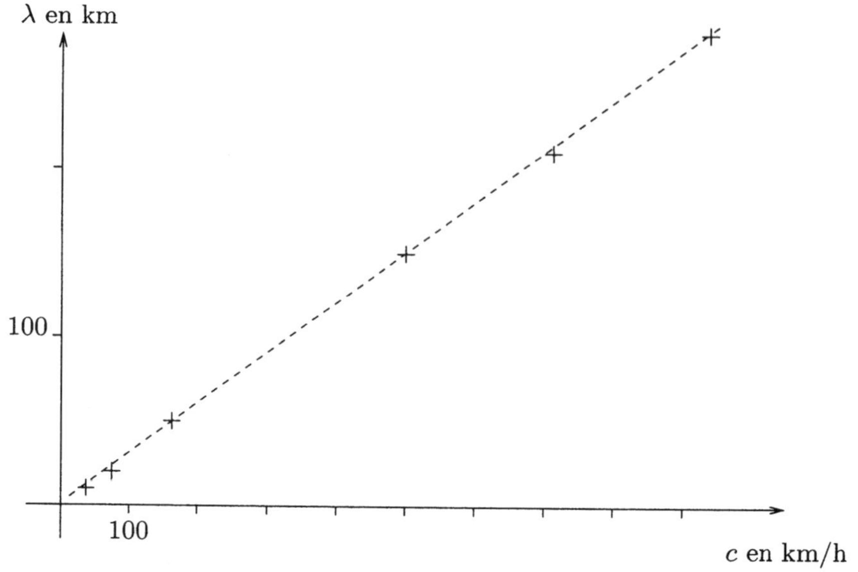

La loi qui relie λ et c est bien linéaire. Il semble que lorsque la profondeur est trop faible des écarts apparaissent. Encore une fois si la profondeur est trop faible, l'approche perturbative n'a plus de sens.

Vu que le tsunami parti de Sumatra a parcouru 2000 km en moins de deux heures, on peut en déduire que la profondeur de l'océan sur le trajet suivi est plus importante que 7000 m.

24. Par définition : $v_\varphi = \dfrac{\omega}{k}$ et $v_g = \dfrac{d\omega}{dk}$. On en déduit immédiatement :

$$v_\varphi = \sqrt{\frac{g}{k}\tanh(kh)}.$$

On différentie la relation de dispersion $\omega^2 = gk\tanh(kh)$:

$$2\omega d\omega = gdk\tanh(kh) + gkh\frac{dk}{\cosh^2(kh)} = \frac{\omega^2}{k}dk\left(1 + \frac{kh}{\sinh(kh)\cosh(kh)}\right).$$

Ainsi :

$$v_g = \frac{d\omega}{dk} = \frac{1}{2}\frac{\omega}{k}\left(1 + \frac{kh}{\sinh(kh)\cosh(kh)}\right) = \frac{v_\varphi}{2}\left(1 + \frac{kh}{\sinh(kh)\cosh(kh)}\right).$$

25. Si $kh \ll 1$, à l'ordre 1 : $\tanh x = x$, $\sinh x = x$ et $\cosh x = 1$. Ainsi, on a :
- relation de dispersion $\omega^2 = ghk^2$;
- vitesse de phase $v_\varphi = \sqrt{gh}$;
- vitesse de groupe $v_g = \sqrt{gh}$.

On retrouve bien le résultat de la question 20. Dans ce cas :

$$v_\varphi = v_g.$$

Un tel milieu est dit **non dispersif**.

26. si $kh \gg 1$ alors (rappelons-nous que $\sinh x$ et $\cosh x$ sont équivalents à $\exp(x)/2$ quand $x \to \infty$) :

$$\frac{kh}{\sinh(kh)\cosh(kh)} \ll 1.$$

La relation entre la vitesse de phase et la vitesse de groupe devient :

$$v_g = \frac{v_\varphi}{2}.$$

Au voisinage des côtes la hauteur h devient petite, cette approche n'est donc pas applicable. Quant aux écarts au modèle on peut citer :

- la non-linéarité due à l'amplitude trop élevée ;
- la forme des côtes qui n'est pas régulière et qui rend le problème très complexe.

A 2006 PHYS. II PC

ÉCOLE NATIONALE DES PONTS ET CHAUSSÉES,
ÉCOLES NATIONALES SUPÉRIEURES DE L'AÉRONAUTIQUE ET DE L'ESPACE,
DE TECHNIQUES AVANCÉES, DES TÉLÉCOMMUNICATIONS,
DES MINES DE PARIS, DES MINES DE SAINT-ÉTIENNE, DES MINES DE NANCY,
DES TÉLÉCOMMUNICATIONS DE BRETAGNE,
ÉCOLE POLYTECHNIQUE (FILIÈRE TSI)

CONCOURS D'ADMISSION 2006

SECONDE ÉPREUVE DE PHYSIQUE

Filière PC

(Durée de l'épreuve : 4 heures)
L'usage de la calculette est autorisé

Sujet mis à disposition des concours : ENSTIM, INT, TPE-EIVP, Cycle international
Les candidats sont priés de mentionner de façon apparente sur la première page de la copie :

PHYSIQUE II -PC

L'énoncé de cette épreuve comporte 12 pages.

- Si, au cours de l'épreuve, un candidat repère ce qui lui semble être une erreur d'énoncé, il le signale sur sa copie et poursuit sa composition en expliquant les raisons des initiatives qu'il est amené à prendre.
- Tout résultat fourni dans l'énoncé peut être utilisé pour les questions ultérieures, même s'il n'a pas été démontré.
- Il ne faudra pas hésiter à formuler les commentaires (incluant des considérations numériques) qui vous sembleront pertinents, même lorsque l'énoncé ne le demande pas explicitement. Le barème tiendra compte de ces initiatives ainsi que des qualités de rédaction de la copie

Notations : vecteur → **A** (gras) ; norme du vecteur **V** → *V* (italique) ; vecteur unitaire → **â**.

LA METEOROLOGIE RADAR

Le Radar (Radio Detection And Ranging) est un système opérationnel d'émission et de réception d'ondes électromagnétiques qui a un grand nombre d'applications de nos jours. Ce problème s'intéresse à l'une d'entre elles : l'utilisation d'un Radar en météorologie pour détecter et caractériser les nuages et les précipitations.

La détection électromagnétique active exploite le domaine des hautes et très hautes fréquences, comprises entre 10 MHz et 100 GHz. Dans l'ensemble du rayonnement reçu, le récepteur doit discerner l'existence d'un signal traduisant la présence d'un objet dans du bruit. Il faut traiter le signal pour :

✓ détecter la présence d'informations utiles dans les signaux reçus et tirer de ces informations l'existence d'« objets »,

- ✓ localiser chaque objet détecté et déterminer éventuellement sa vitesse,
- ✓ mettre en évidence des caractéristiques propres à chaque objet et permettant ultérieurement d'identifier les objets présents.

Les trois premières parties du présent problème sont globalement indépendantes.

PARTIE I : Principe de la télémétrie radar

Un Radar se compose d'un certain nombre d'éléments indépendants (figure 1) qui se regroupent en éléments d'électronique (G générateur très haute fréquence, R récepteur à gain élevé, C commutateur), et d'une antenne A.

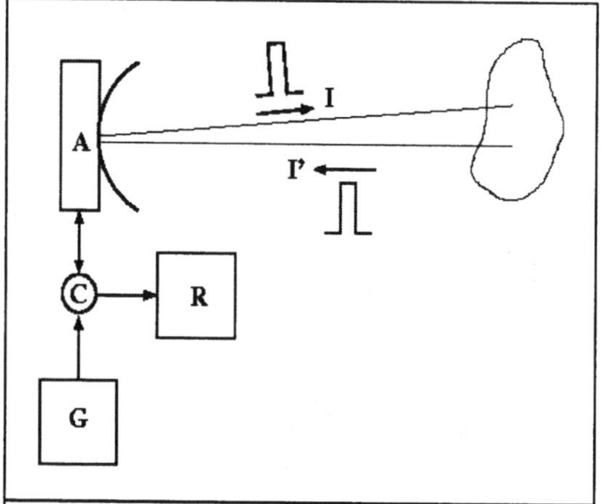

Figure 1 : principe du Radar

Le commutateur (C) est un élément d'électronique permettant de sélectionner le trajet des signaux électriques soit dans le sens générateur-antenne, soit dans le sens antenne-récepteur. Il permet donc d'utiliser l'antenne en mode « réception » dès lors que le générateur n'émet pas de signal et c'est grâce à lui qu'un Radar peut être utilisé à la fois pour émettre et pour recevoir une onde électromagnétique.

Le générateur (G) est capable de produire un signal électrique monochromatique de fréquence f_0 (et de longueur d'onde λ) sur une durée τ à la fois brève dans l'absolu et suffisamment grande vis à vis de la période ($\tau >> 1/f_0$) : il est alors d'usage de parler d'impulsion (impulsion signal). Cette impulsion arrive à l'antenne qui va transformer ce signal électrique en onde électromagnétique se propageant dans le milieu ambiant. Cette onde est donc monochromatique de durée brève et, là aussi, il est d'usage de parler d'impulsion (impulsion onde). On désignera par I l'impulsion émise.

Lorsque l'onde (impulsion I) rencontre un obstacle, une partie de l'onde est rétro diffusée vers l'antenne : on désignera par I' cette impulsion rétrodiffusée. L'antenne va alors transformer ce champ électromagnétique en signal électrique. Grâce au commutateur, le récepteur R permet alors d'enregistrer, à des fins de traitement, un signal lié à l'impulsion I'.

I.1 Directivité de l'antenne et du faisceau émis

L'antenne A est le siège d'un phénomène de diffraction. Dans une première étape d'analyse, elle sera modélisée par une ouverture plane rectangulaire de centre O, telle que l'axe Oz lui soit perpendiculaire : il est alors d'usage de dire que l'antenne pointe selon l'axe Oz. Cette ouverture est de largeur a suivant la direction Ox (avec $a >> \lambda$) et de très grande dimension suivant la direction Oy (figure 2).

On supposera que le champ électromagnétique, monochromatique, est identique (en amplitude et en phase) en tout point de cette ouverture.

Physique II année 2006; filière PC

On suppose tout d'abord que le milieu ambiant est le vide : on connaît alors la relation liant f_0 la fréquence et λ la longueur d'onde. On s'intéresse aux caractéristiques de l'onde en tout point de l'espace tel que $z > 0$, et on se restreindra à l'étude du champ électrique **E**.

❑ **1** – Justifier comment le présent système se réduit en pratique à un problème en deux dimensions (décrit dans le plan Oxz).

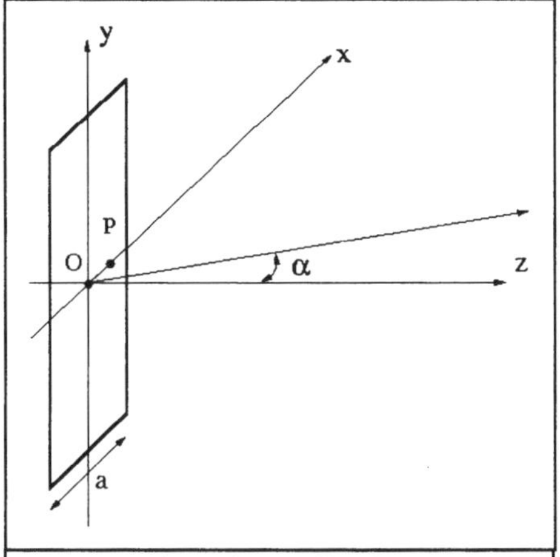

Figure 2 : modèle d'antenne

Dans ce cadre bidimensionnel, on se propose de déterminer le diagramme de rayonnement de l'antenne qui caractérise l'énergie reçue dans le plan Oxz. En se plaçant suffisamment loin de l'antenne, cette caractérisation ne dépend que de l'angle α, angle que fait la direction dans laquelle on effectue l'analyse avec l'axe Oz.
Le principe proposé ici consiste à rechercher et à déterminer les valeurs de cet angle qui correspondent soit à des maxima locaux de l'énergie reçue, soit à une annulation de l'énergie reçue.

On commence par rechercher la première valeur de α, notée α_1 et nommée « premier zéro » pour laquelle aucune énergie n'est reçue.

❑ **2** – On considère tout d'abord deux sources ponctuelles identiques situées sur l'antenne, l'une au centre O = (0,0,0) de l'ouverture, l'autre au point P = $(x,0,0)$, et on analyse l'onde résultante, somme des ondes émises par ces deux sources. Donner l'expression du déphasage à l'infini dans la direction α entre les deux rayons issus de ces deux sources. En déduire l'amplitude complexe $A(\alpha)$ de l'onde résultante dans la direction α, puis son intensité $I(\alpha)$. Montrer que la valeur de α la plus proche de 0 annulant cette amplitude s'exprime comme $\alpha_x = \text{Arcsin}\left(\dfrac{\lambda}{2\,x}\right)$.

En considérant maintenant les deux sources élémentaires situées sur l'antenne au point $P_1 = \left(\dfrac{a}{2},0,0\right)$ et au point $P_2 = (0,0,0)$, calculer cette valeur, que l'on notera α_1. Analyser le déphasage de toutes les paires de rayons issus des points $P_1 = (X,0,0)$ et $P_2 = \left(X - \dfrac{a}{2},0,0\right)$ avec $X \in \left[0,\dfrac{a}{2}\right]$.
Rappeler le principe de Huygens-Fresnel.
Montrer que l'on peut remplacer la somme des contributions des sources secondaires sur l'ouverture par une association de paires de points que l'on précisera.
En déduire que la contribution totale de l'antenne dans la direction α_1, appelée « premier zéro » de l'antenne, se réduit à une onde d'amplitude nulle.

La plus grande partie de l'énergie émise par l'antenne est reçue entre les directions $-\alpha_1$ et α_1 : il est d'usage d'appeler ce secteur angulaire le « lobe principal » de l'antenne. Pour justifier cette affirmation, on analyse à présent le comportement de l'antenne pour des directions supérieures à α_1.

METEOROLOGIE RADAR

❑ **3** – En adoptant la démarche de la question précédente et en l'appliquant à deux sous antennes identiques juxtaposées et de largeur $\frac{a}{2}$, montrer que la seconde valeur de l'angle α annulant l'amplitude reçue vérifie $\alpha_2 = \text{Arcsin}\left(\frac{2\lambda}{a}\right)$. La direction α_2 sera appelé le « second zéro » de l'antenne. Entre les directions α_1 et α_2, l'amplitude passe par un extremum qu'il est d'usage d'appeler « premier lobe secondaire » : montrer qu'une valeur raisonnable de la direction de cet extremum est $\beta_1 = \text{Arcsin}\left(\frac{3\lambda}{2a}\right)$. Pour justifier ce choix, calculer la dimension d'une nouvelle antenne virtuelle telle que cette direction β_1 soit son premier zéro. Comparer cette dimension avec celle de l'antenne initiale. Montrer que tout se passe comme si l'antenne initiale, de largeur a, pouvait se décomposer en deux sous antennes juxtaposées : l'une de largeur $\frac{2a}{3}$, dont la contribution est nulle, et l'autre de largeur $\frac{a}{3}$ dont on précisera la contribution. Proposer alors une borne supérieure à l'énergie émise dans la direction β_1 en fonction de *I(0)*, intensité reçue pour α=0.

Au lieu de mener des calculs analytiques complets (calcul des phases et des amplitudes en tout point du plan Oxz), on généralise la démarche précédente pour caractériser l'intensité reçue dans une direction α quelconque.

❑ **4** – Montrer que si l'on découpe virtuellement l'antenne initiale en $2m$ sous antennes identiques juxtaposées, l'intensité reçue est nulle dans une direction α_m que l'on déterminera. Montrer de même que si l'on découpe l'antenne initiale en $2m+1$ sous antennes identiques juxtaposées, l'intensité reçue passe par un maximum local dans une direction β_m que l'on déterminera. Proposer alors une borne supérieure à l'intensité reçue dans la direction β_m en fonction de m et de *I(0)*.

En déduire qu'il existe des directions β_m telles que l'intensité reçue passe par une valeur que l'on pourra considérer comme un maximum local, et des directions α_m telles que l'intensité reçue soit nulle.

Donner l'allure de l'intensité reçue en fonction de α. Montrer que le résultat ainsi obtenu est cohérent avec la formule utilisée par les radaristes

$$I(\alpha) = \left(\frac{\sin\left(\frac{\pi a \alpha}{\lambda}\right)}{\frac{\pi a \alpha}{\lambda}}\right)^2 I(0).$$

Expliquer alors pourquoi il est légitime de raisonner uniquement sur le lobe principal de l'antenne.

On définit maintenant l'ouverture angulaire $\Delta\alpha$ du faisceau émis par l'antenne par l'angle entre l'axe Oz et la direction choisie à l'intérieur du lobe principal telle que l'intensité soit la moitié de l'intensité maximale *I(0)*. Donner une valeur approchée de $\Delta\alpha$.

❑ **5** – En réalité, l'antenne a la forme d'un disque de diamètre a. Le faisceau émis a alors une symétrie de révolution par rapport à Oz et on admettra que l'ouverture angulaire $\Delta\alpha$ a

Physique II année 2006; filière PC

la même symétrie de révolution et s'exprime comme $\Delta\alpha = 0{,}61\dfrac{\lambda}{a}$. Donner la valeur numérique de $\Delta\alpha$ pour λ=3 cm et a=4 m. En déduire la localisation des points $Q(x,y,R)$ illuminés par l'antenne pour R=10 km.

On admettra, dans la suite du problème, que l'antenne A est circulaire de diamètre a, rayonne uniformément dans un cône de révolution de sommet O, d'axe Oz et de largeur angulaire $\Delta\alpha = 0{,}61\dfrac{\lambda}{a}$, et que la puissance rayonnée est nulle à l'extérieur de ce cône. La zone ainsi définie sera appelée « lobe d'antenne ». On admettra que la surface interceptée à une distance R par un lobe d'antenne de largeur angulaire $\Delta\alpha$ ($\Delta\alpha \in [0,\pi]$) s'exprime comme

$$S(\Delta\alpha) = 2\pi R^2(1-\cos(\Delta\alpha)) = R^2\Omega(\Delta\alpha)$$

et on appellera la grandeur $\Omega(\Delta\alpha)$ l'angle solide d'ouverture $\Delta\alpha$.

I.2 Puissance reçue

Lorsqu'un objet est illuminé par une onde électromagnétique, il peut rétrodiffuser une partie de l'énergie de cette onde. Les radaristes ne s'intéressent pas à la géométrie exacte des objets, mais uniquement à leur pouvoir de rétrodiffuser l'onde en direction de l'antenne émettrice. Pour cela, ils associent à chaque objet une cible idéale recevant l'onde électromagnétique de vecteur d'onde **k** comme si elle avait une surface s perpendiculaire à **k** et rétrodiffusant cette onde de manière omnidirectionnelle. On appelle alors s la « surface équivalente » de l'objet (pour les radaristes, il est d'usage de parler de SER : Surface Equivalente Radar).

❑ **6** – Connaissant la longueur d'onde λ et le diamètre a de l'antenne A, quelle est la valeur de la surface S illuminée par le faisceau radar à la distance R ? Simplifier l'expression obtenue en supposant $\Delta\alpha$ suffisamment petit.

❑ **7** – Soit un radar tel que la puissance qu'il rayonne à une distance d'un mètre soit $\mathcal{P}_{\text{emis}}$. Soit un objet détectable par le radar, situé à une distance R et de surface équivalente s. En assimilant le milieu de propagation au vide, quelle est, en fonction de R et de $\mathcal{P}_{\text{emis}}$ la puissance $\mathcal{P}_{\text{reçue}}$ reçue par cette cible? Calculer le rapport $\dfrac{\mathcal{P}_{\text{reçue}}}{\mathcal{P}_{\text{emis}}}$ pour R=10 km et une surface équivalente de la cible s= 100 m².
On suppose que cette cible réémet totalement la puissance reçue et que cette réémission s'effectue de manière isotrope : la cible se comporte alors comme une antenne de largeur angulaire $\Delta\alpha = \pi$.
En admettant que l'antenne A en réception a une surface équivalente égale à sa surface, quelle est, en fonction de $\mathcal{P}_{\text{emis}}$, R, s, λ et a la puissance $\mathcal{P}'$ reçue par l'antenne A ?

❑ **8** – En tenant compte de l'expression de $\Delta\alpha$ en fonction de λ et de a, établir l'« équation du radar » suivante :

$$\frac{\mathcal{P}'}{\mathcal{P}_{\text{emis}}} = \frac{K\,s\,a^4}{\lambda^2 R^4}$$

où K est une constante que l'on déterminera.

En supposant que la puissance minimale détectable est $\mathcal{P}' = 10^{-9}$ W, calculer la portée théorique R_{max} d'un radar de puissance $\mathcal{P}_{emis} = 50$ kW, de fréquence $f_0 = 10$ GHz (et de longueur d'onde dans le vide $\lambda = 3$ cm) et dont l'antenne a un diamètre $a = 4$ m, pour une cible de surface équivalente $s = 100$ m². Quel(s) paramètre(s) peut-on modifier de manière réaliste pour augmenter la portée ?
En pratique, cette portée est beaucoup plus faible. Donner plusieurs raisons pour expliquer ce fait.

I.3 Étude des échos

Le radar météorologique étudié est ce qu'on appelle un « radar à impulsions », c'est-à-dire un radar qui émet régulièrement des impulsions telles qu'elles ont été décrites précédemment (signal monochromatique émis sur une durée τ courte). Son principe d'émission peut être déduit du chronogramme d'émission (figure 3) et on décrira son fonctionnement à l'aide des paramètres suivants :

- τ la durée d'une impulsion
- $f_R = 1/T_R$ la fréquence de répétition des impulsions, avec $T_R >> \tau$

On prendra dans la suite de ce problème les valeurs suivantes : $\tau = 2$ µs, $f_R = 1$ kHz

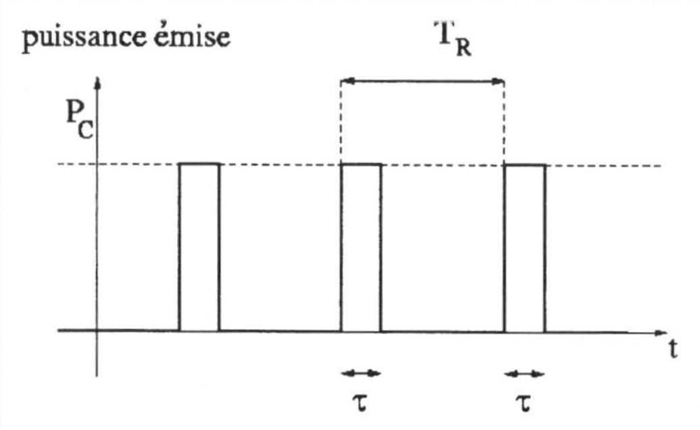

Figure 3 : chronogramme des émissions (puissance émise par le Radar en fonction du temps, P_C représente la « puissance crête »)

❑ **9** – On suppose qu'une seule cible est présente dans le lobe d'antenne. Comment peut-on connaître la distance R du radar à la cible ? Expliciter le principe en établissant le chronogramme de réception et en y superposant le chronogramme d'émission. Montrer que si T_R est trop faible, il peut y avoir ambiguïté sur la mesure de la distance R. Comment faut-il choisir la valeur de la fréquence de répétition f_R pour lever cette ambiguïté? Effectuer les applications numériques en prenant pour R la portée théorique maximale R_{max} calculée à la question 8. La valeur numérique de la fréquence de répétition semble-t-elle judicieusement choisie ?

On s'intéresse maintenant à la résolution spatiale du radar dans la direction d'émission-réception (résolution dite « radiale »), ainsi qu'à la résolution selon l'angle d'émission (résolution dite « azimutale »).

❑ **10** – On considère d'abord deux cibles immobiles situées sur l'axe d'émission-réception et séparées dans l'espace d'une distance ΔR. Connaissant la durée du signal τ, proposer un critère pour déterminer la plus petite valeur de ΔR telle que l'on on puisse observer l'existence de deux cibles distinctes sur le signal reçu. On appellera ΔR la résolution axiale.

❑ **11** – On considère ensuite deux cibles immobiles dans le plan Oxz, à la même distance R du Radar et séparées d'un angle d'azimut ψ (ψ est un angle de rotation autour de l'axe Oy). Pour mesurer un azimut, il est possible de faire tourner l'antenne autour de l'axe Oy.
Connaissant l'ouverture angulaire du faisceau radar $\Delta\alpha$ (telle qu'elle a été définie à la question 5), et sachant que l'on a fait l'hypothèse qu'il n'y a pas d'énergie émise en dehors du lobe d'antenne, proposer un critère pour déterminer quelle est la plus petite valeur de

Physique II année 2006; filière PC

l'angle ψ telle que, en faisant tourner l'antenne de cet angle ψ, on puisse observer l'existence de deux cibles distinctes ? On appellera ψ la résolution azimutale.

❑ **12** – Quel est le volume dans lequel deux cibles ne sont pas séparables ? On fera une application numérique pour $R = 1$ km et $R = 10$ km dans le cas de l'antenne de la question 8. Illustrer les différences entre résolution azimutale et résolution radiale. Ce volume est adapté à des analyses de formations nuageuses ?

I.4 Cible mobile et effet Doppler

Lorsque la cible est mobile, la fréquence f_r de l'onde réfléchie par la cible mobile est différente de la fréquence f_0 de l'onde sinusoïdale émise par l'antenne. On se limite au déplacement radial de la cible avec une vitesse v (de valeur très inférieure à celle de la célérité c de la lumière).

❑ **13** – Déterminer l'intervalle de temps séparant l'instant d'arrivée, sur la cible en mouvement, de deux crêtes successives d'une sinusoïde de fréquence f_0 émise par l'antenne et en déduire f_0', fréquence de la sinusoïde reçue par la cible.

On suppose que la cible (en mouvement) émette une sinusoïde de fréquence f_0'. Déterminer l'intervalle de temps séparant l'instant d'arrivée sur l'antenne de deux crêtes successives de cette sinusoïde de fréquence f_0' émise par la cible et en déduire f_r fréquence de la sinusoïde reçue par l'antenne.

En déduire l'expression de la fréquence f_r en fonction de f_0, v et c. Montrer qu'au premier ordre on obtient la relation :

$$f_r = \left(1 - \frac{2v}{c}\right) f_0$$

Effectuer l'application numérique en prenant $v = 20\ \text{m.s}^{-1}$, $c = 3.10^8\ \text{m.s}^{-1}$ et $f_0 = 10$ GHz.

On notera f_D la différence entre fréquence émise et fréquence reçue : cette différence s'appelle le décalage Doppler. Cette valeur semble-t-elle aisée à analyser ?

FIN DE LA PREMIERE PARTIE

PARTIE II : Trajet du faisceau électromagnétique

On s'intéresse au trajet l'onde émise par le radar. On sait que, dans le cas d'une atmosphère homogène, le trajet est rectiligne. Or l'atmosphère terrestre n'est pas homogène et ses caractéristiques (température, pression et donc indice de réfraction) varient localement. Dans un premier temps on néglige la rotondité de la Terre, et on suppose que l'indice ne dépend que de l'altitude. On verra dans un deuxième temps qu'il n'est pas possible de négliger la rotondité de la Terre.

❑**14** – On considère des ondes émises par une antenne définissant l'origine O, placée

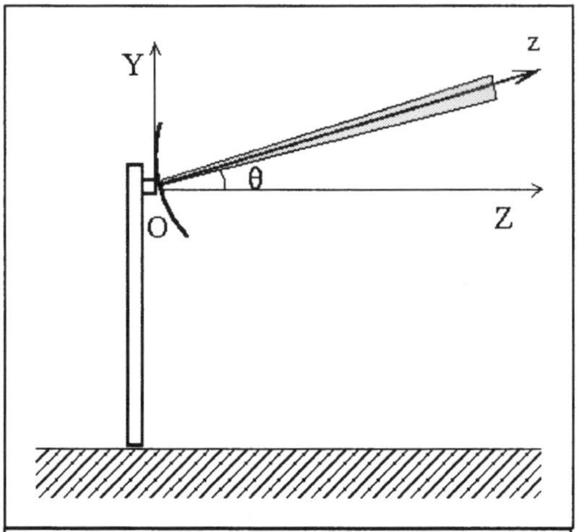

Figure 4 : Géométrie d'un radar météorologique.

sur le sol et pointant selon une direction faisant un angle θ avec l'horizontale, définie par l'axe OZ, la verticale étant définie par l'axe OY (figure 4). L'altitude H est comptée à partir de O sur l'axe OY. On modélise l'atmosphère par M couches de même épaisseur h, telles que la couche comprise entre les altitudes $(q\text{-}1).h$ et $q.h$ soit indicée par q (avec $q\in[1,M]$) et que l'indice de réfraction de la couche q vaille n_q (figure 5).

Montrer que la trajectoire est plane et déterminer, pour une couche p, la relation que vérifie l'angle θ_p, défini par la direction de l'onde avec l'horizontale dans la couche p, en fonction des indices de réfraction n_q, $q\in[1,p]$ et de l'angle $\theta_1=\theta$. Interpréter la simplicité du résultat.

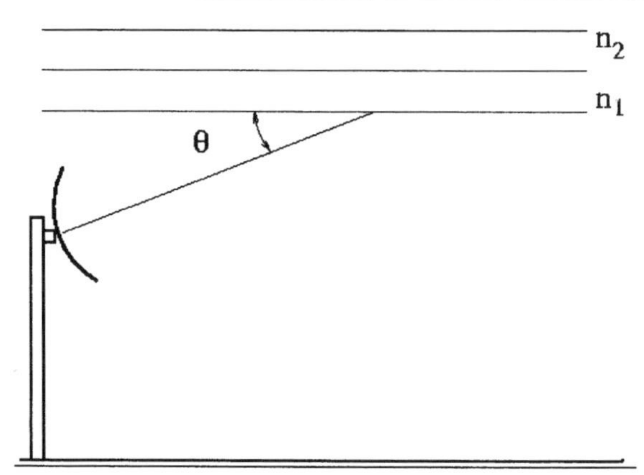

Figure 5 : Modèle "Terre plate" : cas simplifié à deux couches

❑ **15** – Pour modéliser un milieu dans lequel l'indice de réfraction varie continûment, on considère des couches infiniment minces, d'épaisseur dH. En supposant que dans les couches basses de l'atmosphère, l'indice varie suivant la loi:

$$n(H)=1+0{,}289.10^{-3}\exp(-0{,}136H)$$

où l'altitude H est exprimée en km, calculer l'angle θ_H que fait le rayon par rapport à l'horizontale quand ce rayon atteint l'altitude H = 10 km, dans le cas d'une antenne pointant selon une direction θ=10°. Ecrire les relations donnant l'expression de l'abscisse Z du rayon en fonction de H (on ne cherchera pas à résoudre le système obtenu).

❑ **16** – On prend maintenant en compte la rotondité de la Terre, qui sera supposée parfaitement sphérique, de rayon R_T=6400 km (l'origine O placée sur l'antenne est à altitude nulle). Les couches étudiées précédemment dans la question 14 sont alors concentriques. Pour traiter la réfraction entre deux couches, il suffit de remplacer la loi de la réfraction de Descartes par la loi de Bouguer :

$$n_q\ r_q\ \sin(i_q)=n_{q+1}\ r_{q+1}\ \sin(i_{q+1})$$

où r_q et r_{q+1} sont respectivement les rayons des sphères d'indice q et q+1, où n_q et n_{q+1} sont les indices de réfraction des couches q et q+1, et où i_q et i_{q+1} sont les angles réfractés (figure 6).

Etablir la loi de Bouguer à partir de la loi de Descartes.

Calculer dans ce cadre l'angle θ'_H que fait le rayon par rapport à l'horizontale locale de l'antenne, quand ce rayon atteint l'altitude H = 10 km dans le cas

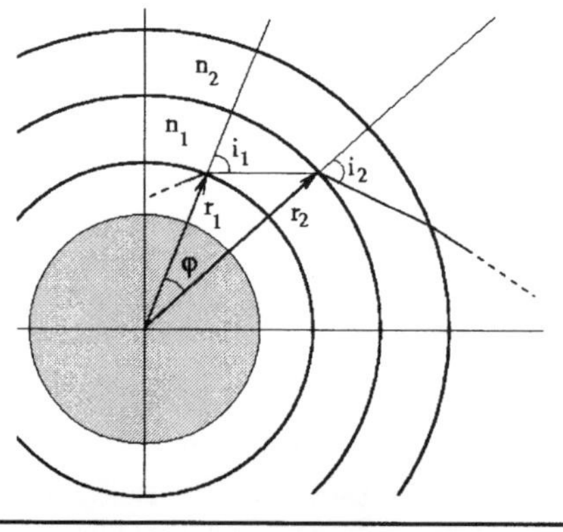

Figure 6 : stratification de l'atmosphère terrestre (cas simplifié à 2

Physique II année 2006; filière PC

d'une antenne pointant dans une direction θ=10° et d'un indice variant en fonction de l'altitude suivant la loi exponentielle donnée à la question 15. En comparant avec le résultat de la question 15, analyser les effets de la rotondité de la Terre.

Un calcul plus poussé donne, par un développement au premier ordre, la distance au sol Z_H entre le radar et un observateur au sol placé à la verticale du point où l'onde radar atteint une altitude donnée H :

$$Z_H = \frac{H}{\tan(\theta)} - \frac{1}{\tan(\theta)\ \sin^2(\theta)}\left(\frac{n(H)-n(0)}{n(0)} + \frac{H}{R_T}\right)$$

En prenant les mêmes valeurs numériques que précédemment, expliciter les influences respectives de la variation d'indice et de la courbure de la Terre.

Que se passerait-il si l'indice vérifiait la relation $\frac{n(H)-n(0)}{n(0)} + \frac{H}{R_T} = 0$? Expliquer pourquoi on parle parfois de « radar transhorizon ».

FIN DE LA SECONDE PARTIE

PARTIE III : Détection de formations pluvieuses

Pour étudier les formations nuageuses, diverses applications de radarmétéorologie peuvent être utilisées selon le type de « météores » rencontrés : brouillard, nuage de pluie, nuage de glace, ... Dans ce problème, seule sera étudiée l'application du radar à l'étude de nuages composés de gouttes d'eau que l'on supposera sphériques et de même rayon. On supposera que la fréquence de ce Radar est f_0 = 10 GHz. On ne tiendra pas compte d'éventuels phénomènes de diffusion multiple et on supposera que la présence des gouttes d'eau n'a aucune influence sur la vitesse de propagation de l'onde.

III.1 Précipitation pluvieuse

On étudie le mouvement vertical de la pluie, qui, dans ce problème, est composée de petites gouttes d'eau (de masse volumique $\rho_0 = 10^3$ kg.m^{-3}) que l'on supposera sphériques et de rayon b inférieur à 40 µm (c'est en fait un brouillard). On considérera que la force gravitationnelle ne varie pas avec l'altitude, que l'accélération de la pesanteur g est égale à 9,81 m.s^{-2} et que l'on peut négliger la rotation de la Terre. L'atmosphère sera supposée homogène de masse volumique ρ_a= 1,293 kg.m^{-3}, de viscosité constante η= 2.10^{-4} Pa.s . On admettra que les gouttes de pluie qui ont un rayon inférieur à 40 µm ont un nombre de Reynolds inférieur à 1, ainsi qu'un coefficient de traînée C_x supérieur à 1.

❑ **17** – L'écoulement de la pluie est-il turbulent ou laminaire ? Pourquoi peut-on décrire la force de traînée par l'expression **F**= -6$\pi\eta$b**v** ? Ecrire alors l'équation fondamentale de la dynamique pour une goutte de pluie (on néglige toute interaction entre gouttes) et montrer que l'on peut négliger la poussée d'Archimède. Calculer alors la vitesse limite des gouttes d'eau et vérifier que l'hypothèse sur la nature de l'écoulement de la pluie est correcte. Tracer la courbe donnant la vitesse en fonction du rayon des gouttes de pluie (on prendra b < 40 µm).

METEOROLOGIE RADAR

❑ **18** – On utilise une grandeur très largement utilisée en météorologie : l'« intensité de la pluie » Q, qui est définie comme la hauteur d'eau en millimètres qui tombe en une heure (la mesure s'effectue en général avec un simple pluviomètre). Proposer une expression reliant N, le nombre de gouttes d'eau par unité de volume, à Q, l'intensité de la pluie, dans le cas où toutes les gouttes d'eau ont le même rayon b et la même vitesse **v**.

III.2 Absorption et diffusion par la pluie

On considère un champ électrique **E**, harmonique de fréquence f_0, d'amplitude E_0, que l'on assimilera dans ces questions à une onde plane polarisée rectilignement selon l'horizontale. Les gouttes d'eau sont assimilées à des sphères de rayon b, que l'on supposera immobiles dans les questions suivantes. Sous l'action de ce champ, une goutte d'eau acquiert un moment dipolaire **p** :

$$\mathbf{p} = p_s \mathbf{E} \quad \text{avec} \quad p_s = 4\pi\varepsilon_0 \frac{\varepsilon - 1}{\varepsilon + 2} b^3$$

où ε_0 représente la permittivité du vide, et ε représente la permittivité relative de l'eau, que l'on supposera constante aux fréquences étudiées ici.

❑ **19** – A quelle condition sur le rayon de la sphère et sur la fréquence du Radar peut-on considérer le champ de l'onde uniforme dans le volume de la goutte ? Cette condition est-elle vérifiée ici ? On supposera dans la suite du problème que l'onde est effectivement uniforme dans une goutte de pluie.

Pour calculer la puissance absorbée par la goutte d'eau, on introduit une permittivité diélectrique complexe $\varepsilon = \varepsilon' + i\varepsilon''$. Calculer la puissance cédée par le champ électromagnétique à une goutte d'eau en admettant que la densité de courant volumique correspondant à une goutte de pluie s'exprime comme $\mathbf{j} = \dfrac{\partial \mathbf{p}}{\partial t}$. Si l'on connaît le nombre N de gouttes d'eau par unité de volume, calculer, en fonction de N, la puissance cédée par le champ électromagnétique aux gouttes d'eau par unité de volume. Etablir $\mathcal{P}$ la valeur moyenne temporelle de cette grandeur et vérifier la relation de proportionnalité suivante :

$$\mathcal{P} \propto N\, b^6\, f_0 .$$

❑ **20** – Calculer le vecteur de Poynting du champ incident dans le vide, puis $\mathcal{P}_0$ la moyenne temporelle de la puissance électromagnétique dans le vide. On définit alors σ_a la section efficace équivalente d'absorption, comme la surface telle que la moyenne temporelle de la puissance électromagnétique transportée dans le vide à travers cette surface soit égale à $\mathcal{P}$. Calculer cette section efficace par unité de volume. Comparer avec la surface qu'occuperaient les N gouttes d'eau. Commentez le résultat. Qu'observe-t-on donc lorsque les gouttes d'eau grossissent ?

❑ **21** – Donner l'expression des variations de la puissance électromagnétique en fonction de l'épaisseur z traversée lors de sa propagation dans un nuage contenant N gouttes d'eau de rayon b par unité de volume. On exprimera cette variation en fonction de la puissance incidente $\mathcal{P}_0$ à l'entrée du nuage, de la distance parcourue z, de la quantité N et de la section efficace d'absorption σ_a. Comparer l'expression obtenue avec la loi de Beer-Lambert utilisée en spectroscopie : $\ln\dfrac{J_0}{J} = \gamma\kappa$, où κ est la concentration du milieu absorbant, γ une constante caractéristique du dispositif et J l'intensité lumineuse.

Physique II année 2006; filière PC

Placée dans ce champ électromagnétique, la goutte d'eau se comporte comme un dipôle oscillant situé en un point P et rayonne une onde électromagnétique de même fréquence f_0. On admettra qu'en un point M situé à une distance R très grande vis-à-vis de la longueur d'onde λ, le champ électrique créé par ce dipôle s'exprime comme :

$$\mathbf{E_d} = \frac{\mu_0 \sin\theta}{4\pi R}(2\pi f_0)^2 p\left(t - \frac{R}{c}\right)\hat{\mathbf{u}}_\theta$$

l'angle θ étant celui formé par la direction du moment dipolaire $\mathbf{p}$ et le vecteur $\mathbf{PM}$, $\hat{\mathbf{u}}_\theta$ étant le vecteur unitaire orthogonal à $\mathbf{PM}$ parallèle au sol, μ_0 étant la perméabilité du vide.

❑ **22** – Caractériser l'onde rayonnée par une goutte d'eau. Retrouver alors l'expression du champ magnétique $\mathbf{B_d}$:

$$\mathbf{B_d} = \frac{\mu_0 \sin\theta}{4\pi R\, c}(2\pi f_0)^2 p\left(t - \frac{R}{c}\right)\hat{\mathbf{u}}_\varphi$$

$\hat{\mathbf{u}}_\varphi$ étant un vecteur unitaire orthogonal à $\mathbf{PM}$ et à $\hat{\mathbf{u}}_\theta$.

Calculer le vecteur de Poynting associé au point M. Montrer que la puissance diffusée dans tout l'espace vaut $\dfrac{\mu_0 p_s^2 (2\pi f_0)^4 E_0^2}{12\pi c}$. Comment expliquez-vous que ce résultat soit indépendant de R ? Peut-on exprimer cet effet diffusif par une surface équivalente σ_d appelée section efficace de diffusion ?

❑ **23** – On va considérer une pluie d'intensité Q=1 mm/h et une onde hertzienne de fréquence 10 GHz. On a alors pour les gouttes de pluie ε'=29 et ε''=58. Comparer les absorptions et les diffusions dues d'une part à une pluie telle que le rayon des gouttes de pluie soit b_1=30 µm et, d'autre part, à une pluie telle que le rayon des gouttes de pluie soit b_2=3 µm.

❑ **24** – On considère une formation nuageuse (par exemple un cumulonimbus) de type cylindrique, d'axe vertical et de rayon r=1 km : on supposera que le radar (dont les caractéristiques sont celles du radar de la première partie), positionné à une vingtaine de kilomètres, ne l'illumine que sur une tranche d'épaisseur 100 m et située à une altitude de 3500 m. On admet que toutes les gouttes ont le même rayon b, et on rappelle que N est le nombre de gouttes par unité de volume. Quelle proportion de la puissance radar est interceptée par un volume unité de gouttes illuminé par l'onde électromagnétique ? Quelle est la proportion de la puissance radar rétrodiffusée par la pluie et interceptée par l'antenne du radar ?

Dans le cas de cette formation nuageuse, quelles informations concrètes intéressant les météorologues (Q, b, r, N, ...) peut-on alors déduire de la mesure de la puissance reçue ?

FIN DE LA TROISIEME PARTIE

PARTIE IV : Détermination de la vitesse de la cible

On considère maintenant que les gouttes de pluie ont une vitesse $\mathbf{v}$ constante orientée selon l'axe vertical OY. L'onde émise par l'antenne est un signal sinusoïdal $s_e(t)$ de fréquence f_0.

METEOROLOGIE RADAR

L'antenne radar est pointé avec un angle θ (voir figure 4) et on supposera dans cette partie que les gouttes de pluie analysées sont dans le lobe d'antenne du Radar.
❑ **25** – En utilisant les résultats de la question 13, calculer le décalage Doppler que l'on peut observer sur le signal reçu $s_r(t)$ en supposant que la vitesse des gouttes est de 0,1 m.s^{-1}.

❑ **26** – On effectue le "tri" des vitesses v en envoyant le signal précédent dans un ensemble de L filtres passe-bande $[F_1,...F_L]$, dans lequel chaque filtre a une largeur de bande δ et est centré sur la fréquence $f_0+(p-1)\ \delta$. (avec $p\in[1,\ L]$) Quelle doit être la largeur de bande δ pour estimer la vitesse de la question 25 avec 20% d'erreur ? Si, de surcroît, ce même système doit pouvoir mesurer des vitesses des gouttes jusqu'à 4 m.s^{-1}, combien doit-il y avoir de bandes ? Ces valeurs sont-elles réalistes ?

FIN DE LA QUATRIEME PARTIE

PARTIE V : Radarmétéorologie

❑ **27** – Au vu des divers volets de ce problème, pensez vous qu'il soit possible de connaître à 10 km de distance toutes les caractéristiques d'une formation pluvieuse (intensité de la pluie, rayon des gouttes d'eau, vitesse des gouttes d'eau,...) et son évolution spatiale dans les minutes qui vont suivre ? Préciser dans votre analyse quels sont les points essentiels, omis dans ce problème, qu'il faudrait approfondir pour construire effectivement un système de radarmétéorologie.

FIN DE LA CINQUIEME PARTIE

FIN DE L'ÉPREUVE

LA MÉTÉOROLOGIE RADAR

PARTIE I – Principe de la télémétrie radar

I.1 Directivité de l'antenne et du faisceau émis

1- L'ouverture a une très grande dimension suivant la direction Oy, le cours nous permet d'affirmer que la figure de diffraction est alors localisée au voisinage du plan Oxz (il n'y a pas de diffraction dans la direction Oy) et le système se réduit en pratique à un problème à deux dimensions.

2- Pour déterminer le déphasage à l'infini dans la direction α on dessine le plan d'onde issu qui passe par P :

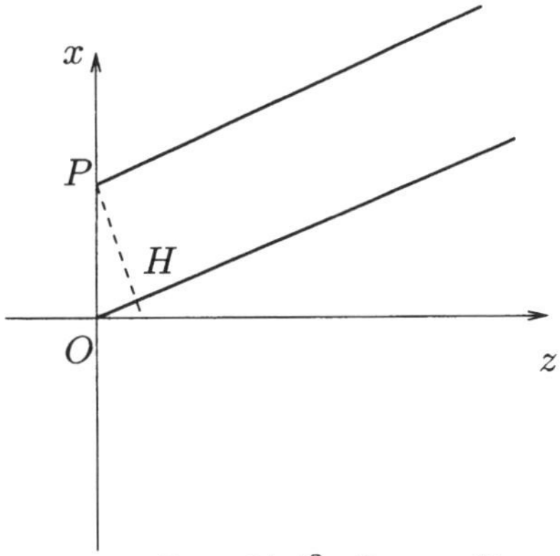

D'après le théorème de Malus et le principe du retour inverse de la lumière, les chemins optiques $(P\infty_\alpha)$ et $(H\infty_\alpha)$ sont égaux (H est le projeté orthogonal de P sur le rayon issu de O). La différence de chemin optique est donc $\delta = (O\infty_\alpha) - (P\infty_\alpha) = OH = x\sin\alpha$, et le déphasage :

$$\Delta\varphi = \frac{2\pi}{\lambda}\delta = \frac{2\pi x \sin\alpha}{\lambda}.$$

Chaque source émet une onde d'amplitude a, et on note $I_0 = 2|a|^2$. On applique la formule des interférences pour deux sources :

$$A(\alpha) = a(1 + \exp(i\Delta\varphi)),$$

$$I(\alpha) = |A(\alpha)|^2 = I_0(1 + \cos\Delta\varphi)) = I_0\left(1 + \cos(\frac{2\pi x \sin\alpha}{\lambda})\right).$$

L'amplitude s'annule pour $\exp(i(\frac{2\pi x \sin\alpha}{\lambda})) = -1$, soit $\frac{2\pi x \sin\alpha}{\lambda} = \pi(2\pi)$. La valeur de α la plus proche de 0 qui annule l'amplitude est bien :

$$\alpha_x = \text{Arcsin}\left(\frac{\lambda}{2x}\right).$$

Pour $x = \frac{a}{2}$, on a :

$$\alpha_1 = \text{Arcsin}\left(\frac{\lambda}{a}\right) \approx \frac{\lambda}{a}, \quad \text{car} \quad a \gg \lambda.$$

Le même raisonnement nous montre que le déphasage entre les rayons issus de P_1 et P_2 dans la direction α est :

$$\Delta\varphi = \frac{2\pi}{\lambda}\frac{a}{2}\sin\alpha.$$

Ce déphasage ne dépend pas de X, il dépend seulement de la distance entre P_1 et P_2.

Le principe de Huygens-Fresnel peut être énoncé comme suit : chaque point M d'une surface Σ atteinte par la lumière peut être considéré comme une source secondaire émettant une onde sphérique. L'état vibratoire de cette source secondaire est proportionnel à celui de l'onde incidente et à l'élément de surface $d\Sigma$ qui l'entoure. Les ondes issues des différentes sources secondaires sont cohérentes et interfèrent entre elles.

Bien entendu, on peut décider de sommer les contributions des différentes sources secondaires en les regroupant par paires de points. Par exemple, si l'on considère les paires de points P_1, P_2 définis par l'énoncé, avec X variant entre 0 et $\frac{a}{2}$, P_1 et P_2 décrivent chacun une moitié de fente. Or, d'après ce qui précède, P_1 et P_2 ont un déphasage de π dans la direction α_1, la somme des deux contributions est donc nulle pour toutes les paires de points. La contribution totale de l'antenne est donc bien nulle dans la direction α_1.

3- On considère une antenne de largeur $\frac{a}{2}$. On utilise ce qui précède, en remplaçant a par $\frac{a}{2}$, pour déterminer la direction de son premier zéro : $\alpha_2 = \text{Arcsin}\left(\frac{2\lambda}{a}\right)$. Deux demi-antennes de largeur $\frac{a}{2}$ ont, chacune, une contribution nulle dans la direction α_2, par superposition il en est donc de même pour l'antenne complète.

Le choix de $\beta_1 = \text{Arcsin}\left(\frac{3\lambda}{2a}\right) \approx \frac{3\lambda}{2a}$ est raisonnable puisqu'il s'agit du milieu de l'intervalle $[\alpha_1, \alpha_2]$ et que l'on peut s'attendre à trouver un extremum à égale distance des deux zéros.

Une antenne de dimension $\frac{2a}{3}$ ($\frac{2}{3}$ de la dimension de l'antenne initiale) a son premier zéro dans la direction β_1.

L'antenne initiale de largeur a a donc la même intensité dans la direction β_1 qu'une antenne de largeur $\frac{a}{3}$. Pour l'antenne de dimension $\frac{a}{3}$, l'angle β_1 correspond à la moitié de son premier zéro. On peut ainsi grossièrement majorer l'intensité :

$$I(\beta_1) < \frac{1}{9} I(0)$$

(rappelons que l'intensité est le carré de l'amplitude).

REMARQUE : en réalité, $I(\beta_1)$ ne représente que 4% de $I(0)$.

4- Si l'on découpe l'antenne en $2m$ antennes identiques juxtaposées, de largeur $\frac{a}{2m}$, ce qui précède nous permet d'affirmer que l'intensité est nulle dans une direction :

$$\alpha_m = \text{Arcsin}\left(\frac{m\lambda}{a}\right).$$

On imagine de même que l'antenne est découpée en m antennes de largeur $\frac{2a}{2m+1}$, dont la contribution est nulle dans la direction $\beta_m = \text{Arcsin}\left(\frac{(2m+1)\lambda}{2a}\right)$ et une antenne de largeur $\dfrac{a}{2m+1}$. Ceci nous indique de la même façon que l'intensité passe par un maximum local pour la direction :

$$\beta_m = \text{Arcsin}\left(\frac{(2m+1)\lambda}{2a}\right),$$

et qu'on peut grossièrement majorer :

$$I(\beta_m) < \frac{1}{(2m+1)^2} I(0).$$

Remarque : comme dans le cours, un calcul direct (l'énoncé précise que l'onde a même amplitude (a_0) et même phase en tout point de la fente) nous permet d'exprimer l'amplitude de l'onde diffractée dans la direction α comme :

$$a(\alpha) = K a_0 \int_{-a/2}^{a/2} \exp(i\frac{2\pi}{\lambda} x \sin\alpha)\, dx, \quad \text{et} \quad I(\alpha) = I(0)\left(\frac{\sin\dfrac{\pi a \sin\alpha}{\lambda}}{\dfrac{\pi a \sin\alpha}{\lambda}}\right)^2,$$

où K est une constante ; ce qui donne directement les positions des maxima et zéros et qui permet de retrouver la formule des radaristes pour les petits angles ($\sin\alpha \approx \alpha$).

L'allure de la figure est donnée ci-dessous :

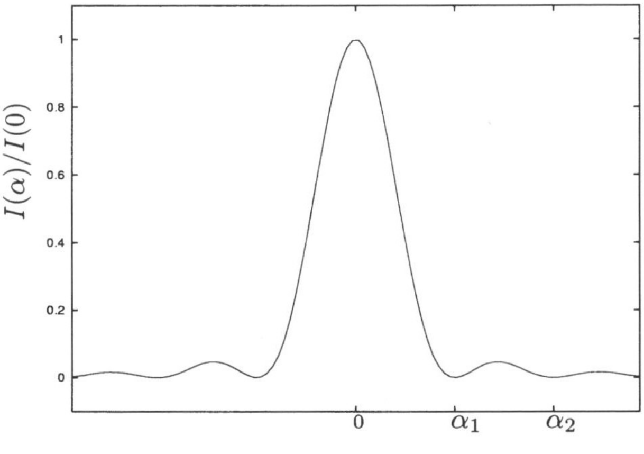

Pour la largeur angulaire, on cherche à résoudre l'équation :

$$\frac{\sin\dfrac{\pi a \Delta\alpha}{\lambda}}{\dfrac{\pi a \Delta\alpha}{\lambda}} = \frac{1}{\sqrt{2}}.$$

Or, une résolution numérique de l'équation $\dfrac{\sin X}{X} = \dfrac{1}{\sqrt{2}}$ donne $X \simeq 1,39$, et par suite :

$$\Delta\alpha \simeq 0,44\frac{\lambda}{a}.$$

5- Application numérique : $\Delta\alpha = 4,6.10^{-3}$ rad et les points Q illuminés par l'antenne à une distance à une distance $R = 10$ km sont, au plus, éloignés d'une distance $R \sin\alpha = 46$ m de Oz.

REMARQUE : l'énoncé change de définition pour $\Delta\alpha$. En effet, pour l'antenne en forme de disque, la valeur choisie indique la direction de première annulation de l'intensité.

I.2. Puissance reçue

6- On applique la formule la formule donnée par l'énoncé, en utilisant $\cos\Delta\alpha \approx 1 - \dfrac{(\Delta\alpha)^2}{2}$:

$$S(\Delta\alpha) = \pi R^2(\Delta\alpha)^2 = 0,37\pi R^2 \left(\frac{\lambda}{a}\right)^2.$$

7- À une distance R la puissance émise est reçue par une surface $S(\Delta\alpha)$. La cible ayant une surface équivalente s, elle reçoit une fraction de puissance correspondant au rapport des surfaces :

$$\mathcal{P}_{\text{reçue}} = \frac{s}{S(\Delta\alpha)}\mathcal{P}_{\text{émis}} = \frac{sa^2}{0,37\pi R^2\lambda^2}\mathcal{P}_{\text{émis}}.$$

Application numérique : en prenant $a = 4$ m et $\lambda = 3$ cm, $\dfrac{\mathcal{P}_{\text{reçue}}}{\mathcal{P}_{\text{émis}}} = 1,52.10^{-2}$.

De même la puissance reçue par l'antenne est :

$$\mathcal{P}' = \frac{\pi a^2}{S(\pi)}\mathcal{P}_{\text{reçue}} = \frac{a^2}{4R^2}\mathcal{P}_{\text{reçue}}.$$

8- En utilisant les deux relations précédentes on a donc :

$$\frac{\mathcal{P}'}{\mathcal{P}_{\text{émis}}} = \frac{1}{1,49\pi}\frac{sa^4}{R^4\lambda^2},$$

soit $K = 0,214$.

On a donc : $R_{\text{max}}^4 = \dfrac{Ksa^4}{\lambda^2}\dfrac{\mathcal{P}_{\text{émis}}}{\mathcal{P}'}$. Application numérique : $R_{\text{max}} = 66$ km. Pour augmenter la portée du radar, on peut augmenter la taille de l'antenne (a), la puissance ($\mathcal{P}_{\text{émis}}$) ou la fréquence (c'est-à-dire utiliser des longueurs d'ondes plus petites).

Parmi les raisons susceptibles de réduite la portée citons :
- l'objet étudié absorbe une partie du rayonnement ;
- une autre partie est absorbée par l'air ;
- la ré-émission n'est pas isotrope.

1.3 Étude des échos

9- Pour connaître la distance R, il suffit de mesurer le temps T entre l'émission et la réception d'un signal et on a simplement $R = \dfrac{cT}{2}$ (le 1/2 tient compte du fait que le signal effectue un aller-retour). La figure suivante représente le chronogramme de réception (hachuré) sur lequel on a superposé le chronogramme d'émission.

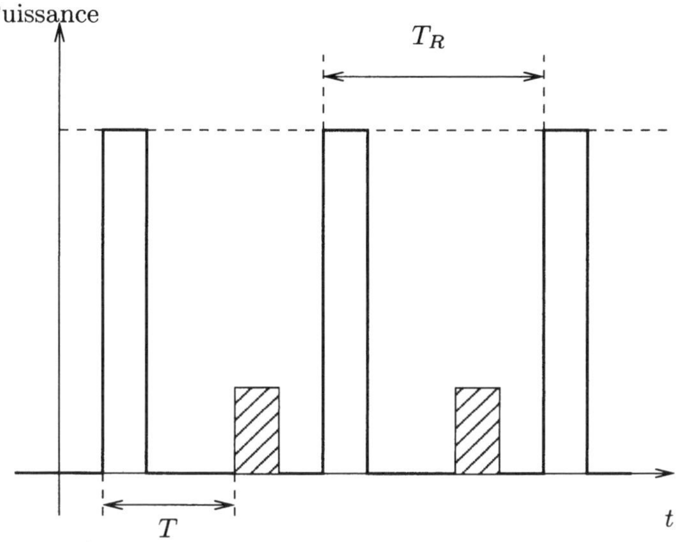

Si $T_R < T$ il risque d'y avoir une ambiguïté, dans la mesure où l'on ne peut plus savoir de quelle impulsion provenait le signal dont on reçoit l'écho. Pour lever cette ambiguïté il faut avoir $T_R > T = \dfrac{2R}{c}$, soit :

$$f_R < \frac{c}{2R_{\max}}.$$

Application numérique : $f_R < 2,3$ kHz, ce qui est vérifié avec la fréquence choisie de 1 kHz.

10- Les deux cibles sont espacées de ΔR. Le premier écho parvient au radar au bout d'un temps $T_1 = \dfrac{2R}{c}$, et le deuxième au bout d'un temps $T_2 = \dfrac{2(R+\Delta R)}{c}$. Pour pouvoir séparer les deux signaux il faut que : $T_2 - T_1 > \tau$, soit :

$$\Delta R > \frac{c\tau}{2}.$$

Application numérique : $\Delta R = 300$ m.

11- Le critère immédiat de résolution des deux cibles est :

$$\Psi > \Delta\alpha.$$

12- Le volume correspondant est celui compris entre la surface interceptée à une distance R et celle à une distance $R + \Delta R$ par un lobe d'antenne. Comme l'ouverture est très petite, on a :

$$V \approx S(\Psi) \times \Delta R = \pi R^2 (\Psi)^2 \Delta R.$$

Application numérique : pour $R = 1$ km, $V = 19,7.10^3$ m^3 ; et pour $R = 10$ km, $V = 1,97.10^6$ m^3.

Ce volume semble adapté à l'étude de formations nuageuses qui peuvent aisément dépasser ces volumes de l'ordre de 100 m × 100 m × 100 m).

I.4 Cible mobile et effet Doppler

13- Soit t_1 (respectivement t_2) l'instant où la première (respectivement deuxième) crête est émise. On a $t_2 - t_1 = T_0$, période de la sinusoïde. Soit t'_1 (respectivement t'_2) l'instant où la première (respectivement la deuxième) crête atteint la cible et R_1 (respectivement R_2) sa distance avec l'antenne à cet instant. On a $t'_1 = t_1 + \dfrac{R_1}{c}$ et $t'_2 = t_2 + \dfrac{R_2}{c}$. Ainsi : $t'_2 - t'_1 = T_0 + \dfrac{R_2 - R_1}{c}$. Or, $R_2 - R_1$ est la distance parcourue par la cible pendant l'intervalle $t'_2 - t'_1$, donc $R_2 - R_1 = v(t'_2 - t'_1)$. Ainsi : $t'_2 - t'_1 = T_0 + \dfrac{v}{c}(t'_2 - t'_1)$ et :

$$t'_2 - t'_1 = \frac{T_0}{1 - \frac{v}{c}}, \quad \text{et} \quad f_r = \frac{1}{t'_2 - t'_1} = f_0(1 - \frac{v}{c}).$$

Le raisonnement est parfaitement identique dans le sens cible-antenne et donc :

$$f_r = f'_0(1 - \frac{v}{c}).$$

Au final,

$$f_r = f_0\left(1 - \frac{v}{c}\right)^2 \approx f_0\left(1 - 2\frac{v}{c}\right),$$

où l'on a utilisé la formule du développement limité à l'ordre 1 : $(1+u)^\alpha \approx 1 + \alpha u$. Application numérique : $f_D = \dfrac{2v}{c} f_0 = 1300$ Hz. On a donc : $\dfrac{f_D}{f_0} = 1,3.10^{-7}$. La différence est très faible et extrêmement difficile à analyser autrement que par des méthodes interférentielles.

PARTIE II – Trajet du faisceau électromagnétique

14- Les couches étant parallèles, elles ont la même normale. Soit alors le plan défini par le premier rayon incident et cette normale (le plan d'incidence). La première loi de Descartes (le rayon réfracté appartient au plan d'incidence) nous montre, par récurrence, que la trajectoire appartient toujours à ce plan.

Appliquons ensuite la seconde loi de Descartes au niveau de l'interface entre la couche q et $q+1$:

$$n_q \sin(\frac{\pi}{2} - \theta_q) = n_{q+1} \sin(\frac{\pi}{2} - \theta_{q+1}), \quad \text{soit} \quad n_q \cos\theta_q = n_{q+1} \cos\theta_{q+1}.$$

Ainsi : $n_p \cos\theta_p = n_1 \cos\theta$, la grandeur $n \cos\theta$ se conserve le long de la trajectoire du rayon lumineux. La simplicité du résultat est bien sûr liée à la simplicité du modèle.

15- Il suffit d'appliquer ce qui précède :

$$\cos\theta_H = \frac{n(H=0)}{n(H)} \cos\theta.$$

Application numérique : $\theta_H = 9,93°$.

Considérons un élément de trajectoire de rayon lumineux comme représenté sur le schéma ci-contre. On a

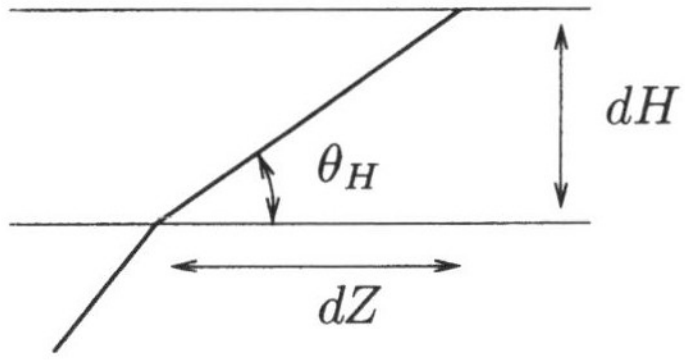

$$\tan\theta_H = \frac{dH}{dZ}.$$

Les relations donnant l'abscisse Z sont donc :

$$\begin{cases} \dfrac{dZ}{dH} = \dfrac{1}{\tan\theta_H}, \\[2mm] \tan\theta_H = \dfrac{\sqrt{1-\cos^2\theta_H}}{\cos\theta_H}, \\[2mm] \cos\theta_H = \dfrac{n(0)}{n(H)}\cos\theta, \quad \text{avec} \quad n(H) = 1 + 0{,}289.10^{-3}\exp(-0{,}136H), \\[2mm] Z = 0, \quad \text{pour} \quad H = 0. \end{cases}$$

16- Le schéma suivant est une reproduction d'une partie du schéma de l'énoncé. Le rayon lumineux entre les cercles de rayons r_1 et r_2 a été prolongé en pointillés, et on a tracé la normale à ce rayon (TB) passant par le centre de la Terre. De plus le schéma définit l'angle i_1'.

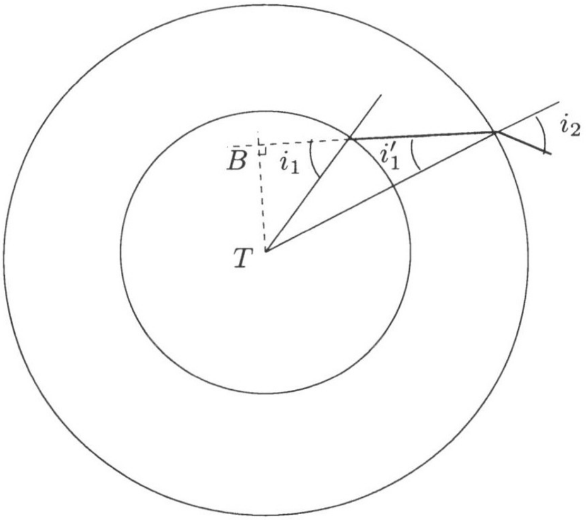

On a : $\sin i_1 = \dfrac{TB}{r_1}$ et $\sin i_1' = \dfrac{TB}{r_2}$. Ainsi, $r_1 \sin i_1 = r_2 \sin i_1'$. De plus, l'application de la deuxième loi de Descartes au niveau de l'interface entre le milieu d'indice n_1 et celui d'indice n_2 donne : $n_2 \sin i_2 = n_1 \sin i_1' = n_1 \dfrac{r_1}{r_2} \sin i_1$. Ce qui démontre la loi de Bouguer :

$$n_q r_q \sin i_q = n_{q+1} r_{q+1} \sin i_{q+1},$$

c'est la quantité $nr \sin i$ qui se conserve le long du rayon lumineux.

On se sert de cette formule pour calculer θ'_H :

$$\cos\theta'_H = \frac{n(0)}{n(H)}\frac{R_T}{R_T+H}\cos\theta.$$

Remarque : on a supposé que la direction de l'horizontale ne varie pas car la distance parcourue par le rayon est faible devant le rayon de la Terre et donc θ'_H représente bien l'angle recherché.

Application numérique : $\theta'_H = 10,43°$. D'une part, l'indice diminue avec l'altitude, ce qui tend à faire diminuer l'angle (comme à la question 15), mais l'effet de rotondité de la Terre est inverse et l'emporte ici. C'est ce que l'on observe dans la formule donnée par l'énoncé, les deux effets interviennent par des termes de signes opposés :

- $\dfrac{n(H)-n(0)}{n(0)} = -2,15.10^{-4}$,
- $\dfrac{H}{R_T} = 1,56.10^{-3}$; la courbure de la Terre l'emporte.

Le cas $\dfrac{n(H)-n(0)}{n(0)} + \dfrac{H}{R_T} = 0$ est celui où les deux effets s'annulent. Et donc $\theta =$ cste, le rayon lumineux se déplace en ligne droite (ce qui est cohérent avec la formule $\tan\theta = \dfrac{H}{Z_H}$).

On parle de "radar transhorizon" lorsque θ varie, puisque les faisceaux émis peuvent se propager, et donc détecter un objet, au-delà de la ligne d'horizon. En fait, les ondes de fréquence basse (< 30 MHz) se réfléchissent sur l'ionosphère, c'est d'ailleurs le même principe utilisé par les radio-amateurs pour communiquer en ondes courtes.

PARTIE III – Détection de formations pluvieuses

III.1 Précipitation pluvieuse

17- D'après le cours, comme le nombre de Reynolds Re est inférieur à un, l'écoulement est **laminaire**, et la force de traînée est proportionnelle à la vitesse et vérifie la loi de Stokes $\vec{F} = -6\pi\eta b\vec{v}$.

La masse volumique de l'air est très petite devant celle de l'eau, on peut donc négliger la poussée d'Archimède $-\rho_a\frac{4}{3}\pi b^3\vec{g}$ devant le poids de la goutte $\rho_0\frac{4}{3}\pi b^3\vec{g}$. Dans ce cas, les gouttes ne subissent que deux forces : le poids et la force de traînée. On suppose le référentiel terrestre galiléen, d'où :

$$\rho_0\frac{4}{3}\pi b^3\frac{d\vec{v}}{dt} = \rho_0\frac{4}{3}\pi b^3\vec{g} - 6\pi\eta b\vec{v}.$$

Lorsque la vitesse limite est atteinte $\dfrac{d\vec{v}}{dt} = \vec{0}$ et donc :

$$\vec{v}_{\text{lim}} = \frac{2}{9}\frac{b^2}{\eta}\rho_0\vec{g}.$$

Application numérique : $Re = \dfrac{\rho_0 b v_{\text{lim}}}{\eta} < 0,36$, ce qui est bien inférieur à 1.

La courbe donnant la vitesse en fonction du rayon des gouttes est dessinée ci-après ; il s'agit d'une parabole.

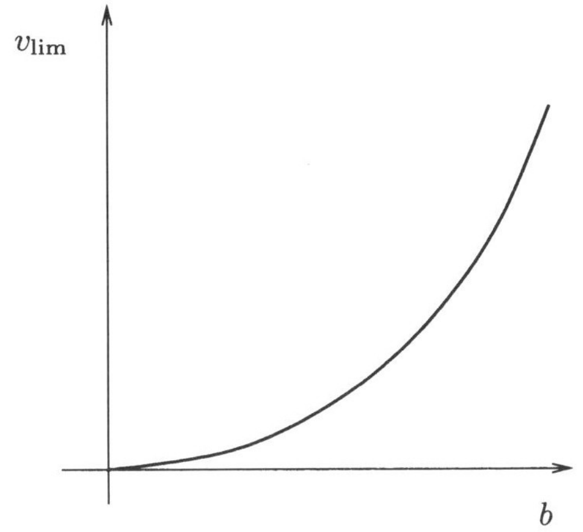

18- On considère une surface S au sol entre deux instants t_1 et $t_1 + \Delta t$. Toutes les gouttes de pluies qui vont toucher la surface S pendant Δt sont celles contenues à l'intérieur du cylindre de base S et de hauteur $v\Delta t$. Il y en a donc : $N \times Sv\Delta t$. Leur volume total est $\frac{4}{3}\pi b^3 NSv\Delta t$, ce qui représente une hauteur de pluie h à l'intérieur du cylindre :

$$h = \frac{4}{3}\pi b^3 Nv\Delta t.$$

Si l'on veut relier cette formule à Q, il suffit de prendre $\Delta t = 3600$ s et d'exprimer h en mm et donc si b est en m, v en m.s^{-1} et N en m^{-3} :

$$Q = 3,6.10^6 \frac{4}{3}\pi b^3 Nv.$$

19- Le rayon de la goutte doit être très petit devant la longueur d'onde :

$$b \ll \lambda = \frac{c}{f_0} = 3,0 \text{ cm},$$

la condition est bien vérifiée ici.

> RAPPEL : pour calculer la puissance volumique $P(t)$ cédée par le champ électromagnétique à la matière, il faut commencer par établir les valeurs **réelles** de $\vec{p}$ et $\vec{E}$, avant d'utiliser la formule $P(t) = \vec{J}\cdot\vec{E}$. Il est parfaitement absurde de calculer ce produit scalaire pour des grandeurs complexes.

Supposons, qu'en représentation complexe, on ait : $\vec{E} = E_0 \exp(-i\omega t)\vec{e}_Z$. Alors :

$$\vec{p} = 4\pi\varepsilon_0 b^3 \frac{\varepsilon' + i\varepsilon'' - 1}{\varepsilon' + i\varepsilon'' + 2}\vec{E} = 4\pi\varepsilon_0 b^3 \frac{(\varepsilon' - 1 + i\varepsilon'')(\varepsilon' + 2 - i\varepsilon'')}{(\varepsilon' + 2)^2 + \varepsilon''^2}\vec{E}.$$

Ce qui nous permet de calculer la partie réelle de $\vec{p}$:

$$Re(\vec{p}) = 4\pi\varepsilon_0 b^3 E_0 \left[\frac{(\varepsilon' - 1)(\varepsilon' + 2) + \varepsilon''^2}{(\varepsilon' + 2)^2 + \varepsilon''^2}\cos\omega t + \frac{3\varepsilon''}{(\varepsilon' + 2)^2 + \varepsilon''^2}\sin\omega t\right]\vec{e}_Z.$$

La densité volumique de puissance cédée par le champ à l'intérieur d'une goutte d'eau est $\vec{J}.\vec{E}$. La puissance $P_1(t)$ cédée par le champ à une goutte d'eau est donc $\frac{4}{3}\pi b^3 \times \vec{J}.\vec{E}$.

REMARQUE : la formule donnée par l'énoncé n'est pas **homogène**. En effet : $[p] = Q \times L$, et $\left[\frac{\partial p}{\partial t}\right] = I \times L$. Alors qu'une densité volumique de courant est telle que : $[J] = \frac{I}{L^2}$. Il manque dans la formule l'inverse d'un volume. Nous allons prendre $\vec{J} = \frac{1}{\frac{4}{3}\pi b^3}\frac{\partial \vec{p}}{\partial t}$. Dans ce cas, on a simplement : $P_1(t) = \frac{\partial \vec{p}}{\partial t} \cdot \vec{E}$.

$$P_1(t) = 4\pi\varepsilon_0 b^3 E_0^2 \omega \cos\omega t \left[\frac{3\varepsilon''}{(\varepsilon'+2)^2+\varepsilon''^2}\cos\omega t - \frac{(\varepsilon'-1)(\varepsilon'+2)+\varepsilon''^2}{(\varepsilon'+2)^2+\varepsilon''^2}\sin\omega t\right].$$

Dans un volume unité, il y a N gouttes d'eau, et la puissance dissipée dans un volume unité est donc : $P(t) = NP_1(t)$.

Comme $< \cos\omega t \sin\omega t >= 0$ (les crochets désignent la valeur moyenne) et $< \cos^2\omega t >= \frac{1}{2}$, on a :

$$\mathcal{P} = N < P_1 >= 6\pi\varepsilon_0 b^3 N\omega \frac{\varepsilon''}{(\varepsilon'+2)^2+\varepsilon''^2}E_0^2.$$

Et comme $\omega = 2\pi f_0$, on trouve la loi :

$$\mathcal{P} \propto N b^3 f_0.$$

REMARQUE : la puissance volumique est proportionnelle à b^3, plutôt qu'à b^6.

20- Soit $\vec{u}$ la direction de propagation de l'onde plane. D'après le cours, la valeur moyenne temporelle du vecteur de Poynting $\vec{R}$ s'exprime sous la forme :

$$\vec{R} = \frac{E_0^2}{2\mu_0 c}\vec{u}.$$

La puissance électromagnétique moyenne transportée à travers une surface S (normale à la direction de propagation) est :

$$\mathcal{P}_0 = \frac{E_0^2}{2\mu_0 c}S.$$

La section efficace volumique (qui a la dimension de l'inverse d'une distance) est donc :

$$\sigma_a = \frac{\mathcal{P} \times 2\mu_0 c}{E_0^2} = \frac{12\pi b^3 N\omega}{c}\frac{\varepsilon''}{(\varepsilon'+2)^2+\varepsilon''^2}.$$

La surface (efficace) volumique occupée par N gouttes d'eau est $N\pi b^2$ qui est proportionnelle à b^2, alors que la section efficace volumique est proportionnelle à b^3. Il en résulte que lorsque les gouttes d'eau grossissent, la puissance absorbée par la pluie croît beaucoup plus rapidement que la surface effectivement occupée par les gouttes de pluie.

21- On considère entre les abscisses z et $z+dz$ un élément de volume de section S. On effectue un bilan de puissance sur ce volume : $P_0(z+dz)-P_0(z) = -$ puissance fournie au volume Sdz, soit :

$$P_0(z+dz) - P_0(z) = -\mathcal{P}Sdz.$$

Or, d'après ce qui précède, $\dfrac{\mathcal{P}}{\sigma_a} = \dfrac{E_0^2}{2\mu_0 c} = \dfrac{P_0}{S}$. Ainsi, P_0 vérifie l'équation différentielle :

$$\frac{dP_0}{dz} = -\sigma_a P_0, \quad \text{soit} \quad P_0 = P_0(0)\exp(-\sigma_a z).$$

On retrouve une loi de décroissance exponentielle identique à la loi de Beer-Lambert.

22- L'onde rayonnée par un dipôle oscillant a une structure locale d'onde plane progressive. Soit $\vec{u}_r = \dfrac{\vec{PM}}{PM}$, alors :

$$\vec{B}_d = \frac{\vec{u}_r \wedge \vec{E}_d}{c} = \frac{\mu_0 \sin\theta}{4\pi Rc}(2\pi f_0)^2 p\left(t - \frac{R}{c}\right)\vec{u}_\varphi.$$

Le vecteur de Poynting $\vec{\Pi}$ est :

$$\vec{\Pi} = \frac{1}{\mu_0}\mathrm{Re}(\vec{E}_d) \wedge \mathrm{Re}(\vec{B}_d).$$

> REMARQUE : encore une fois il faut faire très attention lorsque l'on évalue un produit. *A priori*, les expressions de $\vec{E}_d$ et $\vec{B}_d$ données par l'énoncé sont complexes (puisque p_s est un nombre complexe). Dans l'expression précédente, **il faut revenir aux valeurs réelles** ou utiliser la formule qui suit qui permet de calculer simplement la valeur moyenne d'un produit en notation complexe :
>
> $$<\vec{\Pi}> = \frac{1}{2\mu_0}\mathrm{Re}(\vec{E}_d \wedge \vec{B}_s^*),$$
>
> où z^* désigne le complexe conjugué de z.

Ainsi :

$$<\vec{\Pi}> = \frac{\mu_0 \sin^2\theta (2\pi f_0)^4 |p_s|^2 E_0^2}{32\pi^2 R^2 c}\vec{u}_r.$$

La puissance moyenne P_m diffusée à travers tout l'espace est le flux du vecteur de Poynting à travers une sphère S de centre P et de rayon R, soit en utilisant $\vec{dS} = 2\pi R^2 \sin\theta d\theta\,\vec{u}_r$:

$$P_d = \oiint_{(S)} <\vec{\Pi}>.\vec{dS} = \frac{\mu_0 (2\pi f_0)^4 |p_s|^2 E_0^2}{16\pi c}\int_0^\pi \sin^3\theta d\theta = \frac{\mu_0 |p_s|^2 (2\pi f_0)^4 E_0^2}{12\pi c},$$

car $\displaystyle\int_0^\pi \sin^3\theta d\theta = \frac{4}{3}$.

REMARQUE : par rapport à l'énoncé notre formule contient le carré du module de p_s.

Ce résultat est indépendant du rayon de la sphère et c'est une des caractéristiques du rayonnement dipolaire : les champs décroissent en $\frac{1}{R}$ et la puissance totale rayonnée se conserve.

De la même façon, on peut calculer la puissance diffusée par unité de volume comme : NP_d et définir la section efficace volumique de diffusion :

$$\sigma_d = \frac{NP_d \times 2\mu_0 c}{E_0^2} = \frac{N\mu_0^2 |p_s|^2 (2\pi f_0)^2}{6\pi} = \frac{8}{3}\pi b^6 N \left(\frac{2\pi f_0}{c}\right)^4 \frac{(\varepsilon'-1)^2+\varepsilon''^2}{(\varepsilon'+2)^2+\varepsilon''^2}.$$

23- À partir des expressions de Q et v_{lim} démontrées aux questions 17 et 18, on tire N, ce qui nous permet de calculer les sections efficaces volumiques :

- pour $b_1 = 30\ \mu$m, $v_{\text{lim}} = 9,81.10^{-3}$ m.s^{-1}, $N = 2,5.10^{8}$ m^{-3}, $\sigma_a = 7,15.10^{-4}$ m^{-1} et $\sigma_d = 2,82.10^{-9}$ m^{-1} ;
- pour $b_2 = 3\ \mu$m, $v_{\text{lim}} = 9,81.10^{-5}$ m.s^{-1}, $N = 2,5.10^{13}$ m^{-3}, $\sigma_a = 7,15.10^{-2}$ m^{-1} et $\sigma_d = 2,82.10^{-10}$ m^{-1}.

24- La puissance radar interceptée dans un volume unité est $\sigma_a\times$ puissance incidente. La puissance totale diffusée dans toutes les directions par les gouttes par unité de volume est $\sigma_d\times$ puissance incidente. D'après la question 7, le radar n'en intercepte qu'une partie $\frac{a^2}{4R^2}$.

L'analyse de la puissance reçue permet de déterminer directement le produit $Nb^6\times$ le volume illuminé, soit Nb^6r^2. Des comparaisons permettent ensuite d'en déduire l'intensité (Q), la nature (b) et la taille (r) de la précipitation.

PARTIE IV – Détermination de la vitesse de la cible

25- La composante radiale de la vitesse des gouttes est $-v\sin\theta = 1,8.10^{-2}$ m.s^{-1}, et donc :

$$f_D = -2\frac{v}{c}\sin\theta.$$

Application numérique : avec $\theta = 10°$, $f_D = -1,16$ Hz.

26- La fréquence f_D est donc déterminée avec une erreur $\Delta f_D = \delta$. L'erreur relative sur v et f_D est la même car les deux grandeurs sont proportionnelles. On veut $\Delta f_D = 0,2 f_D$, soit :

$$\delta = 0,2 \text{ Hz}.$$

Pour $v = 4$ m.s^{-1}, on a $f_D = 270$ Hz, il faut donc :

$$L = 1 + \frac{f_D}{\delta} = 1350.$$

Cette valeur, bien qu'élevée, semble réaliste.

PARTIE V – Radarmétéorologie

27 Il est effectivement possible de connaître à 10 km de distance toutes les caractéristiques d'une formation pluvieuse mais, bien entendu, ce problème n'en présente qu'une théorie simplifiée. Relevons quelques-unes des hypothèses à approfondir :

- les lobes latéraux de l'émission peuvent jouer un rôle ;
- les fluctuations d'indice de l'atmosphère ont été négligées ;
- les gouttes n'ont aucune raison d'être toutes du même type (même rayon b) et leur concentration peut fluctuer (dans ce cas N ne suffit pas à décrire le nuage) ;
- on a négligé tous les phénomènes d'atténuation ou d'amplification ;
- le faisceau radar rencontre, en se propageant, un grand nombre d'objets en plus de la pluie (par exemple des insectes), dont il faut savoir reconnaître la signature...

ÉCOLE NATIONALE DES PONTS ET CHAUSSÉES,
ÉCOLES NATIONALES SUPÉRIEURES DE L'AÉRONAUTIQUE ET DE L'ESPACE,
DE TECHNIQUES AVANCÉES, DES TÉLÉCOMMUNICATIONS,
DES MINES DE PARIS, DES MINES DE SAINT-ÉTIENNE, DES MINES DE NANCY,
DES TÉLÉCOMMUNICATIONS DE BRETAGNE,
ÉCOLE POLYTECHNIQUE (FILIÈRE TSI)

CONCOURS D'ADMISSION 2006

PREMIERE ÉPREUVE DE PHYSIQUE

Filière PSI

(Durée de l'épreuve : 3 heures)
L'usage de la calculette est autorisé

Sujet mis à disposition des concours : ENSTIM, INT, TPE-EIVP

Les candidats sont priés de mentionner de façon apparente sur la première page de la copie :

PHYSIQUE I - PSI

L'énoncé de cette épreuve comporte 8 pages.

- Si, au cours de l'épreuve, un candidat repère ce qui lui semble être une erreur d'énoncé, il le signale sur sa copie et poursuit sa composition en expliquant les raisons des initiatives qu'il est amené à prendre.
- Il ne faudra pas hésiter à formuler les commentaires (incluant des considérations numériques) qui vous sembleront pertinents, même lorsque l'énoncé ne le demande pas explicitement. Le barème tiendra compte de ces initiatives ainsi que des qualités de rédaction de la copie.

Notations : vecteur → **A** (gras) ; norme du vecteur **V** → *V* (italique) ; vecteur unitaire → $\hat{\mathbf{a}}$.

ÉNERGIE HYDRAULIQUE

On étudie le principe de fonctionnement d'une microcentrale hydraulique. Ce type de centrale permet une production souple et une adaptation rapide en période de pointe.

L'épreuve comprend trois problèmes indépendants entre eux, et que l'on pourra traiter dans l'ordre de son choix.
Dans toute l'épreuve, *exprimer* signifie donner l'expression littérale et *calculer* signifie donner la valeur numérique.

Description

La centrale est alimentée par une conduite d'eau cylindrique de diamètre constant D, dite *conduite forcée*, issue du barrage (Fig. 1). La capacité de ce barrage est suffisamment importante pour que l'on considère l'eau qu'il contient comme immobile. L'extrémité aval de la conduite, notée A, est reliée à une tubulure de section décroissante, appelée *injecteur*.

L'axe vertical repérant l'altitude z est orienté vers le haut. L'altitude du point A est, par convention, nulle ; on note H la dénivellation entre la surface libre de l'eau et l'axe de l'injecteur et h la différence de niveau entre l'entrée de la conduite et la sortie, en A (la différence de niveau entre la surface libre et l'entrée de la conduite est donc $h' = H - h$). L'eau est considérée comme un fluide parfait, incompressible et de masse volumique μ ; elle sort de l'injecteur à l'air libre, sous la pression atmosphérique P_0, supposée indépendante de l'altitude. Le jet est cylindrique d'axe horizontal et de section circulaire de diamètre D dans la conduite puis d dans l'injecteur. Ce jet frappe la turbine et l'anime d'un mouvement de rotation. On considère les écoulements comme permanents et irrotationnels. On néglige tout frottement. On néglige les variations avec l'altitude de l'accélération de la pesanteur g.

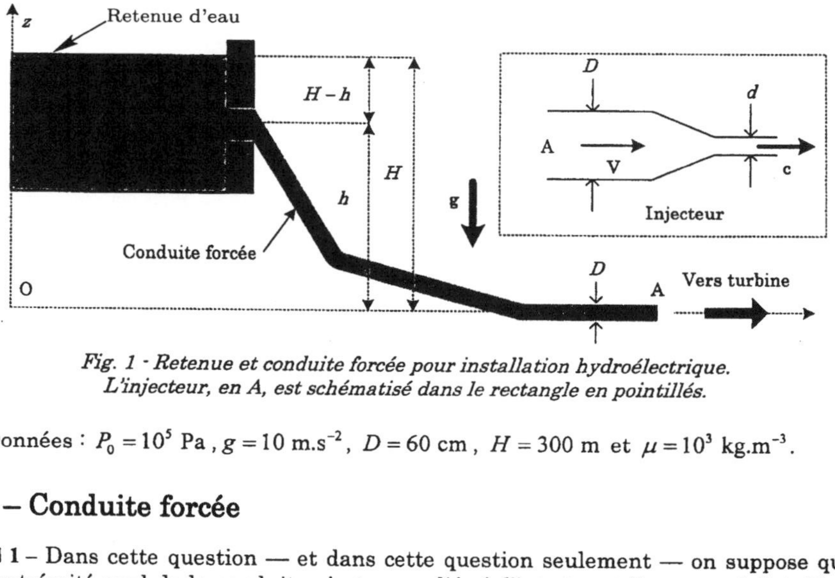

Fig. 1 - Retenue et conduite forcée pour installation hydroélectrique.
L'injecteur, en A, est schématisé dans le rectangle en pointillés.

Données : $P_0 = 10^5$ Pa , $g = 10$ m.s^{-2}, $D = 60$ cm , $H = 300$ m et $\mu = 10^3$ kg.m^{-3}.

I – Conduite forcée

❑ **1** – Dans cette question — et dans cette question seulement — on suppose que l'extrémité aval de la conduite n'est pas reliée à l'injecteur ; l'eau sort à l'air libre au point A. En justifiant l'utilisation de la relation de Bernoulli entre le point A et un point quelconque de la canalisation et en considérant la conservation du débit, exprimer la pression $P_1(z)$ à l'intérieur de la conduite sous la forme

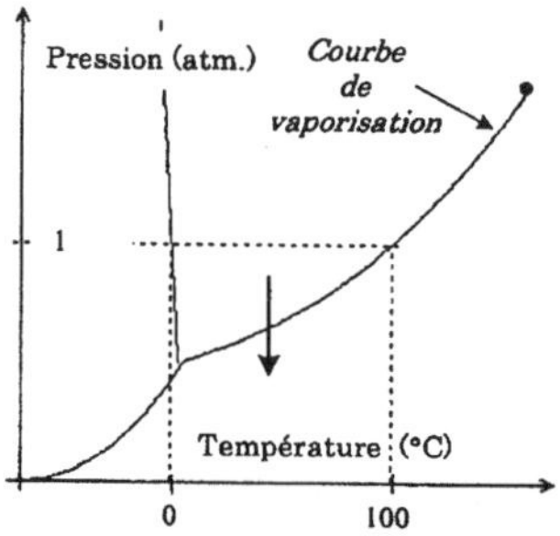

Diagramme de phase de l'eau

$$P_1(z) = P_0\left(1 - \frac{z}{z_0}\right), \text{ avec } z_0 = \frac{P_0}{\mu g}.$$

Calculer z_0.

La pression de vapeur saturante de l'eau à la température ambiante est $P_{sat} \approx 3 \times 10^3$ Pa.

Montrer qu'au-delà d'une certaine altitude, à préciser, ce modèle de pression n'est plus applicable. Le phénomène qui intervient alors (cavitation) engendre toutes sortes de perturbation (attaque des matériaux, bruits ...).

❑ 2 – Pour pallier cet inconvénient, on visse en A sur la partie finale horizontale de la conduite un injecteur (encart de la Fig. 1) de section décroissante et de diamètre de sortie $d < D$. Montrer que la vitesse en sortie de l'injecteur, notée c, est $c = \sqrt{2gH}$ (relation de Torricelli). Calculer c.

Établir que la vitesse en A est $V = \left(\frac{d}{D}\right)^2 \sqrt{2gH}$.

❑ 3 – Exprimer la pression $P_2(z)$ à l'intérieur de la conduite munie d'injecteur. On admet que l'entrée de la conduite est pratiquement à l'altitude H. Montrer que les phénomènes de cavitation disparaissent dans toute la conduite si d est inférieur à un certain d_0 dont on établira l'expression en fonction de D, P_0, H, g et μ. Vérifier que $d_0 \approx 26$ cm.

❑ 4 – Le diamètre de sortie de l'injecteur est $d = 12$ cm. La vitesse du jet mesurée en sortie de l'injecteur est $c' = 74 \text{ m.s}^{-1}$. A quelle dénivellation, notée H', cette vitesse correspondrait-elle ? Exprimer et calculer le *coefficient de contraction* $C_c = \frac{H'}{H}$. Donner quelques raisons de l'écart à l'unité de ce coefficient.

❑ 5 – Exprimer et calculer le débit volumique q de l'injecteur *sans pertes*, puis le débit massique D_m (en litres par seconde) en fonction de d, de c et de μ. Exprimer et calculer la puissance cinétique *réelle* P_c du jet en sortie (énergie cinétique par unité de temps, pour la vitesse de sortie c' et le débit associé q').

❑ 6 – Justifier que l'on nomme *puissance potentielle* la quantité $P_{pot} = \mu qgH$. Exprimer et calculer le rendement de la conduite $\eta = \frac{P_c}{P_{pot}}$ en fonction de C_c.

II-Étude de la turbine Pelton

La turbine Pelton est constituée par une roue munie d'augets. Un auget Pelton est une sorte de double godet avec une cloison au milieu (penser à deux coquilles de noix contiguës), qui dédouble le jet en deux parties identiques (Fig. 2). Les deux parties s'écoulent latéralement. L'eau, en provenance d'un injecteur identique à celui du paragraphe précédent, est propulsée sur ces augets et met la roue en mouvement. La vitesse du jet d'eau, de section $s = \pi d^2/4$, est notée $\mathbf{c} = c\hat{\mathbf{x}}$. La section de chacun des deux demi-jets est $s' = s/2$. On néglige l'effet de la pesanteur sur les jets.

❑ 7 – Quel intérêt y a-t-il à dédoubler le jet qui heurte l'auget ?

Le référentiel du laboratoire, $\{L\}$, est galiléen ; on note $\{L'\}$ le référentiel lié à l'auget frappé par le jet. La Fig. 3 présente schématiquement les paramètres de fonctionnement d'une turbine Pelton. Le rayon R du rotor est suffisamment grand pour que l'on puisse assimiler le déplacement des augets, dans $\{L\}$, à une translation suivant l'axe Ox dans la zone d'action du jet. Sous l'action du jet, de l'air et de la force du bâti, l'auget se déplace donc à la vitesse uniforme $\mathbf{u} = u\hat{\mathbf{x}}$.

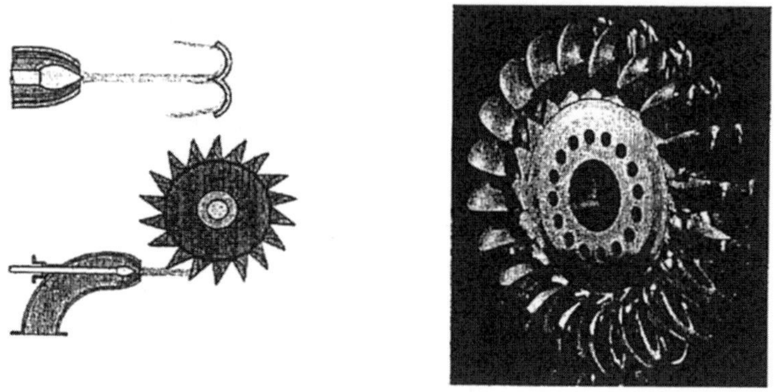

Fig.2 - À gauche : auget Pelton, injecteur et turbine ; à droite : portion de turbine.

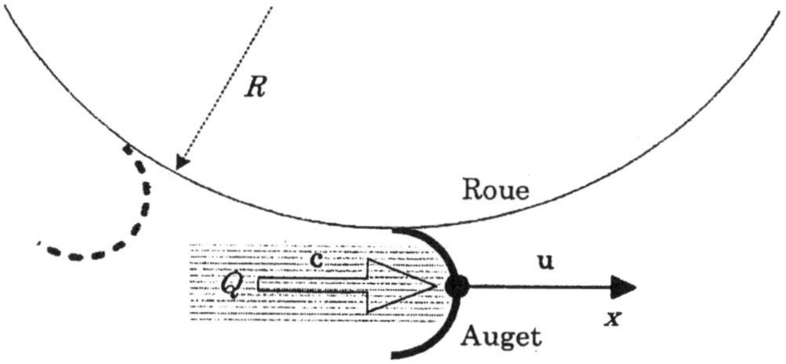

Fig. 3 - Portion de roue et un auget ; les vitesses sont représentées dans { L } *;*
dans le référentiel lié à l'auget, la vitesse du jet incident serait $\mathbf{c} - \mathbf{u}$.

❑ 8 – Justifier que l'écoulement est permanent dans $\{L'\}$. Exprimer, dans $\{L'\}$, d'une part la vitesse du jet incident, notée $\mathbf{c}'_{inc.}$, d'autre part celle des jets déviés dans la direction opposée à celle du jet incident, notée $\mathbf{c}'_d$. On suppose bien entendu que la puissance du jet est conservée. Quel est le sens physique de la quantité $D'_m = \mu s(c-u)$?

❑ 9 – En considérant un système fermé Σ de fluide, évaluer dans $\{L'\}$, la variation de quantité de mouvement $\mathrm{d}\mathbf{p}'$ du fluide entre les instants t et $t+\mathrm{d}t$, en fonction de $(c-u)$, s, μ et $\mathrm{d}t$. En déduire la composante selon Ox de la force $\mathbf{F_b}$ du bâti sur l'auget en fonction de c, u, μ et du débit volumique Q' du jet dans $\{L'\}$; remarquer que $Q' = q'$ de la question 5, débit réel.

❑ 10 – Et maintenant, une subtilité : si l'auget était unique, une partie de la puissance du jet serait perdue en raison de l'éloignement de l'injecteur et du volume croissant du jet ; en réalité, placé sur le bâti en rotation, l'auget en question est remplacé par l'auget suivant et tout se passe comme si les augets étaient placés à distance fixe de l'injecteur ... tout en se déplaçant à la vitesse $\mathbf{u}$. Pour exprimer le couple Γ du jet sur le rotor, il est donc acceptable de remplacer Q' par Q. Exprimer Γ dans ces conditions.

❑ 11 – Déterminer la puissance mécanique P reçue par le rotor dans $\{L\}$. Le jet apporte une puissance cinétique $\mathcal{P}_c = \frac{1}{2}\mu q c^2$ (*cf.* question 5) ; définir et calculer le rendement η_{rot} de la turbine en fonction de c et u. Pour quelle valeur de $\frac{u}{c}$ le rendement est-il maximum ? Calculer ce rendement maximum.

❑ 12 – Quelle est alors, pour ce rendement maximal, la vitesse $\mathbf{c}_s$ de sortie de l'eau dans le référentiel $\{L\}$? En déduire la puissance cinétique de l'eau sortant de la turbine. Commenter le résultat obtenu d'un point de vue énergétique.

Photo 1 – Une roue grandeur nature.

❑ 13 – Le rotor tourne à la vitesse angulaire de 750 tours par minute et la vitesse de sortie du jet vaut $c = 74\ \text{m.s}^{-1}$. Calculer le rayon R du rotor pour atteindre le rendement maximum. Le résultat est-il réaliste ? Pour un débit de 1500 litres par seconde, calculer la puissance maximale $P_{\max}$.

❑ 14 – Le rendement réel de la turbine est égal à 0,87. Calculer la puissance réelle P de la turbine. Quelles sont les raisons permettant d'expliquer pourquoi on n'atteint pas le rendement maximum ?

III- Étude de l'alternateur

La turbine, dont les caractéristiques sont identiques à celles de la partie II, entraîne le rotor d'un alternateur à la vitesse angulaire $\Omega = 750$ tours par minute $(f = 12{,}5\ \text{Hz})$. Ce rotor est assimilé à une bobine alimentée par un courant continu I créant un champ magnétique tournant bipolaire (deux pôles magnétiques). Le stator est constitué de trois enroulements identiques E_1, E_2 et E_3 décalés l'un par rapport à l'autre de $\frac{2\pi}{3}$. On note $\hat{\mathbf{u}}_i$ $(i = 1,2,3)$ le vecteur unitaire de l'axe porté par la bobine n° i. On admet que le flux de $\mathbf{B}$ à travers chacune des trois

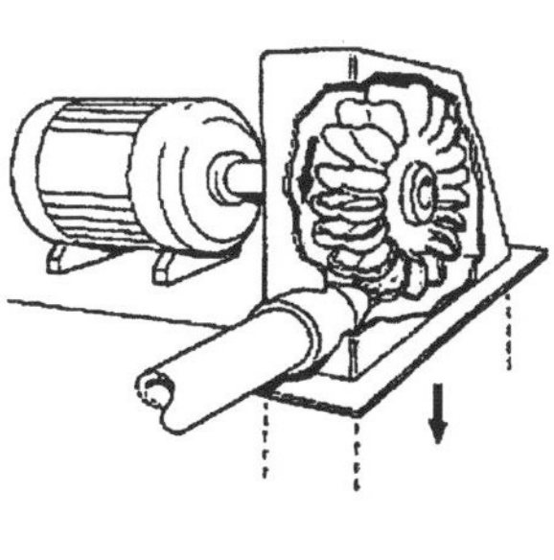

bobines est sinusoïdal : $\Phi_i(t) = \Phi_0 \cos(\Omega t - \theta_i)$, avec $\theta_1 = 0$.

Le champ **B** est donc dirigé selon $\hat{\mathbf{u}}_1$, porté par l'axe Ox à l'instant initial $t = 0$. La convention d'orientation des bobines du stator est définie par les vecteurs $\hat{\mathbf{u}}_i$ correspondant à Φ_0 positif.

❑ 15 – Déterminer les forces électromotrices $e_1(t)$, $e_2(t)$ et $e_3(t)$ dans les trois enroulements. Exprimer leur valeur efficace commune E en fonction de Φ_0.

❑ 16 – À quelle vitesse angulaire $\tilde{\Omega}$ le rotor devrait-il tourner pour que l'on puisse coupler directement cet alternateur au réseau EDF ? Montrer que cela est hors de question, ne serait-ce que parce que la vitesse de translation de chaque auget serait supérieure à la vitesse de l'eau du jet.

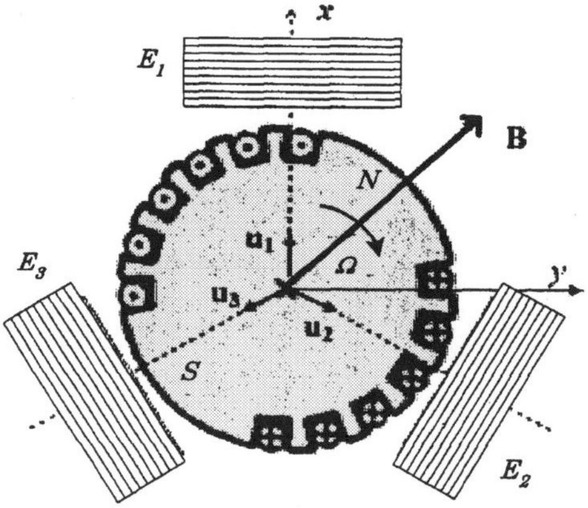

Fig. 4 - Stator de l'alternateur ; la phase à $t = 0$ du flux traversant la bobine i est $\theta_i = 2\pi(i-1)/3$.

❑ 17 – Quelle modification faudrait-il apporter au rotor, de taille donnée, pour réaliser le couplage avec le réseau ?

❑ 18 – Les trois enroulements ont une borne commune N, appelée neutre (Fig. 5). Les trois autres bornes, appelées phases, sont reliées par des fils identiques de résistance R_F à une charge formée de trois impédances identiques $\underline{Z_c}$ montées en étoile. L'impédance équivalente à l'association série $(R_F, \underline{Z_c})$ est notée $\underline{Z} = \underline{Z_c} + R_F = Z_0 \exp(j\varphi)$. Le neutre est relié au centre O de l'étoile par un fil de résistance R_R. On suppose d'abord que R_F est négligeable. Exprimer en notation complexe les intensités $\underline{i_1}$, $\underline{i_2}$ et $\underline{i_3}$ dans chacune des impédances. En déduire l'expression du courant $i_N(t)$ dans le fil ON. Quel est l'avantage de ce montage par rapport à un montage où les impédances seraient reliées indépendamment à chaque enroulement (sans neutre) ?

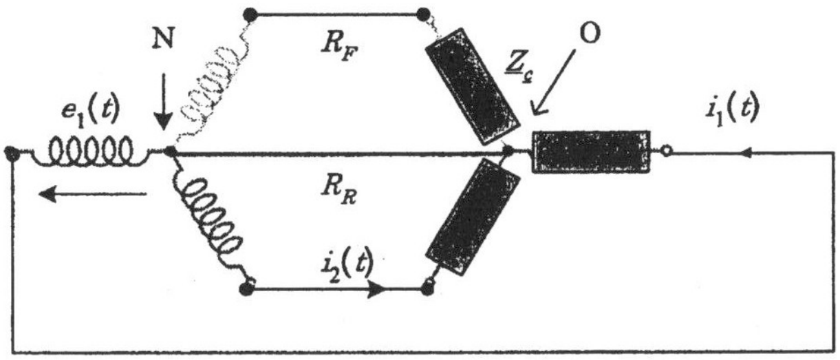

Fig. 5 - Symboles et conventions pour enroulement et charge triphasés.

❑ **19** – On ne néglige plus la résistance R_F. Exprimer les relations liant chacune des intensités $\underline{i}_1$, $\underline{i}_2$ et $\underline{i}_3$ à $\underline{Z}$ et à R_F. En déduire la nouvelle expression de $i_N(t)$. Commenter le résultat et exprimer les courants $i_1(t)$, $i_2(t)$ et $i_3(t)$ dans chacune des phases.

❑ **20** – Exprimer la puissance électrique moyenne $P_{él}$ fournie par l'alternateur, en fonction de E, Z_0 et φ. La turbine fournit une puissance de $3{,}5\times10^6$ W, le rendement de l'alternateur est égal à $0{,}95$, $E=5000$ V et $Z_0=18\,\Omega$; calculer le $\cos(\varphi)$.

❑ **21** – Chaque bobine i induit au niveau du rotor le champ magnétique uniforme : $\mathbf{B}_i=\alpha i_i(t)\,\hat{\mathbf{u}}_i$, où α est une constante positive. Exprimer le champ magnétique résultant $\mathbf{B}_{ind}$, en séparant les calculs des composantes selon $\hat{\mathbf{u}}_x$ et selon $\hat{\mathbf{u}}_y$. Quelles sont les caractéristiques de ce champ magnétique (axe, sens et vitesse angulaire de la rotation) ? Exprimer en particulier l'angle qu'il fait avec le champ magnétique $\mathbf{B}$ du rotor.

❑ **22** – La bobine du rotor peut être représentée par son moment magnétique $\mathbf{M}=M\hat{\mathbf{u}}$. Préciser la direction de ce moment magnétique. Exprimer le couple Γ_{rot} exercé par le champ magnétique induit sur la bobine. Exprimer la puissance P_{rot} reçue par le rotor. En considérant un bilan de puissance, retrouver que la puissance électrique est proportionnelle à $\dfrac{E^2}{Z_0}\cos(\varphi)$.

FIN DU PROBLÈME

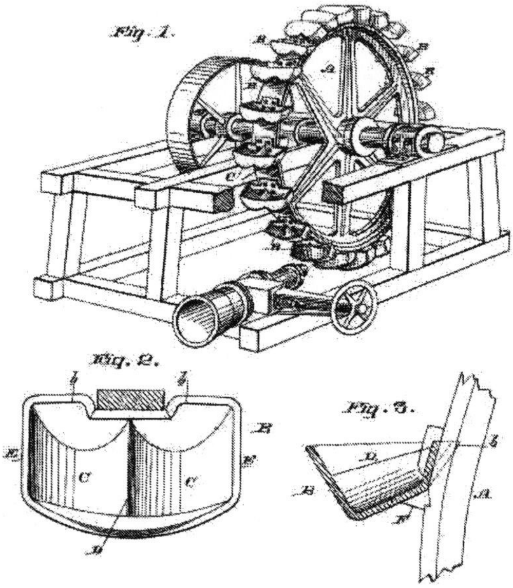

Figures originales du premier brevet Pelton (1889)

ÉNERGIE HYDRAULIQUE

I - Conduite forcée

1. L'écoulement est parfait, permanent, et irrotationnel, et le fluide incompressible. Le théorème de Bernoulli est donc valable dans tout le fluide :

$$\frac{P}{\mu} + \frac{v^2}{2} + gz = \text{cte}.$$

Entre le point A et un point quelconque de la canalisation,

$$\frac{P_0}{\mu} + \frac{V^2}{2} + g0 = \frac{P_1}{\mu} + \frac{V^2}{2} + gz.$$

En effet, par conservation du débit volumique, la vitesse est la même tout au long de la canalisation de section constante, et la pression vaut P_0 en A (air libre). Ainsi,

$$P_1 = P_0(1 - \frac{z}{z_0}),$$

avec $z_0 = P_0/\mu g = 10$ m.

> REMARQUE : l'hypothèse d'irrotationnalité n'était pas nécessaire : il suffisait de préciser que le théorème de Bernoulli est appliqué le long d'une ligne de courant.

Quand on considère un point de la canalisation d'altitude de plus en plus élevée, sa pression diminue. Cependant, celle-ci doit rester positive, et même supérieure à la pression de vapeur saturante de l'eau :

$$z_{\text{max}} = z_0(1 - \frac{P_{\text{sat}}}{P_0}).$$

Application numérique : $z_{\text{max}} = 9,7$ m.

2. On applique à nouveau le théorème de Bernoulli entre la surface de la retenue et la sortie de l'injecteur :

$$\frac{P_0}{\mu} + \frac{0^2}{2} + gH = \frac{P_0}{\mu} + \frac{c^2}{2} + 0.$$

En effet, la vitesse au niveau de la surface libre est quasiment nulle (car la surface de l'eau libre est très importante par rapport à la section de l'injecteur). Ainsi, on obtient la relation bien connue

$$c = \sqrt{2gH}.$$

Application numérique : $c = 77$ m.s^{-1}.

La conservation du débit volumique entre le point A et la sortie de l'injecteur s'écrit

$$V\pi\frac{D^2}{4} = c\pi\frac{d^2}{4}.$$

On obtient

$$V = \frac{d^2}{D^2}\sqrt{2gH}.$$

3. Le théorème de Bernoulli entre la surface libre et un point quelconque de la conduite s'écrit :

$$\frac{P_0}{\mu} + \frac{0^2}{2} + gH = \frac{P_2}{\mu} + \frac{V^2}{2} + gz.$$

On rappelle que, par conservation du débit volumique, la vitesse se conserve le long de la conduite de section constante. Alors,

$$P_2 = P_0 + \mu g(H - z) - \mu\frac{V^2}{2} = P_0 + \mu g H(1 - \frac{d^4}{D^4} - \frac{z}{H}).$$

On étudie le point le plus élevé, où la cavitation se produit le plus aisément :

$$P_2(H) = P_0 - \mu g H\frac{d^4}{D^4}.$$

À hauteur H fixée, $P_2(H)$ reste positive si

$$P_0 \geq \mu g H\frac{d^4}{D^4},$$

soit

$$d_0 = D\left(\frac{P_0}{\mu g H}\right)^{1/4}.$$

Application numérique : $d_0 = 0,26$ m.

4. La relation entre la vitesse de sortie de l'injecteur et la dénivellation H est

$$c' = \sqrt{2gH'}, \quad \text{soit} \quad H' = \frac{c'^2}{2g}.$$

Application numérique : $H' = 270$ m.

Alors,

$$C_c = \frac{H'}{H} = \frac{c'^2}{c^2}.$$

Application numérique : $C_c = 0,91$.

Le facteur est inférieur à 1. Cela signifie que la vitesse de sortie est plus faible que celle à laquelle on s'attend par application du théorème de Bernoulli. L'hypothèse d'absence de frottement n'est pas suffisamment réaliste, notamment pour des vitesses de fluide aussi élevées. De plus, l'incompressibilité n'est certainement plus vérifiée, pour de telles dénivellations.

5. Par définition,

$$q = \iint \vec{v}.\vec{dS} = c\pi\frac{d^2}{4}.$$

Application numérique : $q = 0,87\ \text{m}^3.\text{s}^{-1} = 870\ \text{L.s}^{-1}$.

Ensuite,

$$D_m = \mu q = \mu c\pi\frac{d^2}{4}.$$

Application numérique : $D_m = 870\ \text{kg.s}^{-1}$.

Remarque : l'unité indiquée par l'énoncé (litre par seconde) correspond à un débit volumique, et non massique !

Pendant dt sort de l'injecteur la masse $D_m dt$. Ainsi, le dispositif fournit pendant dt une énergie cinétique $dEc = D_m dt \frac{c^2}{2}$. On déduit la puissance cinétique

$$\frac{dEc}{dt} = D_m \frac{c^2}{2} = \mu q \frac{c^2}{2}.$$

Rappel : une puissance correspond à une énergie par unité de temps.

Les grandeurs calculées ci-dessus sont pour le système sans pertes. Pour le système réel,

$$P_c = \mu q' \frac{c'^2}{2}.$$

Application numérique : $P_c = 2,29$ MW.

6. Pendant dt sort de l'injecteur la masse $D_m dt$ qui a subi une dénivellation H, c'est-à-dire variation d'énergie potentielle (en valeur absolue)

$$dEp = D_m dt\, gH.$$

Ainsi, naturellement,

$$P_{\text{pot}} = \frac{dEp}{dt} = D_m gH = \mu q gH.$$

On calcule

$$\eta = \frac{\mu q' \frac{c'^2}{2}}{\mu q g H} = \frac{q' H'}{qH}.$$

Or, $q = \pi \frac{d^2}{4} c = \pi \frac{d^2}{4} \sqrt{2gH}$ (de même pour les valeurs réelles), d'où

$$\eta = \left(\frac{H'}{H}\right)^{3/2}.$$

Application numérique : $\eta = 0,87$.

II. Étude de la turbine Pelton

7. C'est par raison de symétrie. La situation étant symétrique par rapport aux flèches de la figure 3, la force résultante exercée par le jet sur l'auget est selon la direction $\vec{x}$ (elle ne peut ni être dirigée vers le haut, ni vers le bas). Le dispositif est ainsi plus efficace.

8. Dans L', l'auget est immobile et l'eau arrive sur celui-ci avec une vitesse indépendante du temps (voir la suite de la question). Elle repart de même avec une vitesse indépendante du temps. Le phénomène est donc permanent dans L'.

Par composition des vitesses (vitesse relative = vitesse absolue moins vitesse d'entraînement) :

$$\vec{c}'_{\text{inc}} = \vec{c}_{\text{inc}} - \vec{u} = (c - u)\vec{u}_x.$$

Les jets déviés repartent avec une vitesse exactement opposée à la vitesse incidente :

$$\vec{c}'_{\mathrm{d}} = -(c-u)\vec{u}_x.$$

Cela est une conséquence de la conservation de la puissance (cinétique) du jet (dans L', ce que l'énoncé ne précise pas...). Le lecteur peut vérifier l'analogie avec des balles lancées à la vitesse $c\vec{u}_x$ sur un mur se déplaçant à la vitesse $u\vec{u}_x$ et subissant des chocs élastiques.

$D'_m = \mu s(c-u)$ représente le débit massique incident sur l'auget dans L'.

9. On considère le système fermé représenté hachuré à l'instant t sur la figure qui suit. À l'instant $t + dt$, il est délimité par les pointillés.

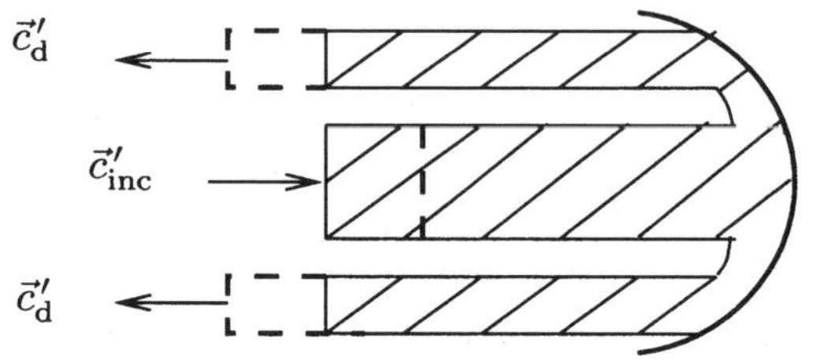

Alors, pour ce système, dans L', la variation de quantité de mouvement $d\vec{p}'$ s'identifie à la différence de quantité de mouvement des zones non communes entre t et $t + dt$ sur la figure qui précède : elle est égale à la quantité de mouvement de la zone "supplémentaire" en haut et en bas moins la zone du milieu. La masse concernée est $D'_m dt$, et on obtient

$$d\vec{p}' = D'_m dt(-(c-u)\vec{u}_x - (c-u)\vec{u}_x) = -2\mu s(c-u)^2 dt\vec{u}_x.$$

On vérifie que le résultat est de sens opposé à $\vec{u}_x$.

À cette variation de quantité de mouvement du jet est associée la force

$$\vec{F}_b = -2\mu s(c-u)^2\vec{u}_x = -2\mu Q'(c-u)\vec{u}_x.$$

REMARQUE : en revanche, nous ne comprenons pas pourquoi identifier Q', débit sans perte dans L' et q', débit réel dans L. Cette identification n'a par ailleurs aucune conséquence.

10. Le couple exercé est égal à la force multipliée par le bras de levier (R ici), en remplaçant Q' par Q (noté q précédemment) :

$$\Gamma = R.F_b = 2\mu RQ(c-u).$$

11. La puissance associée à ce couple est égale au produit du couple par la vitesse angulaire $\omega = u/R$. Ainsi,

$$P = \Gamma\omega = 2\mu Qu(c-u).$$

Le rendement de la turbine se définit comme le quotient de la puissance effectivement fournie au rotor par la puissance pouvant être fournie, c'est-à-dire la puissance cinétique :

$$\eta_{\text{rot}} = \frac{P}{\mathcal{P}_c} = \frac{2\mu Q u(c-u)}{\dfrac{1}{2}\mu q c^2} = 4\frac{u(c-u)}{c^2} = 4\frac{u}{c}(1-\frac{u}{c})$$

en identifiant q et Q.

On pose $X = u/c$. Alors, le rendement est proportionnel à $X(1-X)$, qui est maximal pour $X = 1/2$ (il suffit de chercher l'annulation de la dérivée pour le montrer). Ainsi,

$$\eta_{\text{rot,max}} = 4\frac{1}{2}(1-\frac{1}{2}) = 1.$$

Dans le cas sans pertes, le rendement maximal est 1 : toute l'énergie cinétique du jet est communiquée au rotor.

12. Dans ce cas,

$$\vec{c}_{\text{d}}' = (u-c)\vec{u}_x = -\frac{c}{2}\vec{u}_x.$$

Par composition des vitesses, on obtient la vitesse dans L :

$$\vec{c}_d = \vec{c}_{\text{d}}' + u\vec{u}_x = \vec{0}$$

(vitesse désormais notée $\vec{c}_s$ dans l'énoncé). Alors, toute l'énergie cinétique de l'eau est cédée au rotor : c'est la seule manière pour que le rendement de la turbine soit égal à 1.

13. Dans ce cas, $u = c/2 = 37$ m.s^{-1}. Le rayon est obtenu par $u = R\omega$.

Application numérique : $\omega = 79$ rad.s^{-1}, et $R = 0,47$ m. Cette valeur est évidemment envisageable, mais semble nettement plus importante que celle de la photographie de la figure 1.

$P_{\text{max}} = \frac{1}{2}\mu q c^2 = 4,1$ MW (attention à convertir q en m^3.s^{-1}).

14. En fait, à cause des pertes, on ne récupère qu'une partie de cette puissance : $P = 0,87 P_{\text{max}}$.

Application numérique : $P = 3,6$ MW.

Ces pertes sont certainement dues aux frottements du rotor et au fait que l'eau sortant du dispositif ne possède pas une vitesse exactement nulle.

III. Étude de l'alternateur

15. D'après la loi de Faraday,

$$e_i = -\frac{d\Phi_i}{dt}.$$

Ainsi,

$$E = \frac{\Phi_0 \Omega}{\sqrt{2}}.$$

16. Le réseau EDF est à 50 Hz, ce devrait être la fréquence de rotation de la roue pour un raccord direct.

Application numérique : $\tilde{\Omega} = 3,1.10^2$ rad.s^{-1} $= 3.10^3$ tours.mn^{-1}

Dans ce cas, il faudrait pour maximiser le rendement du rotor, un rayon

$$R = u/\tilde{\Omega} = c/(2\tilde{\Omega}).$$

Application numérique : $R = 12$ cm.

Cela semble un peu juste pour avoir la place suffisante pour les augets. Néanmoins, la roue photographiée en figure 1 semble à peine plus grande. Nous ne comprenons pas l'argument de l'énoncé : le rayon dépend de la vitesse de rotation de la roue afin de maximiser la puissance.

17. Il faut que le champ magnétique tournant porté par le rotor ne soit pas dipolaire (c'est-à-dire comportant un seul pôle N et un seul pôle S). Pour un rotor tournant a 750 tours.mn^{-1}, il faut que le champ créé par le rotor comporte 4 pôles N et 4 S, soit une succession sur un tour NSNSNSNS.

18. On applique la loi des mailles dans la maille NO, en suivant le fil numéro k :

$$\underline{e}_k = \underline{Z}_c \underline{i}_k, \quad \text{soit} \quad \underline{i}_k = \frac{\underline{e}_k}{\underline{Z}_c}.$$

En conséquence,

$$\underline{i}_N = \underline{i}_1 + \underline{i}_2 + \underline{i}_3 = \frac{\underline{e}_1 + \underline{e}_2 + \underline{e}_3}{\underline{Z}_c} = 0.$$

RAPPEL : ce résultat découle du fait que $1 + \exp(i\frac{2\pi}{3}) + \exp(i\frac{4\pi}{3}) = 0$.

Ce montage à trois phases permet d'économiser du fil : un seul fil retour entre O et N est nécessaire alors qu'il faudrait 3 fils de retour pour trois circuits indépendants. on peut même supprimer ce fil retour car l'intensité le parcourant est nulle (en pratique, ce n'est pas le cas à cause de légers déséquilibres entre les phases). Cela doit de plus diminuer les pertes par effet Joule (lorsque les fils ne sont plus parfaits).

19. On applique la loi des mailles dans une maille NON passant par le fil k et revenant par ON :

$$\underline{e}_k = \underline{Z}\,\underline{i}_k + R_F \underline{i}_N.$$

De plus, la loi des nœuds en O indique

$$\underline{i}_N = \underline{i}_1 + \underline{i}_2 + \underline{i}_3.$$

En sommant les trois lois des mailles, on obtient

$$\underline{e}_1 + \underline{e}_2 + \underline{e}_3 = \underline{Z}\,\underline{i}_N + 3R_F \underline{i}_N.$$

Alors,

$$\underline{i}_N = \frac{\underline{e}_1 + \underline{e}_2 + \underline{e}_3}{\underline{Z} + 3R_F} = 0.$$

Le courant de retour vers le neutre est toujours nul.

On déduit l'expression des courants :

$$\underline{i}_k = \frac{\underline{e}_k}{\underline{Z}} = \frac{-j\Omega\underline{\Phi}_k}{Z_0 \exp(j\varphi)} = -j\Omega\frac{\Phi_0}{Z_0} \exp j(\Omega t - \theta_k - \varphi).$$

Ainsi,

$$i_1 = \frac{\Phi_0\Omega}{Z_0}\sin(\Omega t - \varphi), \quad i_2 = \frac{\Phi_0\Omega}{Z_0}\sin(\Omega t - \varphi - \frac{2\pi}{3}), \quad i_3 = \frac{\Phi_0\Omega}{Z_0}\sin(\Omega t - \varphi - \frac{4\pi}{3}).$$

20. La puissance électrique totale fournie par l'alternateur est la somme des puissances moyennes fournies par les trois enroulements :

$$P_{\text{él}} = \langle e_1 i_1 + e_2 i_2 + e_3 i_3 \rangle.$$

Évaluons l'un des termes :

$$\langle e_k i_k \rangle = \frac{1}{2}\Re e(\underline{e}_k \underline{i}_k^*) = \frac{1}{2}\Re e(\underline{e}_k \frac{\underline{e}_k^*}{\underline{Z}^*}) = \frac{\Phi_0^2\Omega^2}{2Z_0}\Re e(\exp(-j\varphi)) = \frac{E^2}{Z_0}\cos\varphi.$$

Ainsi,

$$P_{\text{él}} = 3\frac{E^2}{Z_0}\cos\varphi.$$

Application numérique : $P_{\text{él}} = 0,95 \times 3,5.10^6 = 3,3.10^6$ W, soit $\cos\varphi = 0,80$.

21. Le champ résultant est la somme des trois champs créés par les trois bobines :

$$\begin{aligned}
\vec{B}_{\text{ind}} &= \alpha(i_1\vec{u}_1 + i_2\vec{u}_2 + i_3\vec{u}_3) \\
&= \alpha\frac{\Phi_0\Omega}{Z_0}\left(\sin(\Omega t - \varphi)\vec{u}_x + \sin(\Omega t - \varphi - \frac{2\pi}{3})(-\frac{1}{2}\vec{u}_x + \frac{\sqrt{3}}{2}\vec{u}_y)\right. \\
&\left. + \sin(\Omega t - \varphi - \frac{4\pi}{3})(-\frac{1}{2}\vec{u}_x - \frac{\sqrt{3}}{2}\vec{u}_y)\right).
\end{aligned}$$

On obtient

$$\begin{aligned}
B_{\text{ind},x} &= \alpha\frac{\Phi_0\Omega}{Z_0}\left((\sin(\Omega t - \varphi) - \frac{1}{2}(\sin(\Omega t - \varphi - \frac{2\pi}{3}) + \sin(\Omega t - \varphi - \frac{4\pi}{3})\right) \\
&= \alpha\frac{\Phi_0\Omega}{Z_0}\left((\sin(\Omega t - \varphi) - (\sin(\Omega t - \varphi + \pi)\cos\frac{\pi}{3})\right) \\
&= \alpha\frac{3\Phi_0\Omega}{2Z_0}\sin(\Omega t - \varphi).
\end{aligned}$$

De même,

$$B_{\text{ind},y} = -\alpha\frac{3\Phi_0\Omega}{2Z_0}\cos(\Omega t - \varphi).$$

Ce champ tourne à la vitesse angulaire Ω. L'angle qu'il fait avec l'axe $\vec{u}_x$ est $\Omega t - \varphi - \frac{\pi}{2}$. Par rapport au champ $\vec{B}$ du rotor, il est décalé de $\varphi + \frac{\pi}{2}$ (en retard, en prenant comme direction positive celle de la rotation).

22. Alors,

$$\vec{\Gamma}_{\text{rot}} = \vec{M} \wedge \vec{B}_{\text{ind}} = M\left|\begin{matrix}\cos(\Omega t)\\ \sin(\Omega t)\\ 0\end{matrix}\right. \wedge \alpha\frac{3\Phi_0\Omega}{2Z_0}\left|\begin{matrix}\sin(\Omega t - \varphi)\\ -\cos(\Omega t - \varphi)\\ 0\end{matrix}\right. .$$

Ainsi,

$$\begin{aligned}\Gamma_{\text{rot}} &= \vec{\Gamma}_{\text{rot}}.\vec{u}_z = -\frac{3\alpha M\Phi_0\Omega}{2Z_0}(\cos(\Omega t)\cos(\Omega t-\varphi)+\sin(\Omega t)\sin(\Omega t-\varphi)) \\ &= -\frac{3\alpha M\Phi_0\Omega}{2Z_0}\cos\varphi.\end{aligned}$$

Alors,

$$P_{\text{rot}} = \Gamma_{\text{rot}}\Omega = -\frac{3\alpha M\Phi_0\Omega^2}{2Z_0}\cos\varphi.$$

De l'énergie mécanique est prélevée sur le rotor afin de fournir de l'énergie électrique au circuit. En moyenne, ces termes sont égaux (à un signe près). Ainsi, on retrouve bien la proportionnalité demandée.

A 2006 PHYS. II PSI

ÉCOLE NATIONALE DES PONTS ET CHAUSSÉES,
ÉCOLES NATIONALES SUPÉRIEURES DE L'AÉRONAUTIQUE ET DE L'ESPACE,
DE TECHNIQUES AVANCÉES, DES TÉLÉCOMMUNICATIONS,
DES MINES DE PARIS, DES MINES DE SAINT-ÉTIENNE, DES MINES DE NANCY,
DES TÉLÉCOMMUNICATIONS DE BRETAGNE,
ÉCOLE POLYTECHNIQUE (FILIÈRE TSI)

CONCOURS D'ADMISSION 2006

SECONDE ÉPREUVE DE PHYSIQUE

Filière PSI

(Durée de l'épreuve : 4 heures)
L'usage de la calculette est autorisé

Sujet mis à disposition des concours : ENSTIM, INT, TPE-EIVP

Les candidats sont priés de mentionner de façon apparente sur la première page de la copie :

PHYSIQUE II -PSI

L'énoncé de cette épreuve comporte 8 pages.

- Si, au cours de l'épreuve, un candidat repère ce qui lui semble être une erreur d'énoncé, il le signale sur sa copie et poursuit sa composition en expliquant les raisons des initiatives qu'il est amené à prendre.
- Il ne faudra pas hésiter à formuler les commentaires (incluant des considérations numériques) qui vous sembleront pertinents, même lorsque l'énoncé ne le demande pas explicitement.
- Notations : vecteur → **V** (gras) ; norme du vecteur **V** → *V* (italique) ; vecteur unitaire → **â**.

LE CHANT DES BULLES

Ce problème étudie diverses propriétés liées à des bulles d'air dans l'eau. On rappelle que, en l'absence de toute force volumique extérieure (et en particulier en négligeant la pesanteur, ce qui sera le cas dans tout ce problème), le champ des vitesses **v** (de norme υ) dans un fluide non visqueux de masse volumique ρ et le champ des pressions p sont liés entre eux par la relation d'Euler d'une part, l'équation de conservation de la masse d'autre part :

$$\rho\left[\left(\frac{\partial \mathbf{v}}{\partial t}\right)+(\mathbf{v}.\mathbf{grad})\,\mathbf{v}\right]=-\mathbf{grad}(p), \qquad \operatorname{div}(\rho\mathbf{v})+\frac{\partial\rho}{\partial t}=0.$$

$$\left[\text{Rappel d'une identité vectorielle : } (\mathbf{v}.\mathbf{grad})\,\mathbf{v}=\frac{1}{2}\mathbf{grad}\left(\upsilon^2\right)-\mathbf{v}\wedge\mathbf{rot}(\mathbf{v})\right]$$

Dans tout le problème, *__exprimer__* signifie donner l'expression littérale et *__calculer__* signifie donner la valeur numérique.

Partie I Évolution de l'air contenu dans une bulle

I-1 Propagation du son dans l'air

Hypothèses et notations

L'air est considéré comme un fluide homogène et parfait dont le rapport des capacités thermiques $\gamma = \dfrac{C_p}{C_v}$ est constant. La masse volumique et la pression dans l'air au repos sont notées respectivement ρ_0 et p_0. On étudie des mouvements de faible amplitude et de faible vitesse (approximation acoustique), de sorte que les termes du second ordre seront négligés dans les équations d'évolution de la masse volumique $\rho(\mathbf{r},t)$, de la pression $p(\mathbf{r},t)$ et de la vitesse $\mathbf{v}(\mathbf{r},t)$ du fluide, au point **r** et à l'instant *t*. On pose $p_1(\mathbf{r},t) = p(\mathbf{r},t) - p_0$, $\rho_1(\mathbf{r},t) = \rho(\mathbf{r},t) - \rho_0$ avec $|p_1| << |p_0|$ et $|\rho_1| << |\rho_0|$. L'évolution de l'air est traitée comme isentropique et l'on note $\chi_0 = -\dfrac{1}{V}\left(\dfrac{\partial V}{\partial p}\right)_S$ le coefficient de compressibilité isentropique. On trouvera un formulaire d'analyse vectorielle après la fin de l'énoncé.

❑ **1** – Établir, en utilisant la relation d'Euler et l'équation de conservation de la masse, deux équations aux dérivées partielles, faisant intervenir ρ_0, et reliant ρ_1, p_1 et **v**.

❑ **2** – Comment justifier le caractère isentropique de l'évolution de l'air ? Établir la relation $\chi_0 = \dfrac{1}{\rho_0}\left(\dfrac{\partial \rho}{\partial p}\right)_S$; en déduire, d'une part l'expression de χ_0 en fonction de ρ_0, ρ_1 et p_1, d'autre part la relation $\chi_0 = \dfrac{1}{\gamma p} \cong \dfrac{1}{\gamma p_0}$.

❑ **3** – Établir l'équation d'évolution de $p_1(\mathbf{r},t)$; exprimer la vitesse caractéristique, *c*, des solutions en fonction de ρ_0 et de χ_0. Quelle est la forme générale des solutions en ondes planes se propageant, indépendamment, selon les directions $\pm x$ $(\mathbf{r} = \pm x\,\hat{\mathbf{u}}_x)$?

❑ **4** – On donne $p_0 = 10^5$ Pa, $\rho_0 = 1{,}3$ kg.m^{-3} et $\gamma = 1{,}40$; calculer *c*. Déterminer aussi le domaine de variation de la longueur d'onde λ associée aux ondes du domaine audio (bande de fréquences de 100 Hz à 10 kHz, environ).

I-2 Étude d'une bulle d'air

L'air est maintenant enfermé dans une bulle sphérique entièrement plongée dans l'eau, et de rayon $R(t)$, dont nous allons étudier les oscillations sous la forme $R(t) = R_0 + \xi(t)$; le rayon moyen R_0 ne dépasse guère quelques millimètres et $|\xi(t)| << R_0$. On néglige tout effet de tension superficielle et toute variation de la variation hydrostatique de la pression dans l'eau.

❑ **5** – Justifier que, dans ces conditions, l'on puisse supposer que la pression à l'intérieur de la bulle est uniforme.

❑ **6** – On notera donc $p_B(t)$ la pression uniforme de l'air contenu dans la bulle de rayon $R(t)$. Établir, pour des oscillations isentropiques, la relation [$\mathcal{R}$] :

Physique II 2006 ; filière PSI

$$\frac{p_B(t)-p_0}{p_0}+3\gamma\frac{\xi(t)}{R_0}=0. \qquad [\mathcal{R}]$$

Partie II Oscillations d'une bulle d'air dans l'eau

Les deux points de vue décrits ci-desous en II-1 et II-2 sont largement indépendants l'un de l'autre. On notera $\dot{R}=\frac{\mathrm{d}R}{\mathrm{d}t}$, $\ddot{R}=\frac{\mathrm{d}^2R}{\mathrm{d}t^2}$ *etc.*

Une bulle d'air sphérique, de rayon $R(t)=R_0+\xi(t)$ et de centre O est immergée dans l'eau, considérée comme un fluide parfait illimité. À grande distance de la bulle d'air, la pression dans l'eau est notée p_0. La pression de l'air dans la bulle est uniforme et sa valeur est notée $p_B(t)$. Les variations de $p_B(t)$ et de $\xi(t)$ sont supposées conformes à l'étude de la partie I-2 ; en particulier, la relation $[\mathcal{R}]$ est supposée être vérifiée à chaque instant.

II-1 Oscillations dans un fluide parfait incompressible

Soit ρ_E la masse volumique, constante, de l'eau et $\mathbf{v}(r,t)=\upsilon(r,t)\hat{\mathbf{e}}_r$ la vitesse d'une particule d'eau à la distance $r\geq R(t)$ du centre O.

❑ **7**– Établir la relation $\upsilon(r,t)=\left(\frac{R(t)}{r}\right)^2\frac{\mathrm{d}R}{\mathrm{d}t}$.

❑ **8** – Soit $p(r,t)$ le champ de pression dans l'eau ; exprimer l'équation d'Euler sous la forme d'une relation donnant $\frac{\partial p}{\partial r}$ en fonction de ρ_E, r, $R(t)$ et des dérivées temporelles $\dot{R}(t)$ et $\ddot{R}(t)$.

❑ **9** – Préciser les valeurs de $\lim\limits_{r\to\infty}p(r,t)$ et $\lim\limits_{r\to R(t)}p(r,t)$.

❑ **10** – Toujours sous l'hypothèse $|\xi(t)|<<R_0$, donner l'équation différentielle régissant $\xi(t)$; on fera intervenir la *pulsation de Minnaert* $\omega_M=\sqrt{3\gamma\frac{p_0}{R_0^2\rho_E}}=2\pi f_M$.

❑ **11** – Calculer ω_M et f_M pour $R_0=10^{-3}$ m, $p_0=10^5$ Pa, $\rho_E=1{,}0\times10^3$ kg.m^{-3} et $\gamma=1{,}40$. Justifier l'hypothèse d'uniformité de la pression faite en I-2.

❑ **12**– Donner, à l'ordre le plus bas par rapport à $\xi(t)$ ou à ses dérivées, l'expression de la vitesse $\upsilon(r,t)$ et celle de la pression $p(r,t)$ à la distance r du centre de la bulle. On constate qu'une modification de $\xi(t)$ se répercute en une variation simultanée de la pression ; quelle est l'hypothèse du modèle qui impose cette transmission instantanée des variations de volume ou de pression ?

II-2 Propagation d'ondes acoustiques dans l'eau

Il faut donc considérer l'eau comme un fluide parfait compressible, de masse volumique uniforme au repos ρ_E ; la célérité des ondes acoustiques dans ce milieu est notée c_E. On se place toujours dans les conditions usuelles de l'approximation acoustique : les ondes sont de faible amplitude et les équations de la dynamique des fluides sont linéarisées. Soit $p(r,t)$ la pression en un point de l'eau à la distance $r \geq R(t)$ du centre. On admet que $p(r,t)$ est solution de l'équation $\Delta p(r,t) = \frac{1}{c_E^2}\frac{\partial^2}{\partial t^2}p(r,t)$ et l'on cherche les solutions de cette équation sous la forme $p(r,t) = p_0 + p_1(r,t) = p_0 + \frac{\pi(r,t)}{r}$, ce qui définit $\pi(r,t)$.

❑ **13** – Établir et identifier (nommer) l'équation aux dérivées partielles [$\mathcal{P}$] satisfaite par $\pi(r,t)$. En déduire que la pression s'exprime sous la forme $p(r,t) = p_0 + \frac{1}{r}\varphi(u)$, où $u = t - \frac{r - R_0}{c_E}$. La fonction φ ne peut pas être déterminée à ce stade.

❑ **14** – Exprimer l'accélération d'une particule d'eau, $\mathbf{a}(\mathbf{r},t) = a(r,t)\hat{\mathbf{e}}_r$, en fonction de $\varphi(u)$, de sa dérivée $\varphi'(u) = \frac{d\varphi}{du}$, de ρ_E, c_E et de r. Montrer que φ est solution de l'équation différentielle, notée ci-après [1], $\frac{R_0}{c_E}\frac{d\varphi}{du} + \varphi(u) = \rho_E R_0^2 \frac{d^2\xi}{du^2}$ [1].

L'équation [1] admet la solution exacte $\varphi(u) = \rho_E c_E R_0 \int_0^u \frac{\mathrm{d}^2\xi}{\mathrm{d}z^2}\exp\left[\frac{c_E}{R_0}(z-u)\right]\mathrm{d}z$, qui s'annule pour $t = 0$. Nous préfèrerons cependant adopter un traitement perturbatif du problème. On admettra que, passé le transitoire, la solution particulière de [1] s'écrit sous la forme d'une série des dérivées successives de ξ par rapport à u $\left(u = t - \frac{r - R_0}{c_E}\right)$:

$$\varphi(u) = \rho_E R_0^2 \sum_{k=0}^{\infty}(-1)^k\left(\frac{R_0}{c_E}\right)^k \frac{\mathrm{d}^{(k+2)}\xi}{\mathrm{d}u^{k+2}}(u).$$

❑ **15** – Sous quelle(s) condition(s) peut-on choisir pour $p(r,t)$ l'expression approchée [$\mathcal{A}$]

$$p(r,t) = p_0 + \rho_E R_0^2\left[\frac{1}{r}\xi''\left(t - \frac{r-R_0}{c_E}\right) - \frac{1}{c_E}\xi'''\left(t - \frac{r-R_0}{c_E}\right)\right] \qquad [\mathcal{A}]$$

❑ **16** – On accepte la forme [$\mathcal{A}$] et l'on suppose que le terme de dérivée troisième y est

Physique II 2006 ; filière PSI

négligeable. Exprimer sous cette hypothèse la continuité de la pression à la surface de séparation de la bulle d'air et de l'eau. En déduire l'équation d'évolution de $\xi(t)$, en faisant intervenir à nouveau la pulsation de Minnaert $\omega_M = \sqrt{3\gamma \dfrac{p_0}{R_0^2 \rho_E}}$ introduite à la question 10.

❑ **17** – En quoi la forme des solutions $\{\varphi(r,t), p(r,t), \mathbf{v}(\mathbf{r},t)\}$ (ce sont toujours des oscillations à la pulsation ω_M) est-elle plus satisfaisante que la solution établie à la question 10 (établie sous l'hypothèse d'incompressibilité du fluide) ?

❑ **18** – On considère maintenant que, dans l'équation [$\mathcal{A}$], le terme de dérivée troisième est un terme correctif ; dans ces conditions, on admettra fondé d'exprimer ce terme comme la dérivée troisième de la solution trouvée à la question 16. Établir alors la relation

$$p(r,t) = p_0 + \rho_E R_0^2 \left[\frac{1}{r} \xi''\left(t - \frac{r - R_0}{c_E} \right) + \frac{\omega_M^2}{c_E} \xi'\left(t - \frac{r - R_0}{c_E} \right) \right]$$

En déduire, en relation avec la question 6, l'équation d'évolution

$$\frac{\mathrm{d}^2 \xi}{\mathrm{d}t^2} + 2\Gamma\omega_M \frac{\mathrm{d}\xi}{\mathrm{d}t} + \omega_M^2 \xi(t) = 0.$$

❑ **19** – Discuter l'origine physique et la valeur numérique du coefficient Γ. La Fig. 1 correspond à $p_0 = 10^5$ Pa et $\gamma = 1{,}40$. Estimer, avec ces données, le rayon moyen de la bulle.

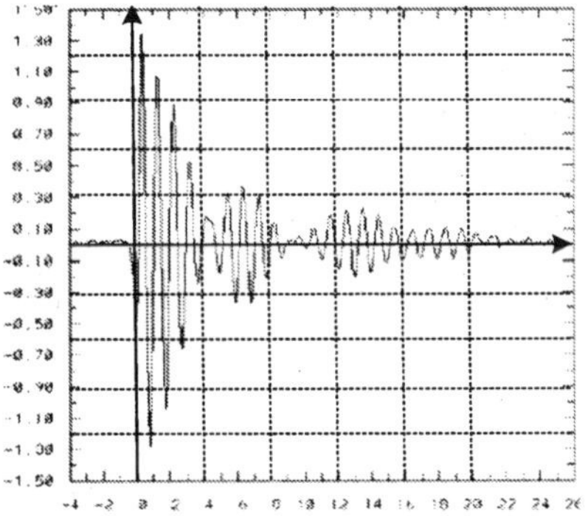

Fig. 1 - Forme du signal acoustique produit par une bulle d'air dans l'eau. Les abscisses sont graduées en millisecondes. L'échelle verticale est en unité arbitraire (u.a.), proportionnelle à l'amplitude du signal acoustique.

(extrait de *Passive acoustic bubble sizing in sparged systems*, R. Menasseh *et al.*, Mai 2000).

Partie III Couplage acoustique de bulles

Introduction à la partie III

On étudie (Fig. 2) deux bulles sphériques d'air plongées dans l'eau, et dont les centres sont disposés à la distance d l'un de l'autre. Le rayon d'équilibre de chaque bulle est le même et l'on s'intéresse aux oscillations de taille de ces bulles, couplées acoustiquement entre elles.

Fig. 2 - Deux bulles d'air dans l'eau, excitées par le haut-parleur HP. L'hydrophone M détecte le signal acoustique produit par les oscillations forcées des bulles.

On pose $R_k(t) = R_0 + \xi_k(t)$ avec k = 1 ou 2 et l'on suppose, ce qui est largement réalisé dans la pratique, que $R_0 << d$. On admet que la pression dans l'eau au point M et à l'instant t s'écrit

$$p(\mathrm{M},t) = p_0 + p_1(\mathrm{M},t) + p_2(\mathrm{M},t),$$

où $p_k(t)$ est la surpression acoustique causée par l'oscillation de la bulle k. Cette relation signifie que le champ de surpression total est la superposition des champs produits par chacune des bulles, supposée isolée. On admet aussi que, pour un point A_k de la surface de la bulle k, la relation suivante, qui généralise la relation [$\mathcal{R}$] de la question 6, est applicable :

$$\frac{p_1(\mathrm{A}_k,t) + p_2(\mathrm{A}_k,t)}{p_0} + 3\gamma\frac{\xi_k(t)}{R_0} = 0.$$

On admet enfin que, à l'instar de la relation établie à la question 18, la surpression $p_k(\mathrm{M},t)$ rayonnée par la bulle k en un point M situé à la distance r_k de son centre satisfait la relation :

$$p_k(\mathrm{M},t) = \rho_E R_0^2\left[\frac{1}{r_k}\xi_k''(u_k) + \frac{\omega_M^2}{c_E}\xi_k'(u_k)\right],\ \text{où } u_k = t - \frac{r_k - R_0}{c_E}.$$

On appelle mode l'ensemble (ξ_1, ξ_2). Le mode symétrique satisfait $\xi_1(t) = \xi_2(t)$ et le mode antisymétrique $\xi_1(t) = -\xi_2(t)$. On suppose enfin vérifiée l'inégalité $c_E << \omega_M d$.

III-1 Étude théorique du couplage

❑ **20** – Établir le système suivant, en particulier exprimer le paramètre de couplage α en fonction de d et de R_0 :

$$\xi_1'' + \alpha\xi_2'' + 2\Gamma\omega_M(\xi_1' + \xi_2') + \omega_M^2\xi_1 = 0$$
$$\xi_2'' + \alpha\xi_1'' + 2\Gamma\omega_M(\xi_2' + \xi_1') + \omega_M^2\xi_2 = 0$$

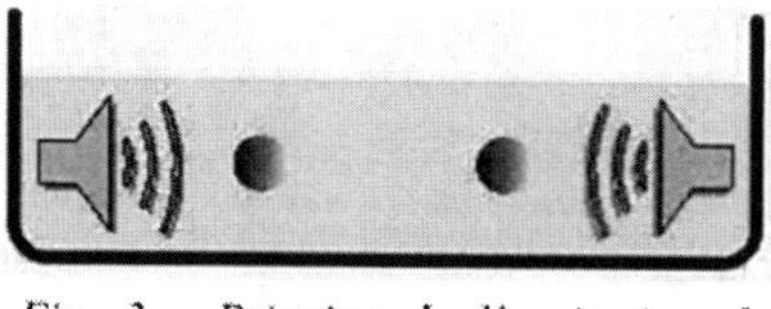

Fig. 3 - Principe de l'excitation de modes symétriques.

❑ **21** – Le dispositif expérimental (Fig. 3) est agencé pour produire des oscillations symétriques des bulles. Déterminer dans ce cas la pseudo-période des oscillations amorties ; on supposera bien entendu satisfaite l'inégalité $\Gamma << 1$ (cf. question 19). Comparer le coefficient d'amortissement du mode symétrique à celui d'une bulle unique.

❑ **22** – Étudier les pulsations et l'amortissement du système pour le mode antisymétrique.

❑ **23** – On suppose maintenant que l'excitation est quelconque ; les modes ne sont ni symétriques ni antisymétriques ; quel est le comportement du système aux temps très longs (on ne manquera pas de préciser le sens de *temps très long*) ?

Physique II 2006 ; filière PSI

III-2 Discussion du couplage

La Fig. 4 reproduit des résultats expérimentaux extraits de la thèse de LEROY (2004). Les conditions expérimentales garantissent l'inégalité $R_0 << d$. Les deux bulles ne sont pas exactement identiques (les losanges noirs et blancs, sur l'axe des ordonnées correspondent à des bulles isolées, leur distance d étant alors infinie).

On conviendra de la valeur moyenne pour ces deux bulles $\left(\dfrac{1}{f^2}\right)_{\frac{R_0}{d}=0} = \dfrac{1}{f_{moyen}^2} = 0,47.$

❑ **24** – En gardant les valeurs numériques de la question 19 (et $\rho_E = 1,0 \times 10^3$ kg.m^{-3}) et en utilisant l'expression de la pulsation de Minnaert donnée à la question 10, calculer le $(R_0)_{moyen}$ correspondant à f_{moyen}. Quel est l'écart relatif entre ce rayon moyen et celui des bulles réelles ?

❑ **25** – La forme des courbes et la relation, au jugé, entre leurs pentes sont-elles en accord avec les prédictions théoriques ?

❑ **26** – Les fréquences étant exprimées en kHz, le dépouillement des courbes donne, avec des notations standard

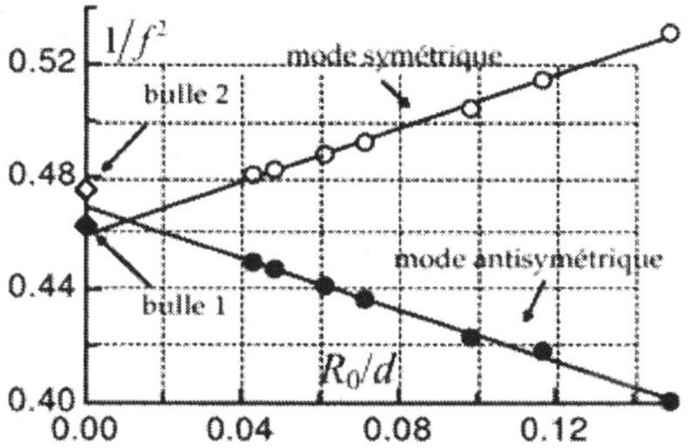

Fig.4 - Excitation de modes ; abscisse : R_0/d et ordonnée : $1/f^2$; la fréquence f est en kHz.

$$\frac{1}{f_s^2} = \left(\frac{1}{1,48}\right)^2 \left(1 + 1,03\frac{R_{0,s}}{d}\right)$$

$$\frac{1}{f_a^2} = \left(\frac{1}{1,46}\right)^2 \left(1 - 0,97\frac{R_{0,a}}{d}\right).$$

Analysez ces résultats.

❑ **27** – On constate que les durées caractéristiques de l'amortissement des modes symétrique et antisymétrique sont quasiment identiques. Quels sont les phénomènes, non pris en compte ici, qui pourraient rendre compte de ce désaccord avec la prévision théorique ?

❑ **28** – Des travaux de NYSTUEN (1999) visent à utiliser des enregistrements acoustiques pour mesurer les débits de pluie dans l'océan, en utilisant des microphones immergés. Comment l'enregistrement acoustique des oscillations de bulles peut-il être relié à la mesure de la pluviométrie ?

Fin de l'énoncé

Notations, rappels - Un système d'axes orthonormés direct $Oxyz$ est associé à la base directe $(\hat{\mathbf{e}}_x, \hat{\mathbf{e}}_y, \hat{\mathbf{e}}_z)$, voir Fig. page suivante. On lui associe un système de coordonnées sphériques de centre O et d'axe O*z*, noté (r, θ, φ) et associé à la base locale $(\hat{\mathbf{e}}_r, \hat{\mathbf{e}}_\theta, \hat{\mathbf{e}}_\varphi)$. En coordonnées sphériques, les expressions du gradient et du laplacien d'une fonction f ne dépendant que de la distance *r* au centre O sont

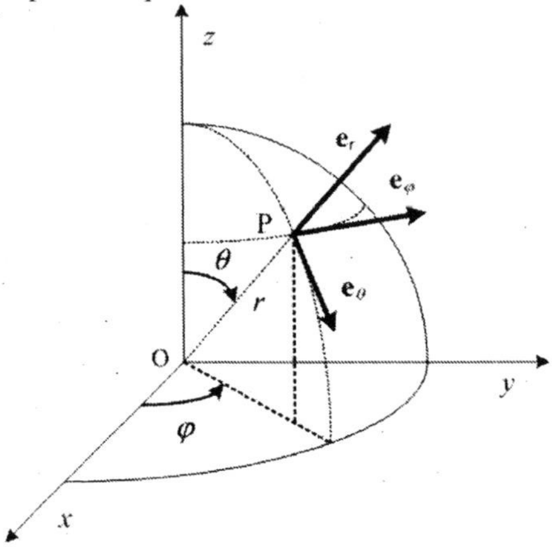

$$\begin{cases} \mathbf{grad}(\mathrm{f}) = \dfrac{\mathrm{df}}{\mathrm{d}r}\hat{\mathbf{e}}_r = \mathrm{f}'(r)\hat{\mathbf{e}}_r \\ \Delta \mathrm{f} = \dfrac{1}{r^2}\dfrac{d}{dr}\left(r^2 \dfrac{d\mathrm{f}}{dr}\right) \\ \quad = \mathrm{f}''(r) + 2\dfrac{\mathrm{f}'(r)}{r}. \end{cases}$$

Pour un vecteur ne dépendant que de *r* :

$$\mathbf{W} = W(r)\hat{\mathbf{e}}_r \Rightarrow \begin{cases} \mathrm{div}(\mathbf{W}) = \dfrac{1}{r^2}\dfrac{d}{dr}\left(r^2 W(r)\right) \\ \qquad = W'(r) + 2\dfrac{W(r)}{r} \\ \mathbf{rot}(\mathbf{W}) = \mathbf{0}. \end{cases}$$

Enfin, pour tout vecteur **a**, $\mathbf{rot}\left[\mathbf{rot}(\mathbf{a})\right] = \mathbf{grad}\left[\mathrm{div}(\mathbf{a})\right] - \Delta\mathbf{a}$.

Fin du problème

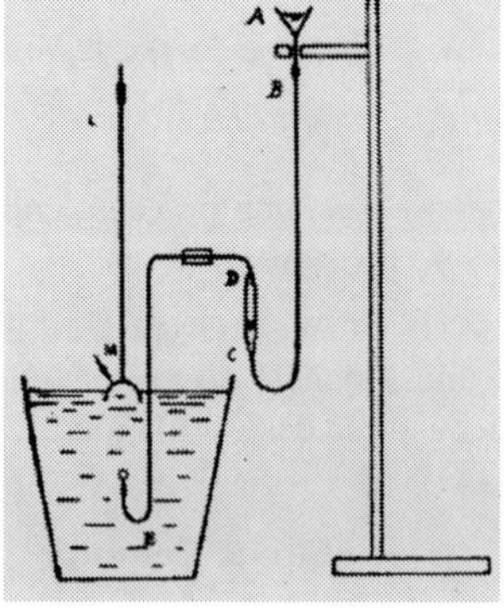

Le dispositif historique de Minnaert.

LE CHANT DES BULLES

PARTIE I – Évolution de l'air contenu dans une bulle

I.1 Propagation du son dans l'air

1- Commençons par l'équation d'Euler :

- $\rho \dfrac{\partial \vec{v}}{\partial t} \approx \rho_0 \dfrac{\partial \vec{v}}{\partial t}$, car $\rho_1 \dfrac{\partial \vec{v}}{\partial t}$ est un ordre deux ;
- le terme $(\vec{v}.\overrightarrow{\text{grad}})\vec{v}$ est un ordre deux, il est donc négligeable ;
- enfin, $\overrightarrow{\text{grad}}\, p = \overrightarrow{\text{grad}}\, p_0 + \overrightarrow{\text{grad}}\, p_1 = \overrightarrow{\text{grad}}\, p_1$ car p_0 est une constante.

Au final, l'équation d'Euler donne une première relation :

$$\rho_0 \frac{\partial \vec{v}}{\partial t} = -\overrightarrow{\text{grad}}\, p_1 \ [1].$$

On linéarise de même l'équation de conservation de la masse :

- $\text{div}\,(\rho\vec{v}) = \text{div}\,(\rho_0\vec{v}) + \text{div}\,(\rho_1\vec{v}) = \text{div}\,(\rho_0\vec{v}) = \rho_0\, \text{div}\, \vec{v}$, car $\rho_1\vec{v}$ est un ordre deux, et $\text{div}\,(\alpha\vec{u}) = \alpha\, \text{div}\, \vec{u}$ si α est une constante ;
- $\dfrac{\partial \rho}{\partial t} = \dfrac{\partial \rho_1}{\partial t}$.

L'équation de conservation de la masse linéarisée est :

$$\frac{\partial \rho_1}{\partial t} + \rho_0\, \text{div}\, \vec{v} = 0 \ [2].$$

2- L'écoulement est supposé parfait (tous les phénomènes diffusifs sont négligés) ce qui implique le caractère isentropique de l'évolution de l'air.

Soit un système fermé de masse m. Comme $\rho = \dfrac{m}{V}$, on a :

$$\left(\frac{\partial \rho}{\partial p}\right)_S = -\frac{m}{V^2}\left(\frac{\partial V}{\partial p}\right)_S = \rho\chi_0 \approx \rho_0\chi_0,$$

à l'ordre le plus bas, ce qui démontre $\chi_0 = \dfrac{1}{\rho_0}\left(\dfrac{\partial \rho}{\partial p}\right)_S$.

Considérons alors l'équation d'état $\rho(p, S)$ du fluide et effectuons un développement limité à l'ordre 1 autour de l'équilibre (S est constante et $\rho(p_0, S) = \rho_0$) :

$$\rho(p, S) = \rho(p_0, S) + (p - p_0)\left(\frac{\partial \rho}{\partial p}\right)_S.$$

On identifie avec le développement $\rho = \rho_0 + \rho_1$, d'où :

$$\rho_1 = \rho_0\chi_0\, p_1 \ [3].$$

D'autre part, le gaz est **parfait**, en évolution **isentropique**, et γ est **constant**, il vérifie donc la loi de Laplace : $pV^\gamma = C$, où C est une constante. Ainsi :

$$-\frac{1}{V}\left(\frac{\partial V}{\partial p}\right)_S = -\left(\frac{p}{C}\right)^{1/\gamma}\left(\frac{\partial \left(\frac{p}{C}\right)^{-1/\gamma}}{\partial p}\right)_S = \frac{1}{\gamma}p^{1/\gamma}p^{-1-1/\gamma} = \frac{1}{\gamma p} \approx \frac{1}{\gamma p_0},$$

à l'ordre le plus bas.

3- On commence par évaluer div [1], en utilisant l'indépendance des variables spatiales et temporelles (div $\frac{\partial}{\partial t} = \frac{\partial}{\partial t}$div) :

$$\rho_0 \frac{\partial}{\partial t} \operatorname{div} \vec{v} = -\operatorname{div} \overrightarrow{\operatorname{grad}} p_1 = -\Delta p_1 \; [1'].$$

Ensuite, on remplace ρ_1 par $\rho_0 \chi_0 p_1$ dans [2], et on calculer $\frac{\partial [2]}{\partial t}$:

$$\rho_0 \chi_0 \frac{\partial^2 p_1}{\partial t^2} + \rho_0 \frac{\partial}{\partial t} \operatorname{div} \vec{v} = 0 \; [2'].$$

Enfin, $[1'] - [2']$ donne l'équation d'évolution de p_1 :

$$\Delta p_1 = \rho_0 \chi_0 \frac{\partial^2 p_1}{\partial t^2},$$

dans laquelle on reconnaît une équation de d'Alembert de la forme :

$$\Delta p_1 - \frac{1}{c^2} \frac{\partial^2 p_1}{\partial t^2} = 0$$

d'où :

$$c = \frac{1}{\sqrt{\rho_0 \chi_0}} = \sqrt{\frac{\gamma p_0}{\rho_0}}.$$

Si p_1 ne dépend que d'une variable d'espace cartésienne x, on a $\Delta p_1 = \frac{\partial^2 p_1}{\partial x^2}$. Dans ce cas, la forme générale de la solution de l'équation de d'Alembert est la somme d'une onde plane progressive (vers $+x$) et d'une onde plane régressive (vers $-x$), c'est-à-dire, pour tout couple de fonctions d'une variable $F(X)$ et $G(X)$:

$$\underbrace{F(x-ct)}_{\text{progressive}} + \underbrace{G(x+ct)}_{\text{régressive}}$$

est solution de l'équation de d'Alembert.

4- Application numérique : $c = 328$ m.s^{-1}. La longueur d'onde λ et la fréquence f sont liées par la relation $\lambda = \frac{c}{f}$. Un domaine de fréquence [100 Hz; 10 kHz] correspond à un domaine de longueurs d'onde : [3, 28 cm; 3, 28 m].

I-2 Étude d'une bulle d'air

5- Les variations de rayon $\xi(t)$ sont suffisamment faibles pour pouvoir supposer que la pression est bien définie en tout point de la bulle. Les variations de pression dans l'eau de type hydrostatique (solutions de l'équation $\overrightarrow{\operatorname{grad}} p = \rho_E \vec{g}$) sont négligées et on suppose que la longueur d'onde de l'onde acoustique résultant de la vibration de la bulle est grande devant R_0 (ce que l'on vérifiera à la question 11) : la pression imposée par l'eau sur les bords de la bulle est donc uniforme. La pression à l'intérieur de la bulle peut alors être considérée comme uniforme.

6- On applique la loi de Laplace sous forme différentielle au gaz à l'intérieur de la bulle :

$$\frac{dp}{p} + \gamma \frac{dV}{V} = 0.$$

– Les variations de pressions sont faibles donc dp s'identifie avec $p_B(t) - p_0$ et $\dfrac{dp}{p} \approx \dfrac{dp}{p_0}$ à l'ordre le plus bas.

– De plus, $V = \dfrac{4}{3}\pi R(t)^3$, donc $\dfrac{dV}{V} = 3\dfrac{dR}{R} \approx 3\dfrac{\xi(t)}{R_0}$.

Au final, on a bien :

$$\frac{p_B(t) - p_0}{p_0} + 3\gamma \frac{\xi(t)}{R_0} = 0 \; [\mathcal{R}].$$

PARTIE II – Oscillations d'une bulle d'air dans l'eau

II-1 Oscillations dans un fluide parfait incompressible

7- Comme l'eau est incompressible, l'équation de conservation de la masse devient $\operatorname{div} \vec{v} = 0$, soit, en utilisant le formulaire fourni :

$$\frac{1}{r^2}\frac{\partial}{\partial r}(r^2 v(r,t)) = 0.$$

Cette équation s'intègre directement en :

$$r^2 v(r,t) = f(t),$$

où $f(t)$ est une fonction du temps. Pour déterminer cette fonction, on utile les conditions aux limites qui imposent que la composante normale du champ de vitesse doit être continu. Ainsi la vitesse d'une particule de fluide au voisinage de la bulle en $r = R(t)$ doit être égale à la vitesse radiale de la paroi, soit $\dot{R}\vec{e}_r$. Donc, $f(t) = R^2(t)\dot{R}$, ce qui démontre la relation :

$$v(r,t) = \left(\frac{R(t)}{r}\right)^2 \frac{dR}{dt}.$$

Remarque : sans utiliser l'expression de l'opérateur divergence, la conservation de la matière implique que le flux de $\vec{v}$ à travers une sphère de rayon r ne doit pas dépendre de r. Ce qui implique $4\pi r^2 v(r,t) = g(t)$, la détermination de la fonction du temps $g(t)$ se faisant de manière identique.

8- Exprimons les différents termes de l'équation d'Euler en utilisant l'expression de la vitesse que l'on vient de démontrer :

– $\rho_E \dfrac{\partial \vec{v}}{\partial t} = \rho_E \dfrac{\partial v}{\partial t}\vec{e}_r = \rho_E \dfrac{1}{r^2}\left(2R\dot{R}^2 + R^2\ddot{R}\right)\vec{e}_r$;

– $(\vec{v}.\overrightarrow{\text{grad}}\,\vec{v}) = \dfrac{1}{2}\overrightarrow{\text{grad}}\,v^2$ car $\overrightarrow{\text{rot}}\,\vec{v} = \vec{0}$, et $\overrightarrow{\text{grad}}\,v^2 = R^4\dot{R}^2\overrightarrow{\text{grad}}\,\dfrac{1}{r^4} = -4R^4\dot{R}^2\dfrac{1}{r^5}\vec{e}_r$;

– $\overrightarrow{\text{grad}}\,p = \dfrac{\partial p}{\partial r}\vec{e}_r$.

La projection de l'équation d'Euler sur $\vec{e}_r$ donne la relation voulue :

$$\rho_E\left(\frac{2R\dot{R}^2 + R^2\ddot{R}}{r^2} - 2\frac{R^4\dot{R}^2}{r^5}\right) = -\frac{\partial p}{\partial r} \; [4].$$

9- La pression est continue au niveau de la bulle (on néglige les effets de tension superficielle) et elle vaut p_0 loin de cette dernière donc :

$$\lim_{r\to\infty} p(r,t) = p_0, \quad \text{et} \quad \lim_{r\to R(t)} p(r,t) = p_B(t).$$

10- Commençons par calculer $\int_{R(t)}^{+\infty} [4] dr$:

$$\rho_E(2R\dot{R}^2 + R^2\ddot{R}) \int_{R(t)}^{+\infty} \frac{dr}{r^2} - 2\rho_E R^4 \dot{R}^2 \int_{R(t)}^{+\infty} \frac{dr}{r^5} = -\int_{R(t)}^{+\infty} \frac{\partial p}{\partial r},$$

soit :

$$\rho_E(2R\dot{R}^2 + R^2\ddot{R}) \frac{1}{R(t)} - 2\rho_E R^4 \dot{R}^2 \frac{1}{4R(t)^4} = p_B(t) - p_0.$$

Comme $|\xi(t)| \ll R_0$, nous allons linéariser cette équation en ne gardant que les termes d'ordre 1. On remarque que $\dot{R} = \dot{\xi}$ et $\ddot{R} = \ddot{\xi}$. Alors :

- $2\rho_E \dot{R}^2$ et $-\frac{1}{2}\rho_E \dot{R}^2$ sont des ordres 2, donc négligeables;
- $R(t)\ddot{R}(t) \approx R_0 \ddot{\xi}(t)$;
- $p_B(t) - p_0 = -3\gamma p_0 \frac{\xi}{R_0}$, d'après la question 6.

Ainsi, l'équation vérifiée par ξ est :

$$\rho_E R_0 \ddot{\xi}(t) = -3\gamma p_0 \frac{\xi(t)}{R_0},$$

soit, en introduisant $\omega_M = \sqrt{3\gamma \frac{p_0}{R_0^2 \rho_E}}$:

$$\frac{d^2\xi}{dt^2} + \omega_M^2 \xi = 0.$$

11- Application numérique : $\omega_M = 2,05.10^4$ rad.s^{-1}, et $f_M = \frac{\omega_M}{2\pi} = 3,26.10^3$ Hz. La longueur d'onde acoustique associée à une telle fréquence est : $\lambda = \frac{c}{f} = 10$ cm. On a bien $R_0 \ll \lambda$.

12- À partir de l'expression démontrée à la question 7, on tire à l'ordre le plus bas :

$$v(r,t) = \frac{R_0^2}{r^2} \dot{\xi}(t).$$

Pour la pression, reprenons l'équation [4] et dans laquelle on néglige les termes comportant $\dot{R}^2$ qui est un ordre deux (et dans laquelle, à l'ordre le plus bas, $R^2\ddot{R} \approx R_0^2 \ddot{\xi}$) :

$$\rho_E \frac{R_0^2}{r^2} \ddot{\xi}(t) = -\frac{\partial p}{\partial r}.$$

On intègre alors cette équation entre r et $+\infty$:

$$\rho_E R_0^2 \ddot{\xi}(t) \int_r^{+\infty} \frac{dr'}{r'^2} = -\int_r^{+\infty} \frac{\partial p}{\partial r'} dr',$$

ce qui permet d'exprimer la pression $p(r,t)$ comme :

$$p(r,t) = p_0 + \rho_E \frac{R_0^2}{r}\ddot{\xi}(t).$$

On constate qu'une modification de $\xi(t)$ se répercute simultanément, quelle que soit la distance r, en variation de pression $p(r,t)$. Ceci est bien sûr lié à l'hypothèse **d'incompressibilité** qui implique une vitesse du son (et donc de transmission de l'information) infinie dans l'eau.

II-2 Propagation d'ondes acoustiques

13- Utilisons le formulaire fourni par l'énoncé pour évaluer Δp :

$$\Delta p = \Delta\left(\frac{\pi}{r}\right) = \frac{1}{r^2}\frac{\partial}{\partial r}\left(r^2\left(\frac{1}{r}\frac{\partial \pi}{\partial r} - \frac{\pi}{r^2}\right)\right) = \frac{1}{r^2}\frac{\partial}{\partial r}\left(r\frac{\partial \pi}{\partial r} - \pi\right) = \frac{1}{r}\frac{\partial^2 \pi}{\partial r^2}.$$

Comme $\dfrac{\partial^2 p}{\partial t^2} = \dfrac{1}{r}\dfrac{\partial^2 \pi}{\partial t^2}$, la fonction π vérifie une équation de d'Alembert unidimensionnelle :

$$\frac{\partial^2 \pi}{\partial r^2} = \frac{1}{c_E^2}\frac{\partial^2 \pi}{\partial t^2}.$$

On a déjà étudié les solutions de cette équation à la question 3. Cependant pour cause de causalité, seule la solution en onde progressive est acceptable (l'onde est créée par l'oscillation de la bulle, elle ne peut donc converger vers cette dernière). De plus, on peut effectuer le changement de variable $r \to r - R_0$, ce qui ne change rien à l'équation de d'Alembert, mais qui permet de se souvenir que cette solution n'est valable qu'en dehors de la bulle, soit $r > R_0$. Au final $\pi = \varphi(u)$ avec $u = t - \dfrac{r - R_0}{c_E}$ et :

$$p(r,t) = p_0 + \frac{1}{r}\varphi(u).$$

14- La projection de l'équation d'Euler sur $\vec{e}_r$ donne :

$$\rho_E a(r,t) = -\frac{\partial p}{\partial r} = \frac{\varphi(u)}{r^2} - \frac{1}{r}\frac{\partial \varphi(u)}{\partial r}.$$

Comme $\dfrac{\partial \varphi}{\partial r} = -\dfrac{1}{c_E}\varphi'(u)$, on a :

$$a(r,t) = \frac{1}{\rho_E}\left(\frac{\varphi(u)}{r^2} + \frac{1}{c_E}\frac{\varphi'(u)}{r}\right).$$

Exprimons alors cette relation au voisinage de la bulle ($r = R_0$ à l'ordre le plus bas). Par continuité, l'accélération d'une particule de fluide doit être la même que celle de la paroi, donc :

$$a(R_0,t) = \frac{d^2\xi}{dt^2}.$$

Or, on remarque que $\dfrac{\partial}{\partial t} = \dfrac{\partial}{\partial u}$ (pour $r = R_0$, $t = u$). Au final on trouve bien l'équation :

$$\frac{R_0}{c_E}\frac{d\varphi}{du} + \varphi(u) = \rho_E R_0^2 \frac{d^2\xi}{du^2}.$$

15- Si $\dfrac{R_0}{c_E}$ est très petit, l'expression de $\varphi(u)$ peut s'apparenter à un développement limité. Bien sûr comme $\dfrac{R_0}{c_E}$ a la dimension d'un temps, il faut comparer cette grandeur au temps caractéristique de l'évolution de ξ sa période T. La condition est donc :

$$\frac{R_0}{c_E} \ll T,$$

et si on ne garde que les deux premiers termes on trouve :

$$p(r,t) = p_0 + \rho_E R_0^2 \frac{1}{r}\left[\xi''\left(t - \frac{r-R_0}{c_E}\right) - \frac{R_0}{c_E}\xi'''\left(t - \frac{r-R_0}{c_E}\right)\right] \quad [\mathcal{A}].$$

Remarque : l'expression proposée par l'énoncé est visiblement fausse puisqu'elle ne vérifie pas $\lim\limits_{r\to\infty} p(r,t) = p_0$: le terme en $1/r$ doit être factorisé d'après les expressions précédentes. Il s'agit d'une erreur que nous avons corrigée. L'expression correcte est égale à celle de l'énoncé pour $r = R_0$.

Remarque : la vitesse du son dans l'eau étant typiquement de 1500 m.s^{-1}, il faut que la fréquence de l'onde émise par la bulle soit petite devant $\dfrac{c_E}{R_0} \simeq$ 1,5 MHz, ce qui est le cas dans le domaine audio.

16- Au niveau de la bulle, par continuité de la pression on a :

$$p_B(t) = p(R_0,t) = p_0 + \rho_E R_0 \xi''(t).$$

D'autre part, d'après l'équation $[\mathcal{R}]$, on a toujours $p_B(t) = p_0 - 3\gamma\dfrac{p_0}{R_0}\xi(t)$. Ainsi, $\xi(t)$ vérifie la même équation :

$$\frac{d^2\xi}{dt^2} + \omega_M^2\xi = 0.$$

17- Les solutions sont plus satisfaisantes car elle dépendent de la variable $u = t - \dfrac{r-R_0}{c}$. Ainsi une modification de ξ ne se répercute plus immédiatement, mais au bout d'un temps de propagation $\dfrac{r-R_0}{c_E}$. Il s'agit d'une "pression retardée" : les changements de rayon de la bulle en R_0 affectent un point de distance radiale r une durée $(r-R_0)/c_E$ plus tard.

18- Il s'agit de la méthode des perturbations. Commençons par reprendre l'expression $[\mathcal{A}]$:

$$p(r,t) = p_0 + \rho_E R_0^2 \left[\underbrace{\frac{1}{r}\xi''\left(t - \frac{r-R_0}{c_E}\right)}_{\text{terme principal}} - \underbrace{\frac{R_0}{rc_E}\xi'''\left(t - \frac{r-R_0}{c_E}\right)}_{\text{terme correctif}}\right].$$

On a obtenu, à la question 16, une solution non perturbée $\xi_0(t)$, solution de l'équation $\ddot{\xi}_0 + \omega_M^2\xi_0 = 0$, et donc (en dérivant) $\dddot{\xi}_0 = -\omega_M^2\dot{\xi}_0$. La méthode des perturbations nous indique qu'il est légitime de négliger les différences entre ξ et ξ_0 dans le terme correctif. On peut ainsi écrire (seulement pour le terme correctif) :

$$\xi''' \approx \xi_0''' = -\omega_M^2 \xi_0' \approx -\omega_M^2 \xi'.$$

En remplaçant dans $[\mathcal{A}]$ on obtient :

$$p(r,t) = p_0 + \rho_E R_0^2 \left[\frac{1}{r}\xi''\left(t - \frac{r-R_0}{c_E}\right) + \frac{R_0}{r}\frac{\omega_M^2}{c_E}\xi'\left(t - \frac{r-R_0}{c_E}\right)\right].$$

De même qu'à la question 16, on se place en $r = R_0$ et on utilise la continuité de la pression :

$$\begin{cases} p_B(t) = p_0 + \rho_E R_0 \left[\xi''(t) + \dfrac{R_0 \omega_M^2}{c_E}\xi'(t)\right], \\ p_B(t) = p_0 - 3\gamma \dfrac{p_0}{R_0}\xi(t). \end{cases}$$

L'équation d'évolution de ξ est donc :

$$\frac{d^2\xi}{dt^2} + \frac{R_0\,\omega_M^2}{c_E}\frac{d\xi}{dt} + \omega_M^2 \xi = 0.$$

19- On a donc :

$$\Gamma = \frac{R_0\,\omega_M}{2c_E} = \frac{1}{2c_E}\sqrt{3\gamma\frac{p_0}{\rho_E}}.$$

L'équation d'évolution de ξ est celle d'un oscillateur harmonique amorti de facteur d'amortissement Γ. Comme on observe un régime pseudo-périodique, on a forcément $\Gamma < 1$. De plus, comme on observe un grand nombre d'oscillations (et que ce terme est un terme perturbatif), on peut supposer $\Gamma \ll 1$.

Pour comprendre l'origine de cette dissipation, considérons la puissance instantanée $P(t)$ fournie par la sphère :

$$P(t) = \oiint_{(S)} p_B(t)\vec{dS}.\dot{\xi}\vec{e_r} = 4\pi R_0^2 p_B(t)\dot{\xi} = 4\pi R_0^2\left[p_0\dot{\xi} + \rho_E R_0 \ddot{\xi}\dot{\xi} + \rho_E R_0^2 \frac{\omega_M^2}{c_E}\dot{\xi}^2\right].$$

En moyennant sur une période, seul le dernier terme a une valeur moyenne non nulle (on suppose le régime quasi périodique) :

$$< P(t) >= 4\pi R_0^2 \rho_E R_0^2 \frac{\omega_M^2}{c_E} < \dot{\xi}^2 > .$$

En effet, la surpression et la vitesse ne sont plus en quadrature, comme dans le cas incompressible. La puissance acoustique rayonnée par la bulle n'est donc pas nulle, ce qui explique la dissipation.

Ensuite, comme $\Gamma \ll 1$, on peut évaluer la pseudo-période comme $T \approx \dfrac{2\pi}{\omega_M}$. Sur la figure, entre $t = 0$ et $t = 20$ ms, on compte 21 pseudo-oscillations. D'où l'on déduit : $T \approx 0,95$ ms. On évalue alors R_0 par l'intermédiaire de :

$$R_0 = \frac{1}{\omega_M}\sqrt{3\gamma\frac{p_0}{\rho_E}} = \frac{T}{2\pi}\sqrt{3\gamma\frac{p_0}{\rho_E}}.$$

Application numérique : $R_0 \simeq 3$ mm.

REMARQUE : avec $c_E = 1500$ m.s^{-1} on trouve $\gamma \simeq 7.10^{-3} \ll 1$.

PARTIE III – Couplage acoustique de bulles

REMARQUE : dans cette partie nous utiliserons les expressions de la surpression données par l'énoncé.

20- Plaçons-nous au niveau de la bulle $k = 1$ et utilisons le fait que $R_0 \ll d$ (donc $p_2(A_1, t) \approx p_2(d, t)$).

REMARQUE : il semble, vu la forme des équations à démontrer, qu'il faille négliger le terme de retard $\dfrac{-d}{c_E}$ dans toutes les expressions où il intervient. Il faut donc supposer la distance d entre les bulles très petite devant la longueur d'onde acoustique dans l'eau, soit : $\omega_M d \ll c_E$ (c'est l'inverse de ce qui est écrit dans l'énoncé).

Dans la suite on ne se préoccupe donc plus du terme de retard.

$$\begin{cases} p_1(A_1, t) = \rho_E R_0 \left[\xi_1'' + 2\Gamma\omega_M \xi_1'\right], \\ p_2(A_1, t) = \rho_E R_0 \left[\dfrac{R_0}{d}\xi_2'' + 2\Gamma\omega_M \xi_2'\right]. \end{cases}$$

On remplace alors dans la relation $[\mathcal{R}]$ et on fait de même pour $k = 2$ et on trouve le système d'équations différentielles suivant :

$$\begin{cases} \xi_1'' + \dfrac{R_0}{d}\xi_2'' + 2\Gamma\omega_M\left(\xi_1' + \xi_2'\right) + \omega_M^2\xi_1 = 0, \\ \xi_2'' + \dfrac{R_0}{d}\xi_1'' + 2\Gamma\omega_M\left(\xi_2' + \xi_1'\right) + \omega_M^2\xi_2 = 0. \end{cases}$$

Ainsi : $\alpha = \dfrac{R_0}{d}$.

21- Dans le cas du mode symétrique, l'équation différentielle vérifiée par ξ est :

$$\xi'' + 4\frac{1}{1+\alpha}\Gamma\omega_M\xi' + \frac{\omega_M^2}{1+\alpha}\xi = 0.$$

Si l'on pose $\omega_S = \dfrac{\omega_M}{\sqrt{1+\alpha}}$, l'équation est :

$$\xi'' + 4\Gamma\frac{1}{\sqrt{1+\alpha}}\omega_S\xi' + \omega_S^2\xi = 0.$$

Comme $\Gamma \ll 1$, la pseudo-période est :

$$T \approx \frac{2\pi}{\omega_S} = \frac{2\pi\sqrt{1+\alpha}}{\omega_M}.$$

Le coefficient d'amortissement est $\dfrac{2}{\sqrt{1+\alpha}}\Gamma \approx 2\Gamma$, il est donc deux fois plus élevé que celui d'une bulle unique.

22- Dans le cas du mode antisymétrique, la pseudo-période est donc :

$$T = \frac{2\pi\sqrt{1-\alpha}}{\omega_M}.$$

Le terme d'ordre un dans l'équation différentielle a disparu, il n'y a donc pas d'amortissement.

> REMARQUE : ceci s'explique par le fait qu'en mode antisymétrique les interférences entre les pressions rayonnées par les deux bulles sont destructives. Les champs de pression et de vitesse étant plus restreints, les pertes sont amoindries.

23- Une excitation quelconque est une combinaison linéaire du mode symétrique et du mode antisymétrique. Au bout d'un temps long devant le temps d'amortissement du mode symétrique, c'est-à-dire $t \gg \frac{1}{2\Gamma\omega_M}$, il ne reste plus que le mode antisymétrique qui n'est pas amorti.

III-2 Discussion du couplage

24- On a :

$$R_0 = \frac{1}{2\pi f_M}\sqrt{3\gamma\frac{p_0}{\rho_E}}.$$

Application numérique : $R_0 = 2,24$ mm.

D'après la formule précédente, on a $\frac{\Delta R_0}{R_0} = \frac{\Delta f}{f}$. Sur la courbe, on a : $\Delta\left(\frac{1}{f^2}\right) \simeq 0,01\ \text{kHz}^{-2}$. Or $\Delta\left(\frac{1}{f^2}\right) = 2\frac{\Delta f}{f^3}$. Donc $\frac{\Delta f}{f} = \frac{1}{2}f^2\Delta\left(\frac{1}{f^2}\right)$, et :

$$\frac{\Delta R_0}{R_0} = \frac{1}{2}f^2\Delta\left(\frac{1}{f^2}\right).$$

Application numérique : $\frac{\Delta R_0}{R_0} = 1\%$.

25- Pour le mode symétrique on a :

$$\frac{1}{f_s^2} = \frac{1}{f_M^2}(1+\alpha).$$

Pour le mode antisymétrique :

$$\frac{1}{f_a^2} = \frac{1}{f_M^2}(1-\alpha).$$

On s'attend donc à observer deux droites de pentes opposées, c'est bien ce que l'on observe sur les courbes.

26- La valeur numérique des pentes est particulièrement proche de la théorie (2 et 3 % d'écart respectivement), mais la valeur pour $\alpha = 0$ n'est pas identique. On s'attendrait à trouver pour $\alpha = 0$ la valeur $\frac{1}{f_{\text{moyen}}^2}$, ce qui n'est pas le cas.

27- Les temps d'amortissement devraient être très différents. Les phénomènes qui pourraient rendre compte de ce désaccord sont principalement :

– la dissipation due à la diffusion thermique ;
– la dissipation due au fait que les fluides (air et eau) ne sont pas parfaits.

28- Les gouttes de pluie, en tombant sur la mer, emprisonnent une bulle d'air au moment du contact avec l'eau. Il suffit alors d'écouter le son produit par les oscillations (en éliminant toutes les autres sources de bruit) pour connaître la fréquence de Minnaert et pour en déduire le rayon de la bulle d'air et, de là, celui de la goutte de pluie et les caractéristiques de la précipitation.

Achevé d'imprimer sur les presses de l'Imprimerie BARNÉOUD
B.P. 44 - 53960 BONCHAMP-LÈS-LAVAL
Dépôt légal : août 2006 - N° d'imprimeur : 608027
Imprimé en France